高等学校"十三五"应用型本科规划教材

建 筑 材 料

（第二版）

主　编　屈钧利　　杨耀秦

副主编　王建斌　　冯　琦

参　编　王　瑾　　王　娇

　　　　杨丽萍　　汤颖凡

西安电子科技大学出版社

内 容 简 介

　　本书是根据原国家教委审定的《高等工科院校建筑材料课程教学的基本要求》编写的，全书由绪论、水泥、混凝土、建筑钢材、建筑材料试验等 15 章内容组成。

　　本书可作为普通高等院校、独立学院、继续教育学院土建类专业"建筑材料"课程教材及自学参考用书，也可作为有关工程技术人员的专业参考用书。

图书在版编目(CIP)数据

建筑材料/屈钧利，杨耀秦主编. —2 版.
—西安：西安电子科技大学出版社，2016.12
高等学校"十三五"应用型本科规划教材
ISBN 978 - 7 - 5606 - 4331 - 1

Ⅰ. ① 建…　Ⅱ. ① 屈…　② 杨…　Ⅲ. ① 建筑材料—高等学校—教材
Ⅳ. ① TU5

中国版本图书馆 CIP 数据核字 (2016) 第 275688 号

策　　划　戚文艳
责任编辑　张　玮
出版发行　西安电子科技大学出版社(西安市太白南路 2 号)
电　　话　(029)88242885　88201467　　邮　　编　710071
网　　址　www.xduph.com　　　　　　　电子邮箱　xdupfxb001@163.com
经　　销　新华书店
印　　刷　陕西华沐印刷科技有限责任公司
版　　次　2016 年 12 月第 2 版　2016 年 12 月第 4 次印刷
开　　本　787 毫米×1092 毫米　1/16　印张 16
字　　数　373 千字
印　　数　7001～10 000 册
定　　价　28.00 元
ISBN 978 - 7 - 5606 - 4331 - 1/TU
XDUP 4623002 - 4

＊＊＊如有印装问题可调换＊＊＊
本社图书封面为激光防伪覆膜，谨防盗版。

出 版 说 明

本书为西安科技大学高新学院课程建设的最新成果之一。西安科技大学高新学院是经教育部批准，由西安科技大学主办的全日制普通本科学校。

学院秉承西安科技大学五十余年厚重的历史文化积淀，充分发挥其优质教育教学资源和学科优势，注重实践教学，突出"产学研"相结合的办学特色，务实进取，开拓创新，取得了丰硕的办学成果。学院先后被评为"西安市文明校园"、"西安市绿化园林式校园"、陕西省民政厅"5A级社会组织"单位；学院产学研基地建设项目于2009—2015年连续七年被列为"西安市重点建设项目"、2015—2016年被列为"省级重点建设项目"；学院创业产业基地被纳入陕西省2016年文化产业与民生改善工程重点建设项目；2014年被陕西省教育厅确定为"向应用技术型转型院校试点单位"，已成为一所管理规范、特色鲜明的普通本科院校。

学院现设置有机电信息学院、城市建设学院、经济与管理学院、能源学院和国际教育学院五个二级学院，以及公共基础部、体育部、思想政治教学与研究部三个教学部，开设有本、专科专业38个，涵盖工、管、文、艺等多个学科门类，在校生12 000余人。学院现占地900余亩，总建筑面积23万平方米，教学科研仪器设备总值6000余万元，建设有现代化的实验室、图书馆、运动场等教学设施，学生公寓、餐厅等后勤保障完善。

学院注重教学研究与教学改革，实现了陕西独立学院国家级教改项目零的突破。学院围绕"应用型创新人才"这一培养目标，充分利用合作各方在能源、建筑、机电、文化创意等方面的产业优势，突出以科技引领、产学研相结合的办学特色，加强实践教学，以科研、产业带动就业，为学生提供了实习、就业和创业的广阔平台。学院注重国际交流合作和国际化人才培养模式，与美国、加拿大、英国、德国、澳大利亚以及东南亚各国进行深度合作，开展本科双学位、本硕连读、本升硕、专升硕等多个人才培养交流合作项目。

在学院全面、协调发展的同时，学院以人才培养为根本，高度重视以课程设计为基本内容的各项专业建设，以扎扎实实的专业建设，构建学院社会办学的核心竞争力。学院大力推进教学内容和教学方法的变革与创新，努力建设与时俱进、先进实用的课程教学体系，在师资队伍、教学条件、社会实践及教材建设等各个方面，不断增加投入、提高质量，为广大学子打造能够适应时代挑战、实现自我发展的人才培养模式。为此，学院与西安电子科技大学出版社合作，发挥学院办学条件及优势，不断推出反映学院教学改革与创新成果的新教材，以逐步建设学校特色系列教材为又一举措，推动学院人才培养质量不断迈向新的台阶，同时为在全国建设独立本科教学示范体系，服务全国独立本科人才培养，做出有益探索。

西安科技大学高新学院

西安电子科技大学出版社

2016 年 6 月

高等学校"十三五"应用型本科规划教材
编审专家委员会名单

前　言

　　本书是按照原国家教委审定的《高等工科院校建筑材料课程教学的基本要求》，结合编者多年来为工科相关专业讲授建筑材料课程的教学经验和教改实践编写而成的。

　　本书具有以下几个特点：

　　（1）按照课程的基本要求，坚持学以致用即必需够用的原则，精选内容。在内容的编写上比较系统地介绍了建筑工程施工、设计所涉及的建筑材料的基本性质及应用的基本知识，结合工程实例使学生获得本课程实验的基本技能训练。

　　（2）书中所涉及的国家、行业标准均为现行的标准。

　　（3）按照 50～70 个学时的教学要求编写，由绪论、水泥、混凝土、建筑钢材、建材试验等 15 章内容组成。各部分内容之间相对独立又有一定的联系，每章后配有一定数量的复习思考题。根据专业要求的不同，可选择全部或部分内容讲授。

　　本书由屈钧利、杨耀秦任主编，王建斌、冯琦任副主编。参加编写的人员有屈钧利（西安科技大学）、杨耀秦、王建斌、杨丽萍、王瑾、汤颖凡（西安科技大学高新学院）、王娇、冯琦（西安外事学院）。具体编写分工为：第 1、12 章由杨耀秦编写；第 2 章由屈钧利编写；第 3、4、5 章由王娇编写；第 6 章的 6.1、6.2、6.5 小节及第 7、8、9、11 章由冯琦编写；第 6 章的 6.3、6.4、6.6 小节及第 10、15 章由王建斌编写；第 13 章由汤颖凡编写；第 14 章由杨丽萍编写；第 6 章的 6.7、6.8、6.9 小节由王瑾编写。

　　本书在编写的过程中，参考了国内出版的一些同类教材、资料，得到了西安科技大学高新学院、西安电子科技大学出版社等单位的大力支持和帮助。编者在此对他们以及本书所引用文献的著作者表示衷心的感谢。

　　由于水平所限，书中难免有疏漏和不妥之处，恳请广大读者批评指正。

编　者

2016 年 5 月

第 一 版 前 言

本书是按照原国家教委审定的《高等工科院校建筑材料课程教学的基本要求》，结合编者多年来为工科相关专业讲授建筑材料课程的教学经验和教改实践编写而成的。

本书具有以下几个特点：

一、按照课程的基本要求，坚持学以致用即必需够用的原则，精选内容。在内容的编写上比较系统地介绍了建筑工程施工、设计所涉及的建筑材料的性质和应用的基本知识，结合工程实例使读者获得本课程实验的基本技能的训练。

二、书中所涉及的国家、行业标准均为现行的标准。

三、本书按照 50～70 学时的教学要求编写，由绪论、水泥、混凝土、建筑钢材、建筑材料试验等 15 章内容组成。各部分内容之间相对独立又有一定的联系，每章末配有一定数量的复习思考题。根据专业要求的不同，教师可选择全部或部分内容进行讲授。

本书由屈钧利任主编，杨耀秦、刘朝科任副主编。参加编写的人员有西安科技大学的屈钧利、刘朝科，西安科技大学高新学院的杨耀秦、王建斌，西安外事学院的王娇、冯琦。其中：屈钧利编写了第 2 章；杨耀秦编写了第 1、12章；王娇编写了第 3、4、5 章；冯琦编写了第 6、7、8、9、11 章；王建斌编写了第 10、15 章；刘朝科编写了第 13、14 章。

本书在编写的过程中，参考了国内出版的一些同类教材、资料，在此对原作者表示衷心的感谢。本书的出版得到了西安科技大学高新学院、西安电子科技大学出版社高新分社等单位的大力支持和帮助，编者在此对他们表示深深的谢意。

由于水平有限，书中难免有疏漏和不妥之处，恳请广大读者批评指正。

编　者
2012 年 5 月

目　　录

第 1 章　绪　　论

随着人类文明及科学技术的发展，建筑材料也在不断地改进。现代土木工程中，传统的土、石等材料的主导地位已逐渐被新型材料所取代。目前，水泥、混凝土、钢材、钢筋混凝土已是土木工程建设中不可替代的结构材料，新型合金、陶瓷、玻璃、有机材料及各种复合材料等在土木工程中占有愈来愈重要的地位。

1.1　建筑材料在建设工程中的地位

建筑材料是应用于土木工程建设中的无机材料、有机材料和复合材料的总称。建筑材料在工程建设中有着举足轻重的地位，对其的具体要求体现在经济性、可靠性、耐久性和低碳性等方面。建筑材料是建设工程的物质基础。土建工程中，建筑材料的费用占土建工程总投资的 60％左右，因此，建筑材料的价格直接影响到建设的投资。

建筑材料是一切社会基础设施建设的物质基础。社会基础设施包括：用于工业生产的厂房、仓库、电站、采矿和采油设施；用于农业生产的堤坝、渠道、灌溉排涝设施；用于交通运输和人们出行的高速公路、高速铁路、道路桥梁、海港码头、机场车站设施；用于人们生活需要的住宅、商场、办公楼、宾馆、文化娱乐设施、卫生体育设施；用于提高人民生活质量的输水、输气、送电管线设施，网络通信设施，排污净化设施；用于国防需要的军事设施、安全保卫设施等。社会基础设施的建设，与工农业生产和人们的日常生活息息相关。社会基础设施的安全运行，关乎人民的生活水平和生活质量。因此，建筑材料质量的提高，新型建筑材料的开发利用，直接影响到社会基础设施建设的质量、规模和效益，进而影响到国民经济的发展和人类社会文明的进步。

建筑材料与建筑结构和施工之间存在着相互促进、相互依存的密切关系。一种新型建筑材料的出现，必将促进建筑形式的创新，同时结构设计和施工技术也将相应地改进和提高。同样，新的建筑形式和结构设计也呼唤着新的建筑材料，并促进建筑材料的发展。例如，采用建筑砌块和板材替代实心黏土砖，就要求改进结构构造设计和施工工艺、施工设备；高强混凝土的推广应用，要求有新的钢筋混凝土结构设计和施工技术规程与之适应；同样，高层建筑、大跨度结构、预应力结构的大量应用，要求提供更高强度的混凝土和钢材，以减小构件截面尺寸，减轻建筑物自重；随着建筑功能要求的提高，还需要提供同时具有保温、隔热、隔声、装饰、耐腐蚀等性能的多功能建筑材料等。

构筑物的功能和使用寿命在很大程度上取决于建筑材料的性能。如装饰材料的装饰效果、钢材的锈蚀、混凝土的劣化、防水材料的老化等，无一不是材料的问题，也正是这些材料的特性构成了构筑物的整体性能。因此，从强度设计理论向耐久性设计理论转变，关键在于材料耐久性的提高。

建设工程的质量，在很大程度上取决于材料的质量控制。如钢筋混凝土结构的质量主要取决于混凝土的强度、密实性和是否产生裂缝。在材料的选择、生产、储运、使用和检验评定过程中，任何环节的失误，都可能导致工程的质量事故。事实上，国内外土木工程建设中的质量事故，绝大部分都与材料的质量缺损相关。

建筑材料是建筑工业的耗能大户，许多建筑材料的生产能耗很大，并且排放大量的二氧化碳及硫化物等污染物质。因此，注重再生资源的利用、节能新型建材和绿色建筑材料的选用，以及如何节省资源、能源，保护环境已成为建筑工业建设资源节约型社会和可持续发展的重大课题。

构筑物的可靠度评价，在很大程度上依存于材料可靠度评价。材料信息参数是构成构件和结构性能的基础，在一定程度上"材料—构件—结构"组成了宏观上的"本构关系"。因此，作为一名土木工程技术人员，无论是从事设计、施工还是管理工作，均必须掌握建筑材料的基本性能，并做到合理选材、正确使用和维护保养。

1.2　建筑材料的分类

建筑材料体系庞大、种类繁多、品种各异，最常用的两种分类方法是按化学成分和按材料在工程中的作用来分类。

根据材料的化学成分，建筑材料可以分为无机材料、有机材料和复合材料三大类，如表 1-1 所示。

表 1-1　建筑材料的分类

无机材料	金属材料	黑色金属	钢、铁及其合金
		有色金属	铝、铜等及其合金
	非金属材料	天然石材	砂石料及石材制品
		烧土制品	砖、瓦、玻璃等
		胶凝材料	石灰、石膏、水泥等
有机材料	植物材料		木材、竹材等
	沥青材料		石油沥青、煤沥青及沥青制品
	高分子材料		塑料、合成橡胶等
复合材料	非金属材料与非金属材料复合		水泥混凝土、砂浆等
	无机非金属材料与有机材料复合		玻璃纤维增强塑料、聚合物水泥混凝土、沥青混合料等
	金属材料与无机非金属材料复合		钢纤维增强混凝土等
	金属材料与有机材料复合		轻质金属夹心板等

根据材料在工程中的作用，建筑材料可以分为：结构承重材料、围护材料，以及防水材料、保温材料、吸音材料、地面材料、屋面材料、装饰材料等功能材料。结构承重材料是指构成建筑物受力构件和结构所用的材料，如梁、板、柱、基础等所用的材料，这类材料要求有较高的强度和较好的耐久性。根据我国国情，现在和将来相当长的时期内，钢筋混凝土和预应力钢筋混凝土将是我国工程建设的主要结构材料。近年来，钢材在高层建筑和大跨度构筑物的建设中，作为承重材料也发挥着越来越大的作用。墙体围护材料在建筑中起围护、分隔和承重的作用。这类材料一是要有必要的强度，二是要有较好的绝热性能和隔

声吸声效果。目前采用的墙体材料多为混凝土和加气混凝土砌块、复合墙板、空心黏土砖、炉渣砖、煤矸石砖、粉煤灰砖、灰砂砖等新型墙体材料，这些材料具有工业化生产水平高、施工速度快、绝热性能好、节省资源能源、保护耕地等特点。建筑功能材料是指担负某些建筑功能的非承重材料。这些材料在某些方面要有特殊功能，如防水、防火、绝热、吸声、隔声、采光、装饰等。

1.3 建筑材料的发展历史

建筑材料的发展，经历了从无到有，从天然材料到人工材料，从手工业生产到工业化生产这几个阶段。

早在远古时代，人类为了自身安全和生存的需要，就已经会利用树枝、石块等天然材料搭建屋棚、石屋，为了精神寄托的需要建造了石环、石太等原始宗教及纪念性建筑物。公元前 5000 年左右至 17 世纪中叶被称为古代土木工程阶段。在此阶段早期，人类只会使用斧、锤、刀、铲和石夯等简单的手工工具，而石块、草筏、藤条、木杆、土坯等建造材料主要取之于自然。直到公元前 1000 年左右，人类学会了烧制砖、瓦、陶瓷等制品，而到了公元之初罗马人才会使用混凝土的雏形材料。尽管在这一时期，中国出现了总结建造经验的《考工记》（公元前 5 世纪）和《营造法式》（北宋李诫）等土木工程著作，意大利也出现了描述外形设计的《论建筑》（文艺复兴时期 L. B. 阿尔贝蒂）等，但当时的整个建造过程全无设计和施工理论指导，一切全凭经验积累。

尽管古代土木工程十分原始和初级，但无论是国内还是国外，在 7000 余年的发展过程中，人类还是建造了大量的绝世土木佳作。

在公元前 4000 年以后，随着原始社会的基本瓦解，出现了最早的奴隶制国家，其中古埃及、古希腊和古罗马的建筑，对世界建筑文明的发展影响最为深远。建于公元前 2670 年的埃及胡夫金字塔和狮身人面像（建于公元前 2610 年，司芬克斯），不仅是目前唯一未倾塌消泯的世界七大奇迹之一，而且也是当今世界上朝向最精确的建筑（正东、正南、正西、正北朝向最大差仅为 1.5/10 000）；建于公元前 447 年的希腊雅典卫城帕特农神庙被称为雅典的王冠，是欧洲古典建筑的典范；公元前 200 年，已开始出现了由火山灰、石灰、碎石组成的天然混凝土，并用它浇筑混凝土拱圈，创造了穹隆顶和十字拱；建于公元 72—82 年的意大利古罗马竞技场（科洛西姆斗兽场）拥有 5 万至 8 万个观众坐席和站席，并使用了雏形混凝土；建于公元 5 世纪的墨西哥奇琴伊察城是古玛雅帝国的中心城，其库库尔坎金字塔既是神庙，又是天文台；建于公元 532—537 年间的土耳其伊斯坦布尔圣索菲亚大教堂，用砖砌圆形穹顶营造了直径 32.6 m、穹顶距地面高达 54.8 m 的大空间。从这些古建筑可以看出当时的工程基本都是由砖瓦砂石堆砌或直接开凿而成的。

我国古代，蔚为奇观的土木建筑工程杰作更是不胜枚举，但多为木结构加砖石砌筑而成。譬如至今保存完好的中国古代伟大的砖石结构——万里长城，始建于公元前 220 年的秦始皇时代，东起"两京锁钥无双地，万里长城第一关"的山海关，西至"大漠孤烟直，长河落日圆"的嘉峪关，翻山越岭，蜿蜒逶迤 6500 余公里；"锦江春色来天地，玉垒浮云变古今"的四川都江堰工程（都江堰市城西）建于公元前 256 年左右，其创意科学、设计巧妙、举世无双，至今仍造福于四川，使成都平原成为沃土千里的天府之乡；建于公元前 200 年前后的秦始皇陵兵马俑不仅阵容规模庞大,而且 7000 多件军俑、车马阵排列有序、军容威严,被誉为世界文明的第八大奇迹;建于北魏(公元 523 年)的河南登封嵩岳寺塔、建于北宋时期的山西晋祠圣母殿、建于明永乐十八年(公元 1420 年)的北京故宫太和殿,红楼黄瓦、金碧辉煌;建于公元 605 年左右的隋朝河北赵县洨河安济桥(又称赵州桥),是世界上第一座敞肩式单圆弧弓形石拱桥;建于公元 1056 年的山西应县佛宫寺释迦塔(又称应县木塔),千余年来历经多次大地震仍完好耸立着。

随着工业革命的兴起,在促进工商业和交通运输业蓬勃发展的同时,也促进了建筑业的蓬勃发展。1824 年波特兰水泥的发明(英国亚斯普丁)、1856 年转炉炼钢法的发明(德国贝斯麦)和钢筋混凝土的发明与应用(1867 年)使建筑钢材得以大量生产,复杂的房屋结构、桥梁设施建设得以实现。

在这期间,西方迅速崛起,涌现出了很多具有历史意义的近代土木工程杰作。如 1872 年在美国纽约建成了世界第一座钢筋混凝土结构房屋;1883 年在美国芝加哥建造的 11 层保险公司大楼,首次采用钢筋混凝土框架承重结构,是现代高层建筑的开端;1889 年在法国巴黎建成的标志性建筑——埃菲尔铁塔,铁塔总高达 324 m,是当时世界上最高的建筑,共有 1.8 万余件钢构件,259 万颗铆钉,总重约为 11 500 t,现已成为法国和巴黎的象征;建于 1930 年位于美国纽约第三十三街和三十四街之间的曼哈顿帝国大厦有 102 层,高 381 m,雄踞世界最高建筑 40 年,设有 73 部电梯;1937 年在美国旧金山建成的跨越金门海峡的金门大桥是首座单跨过千米的大桥,跨度达 1280 m,桥头塔高 227 m,2.7 万余根钢丝绞线的主缆索直径 0.927 m,重 24 500 t,两岸的混凝土巨块缆索锚锭分别达 130 000 t(北岸)和 50 000 t(南岸)。

同一时期,我国由于闭关锁国,土木工程发展缓慢,但还是引进西方技术建造了一些有影响的土木工程,其代表主要有京张铁路、钱塘江大桥和上海国际饭店。京张铁路建于 1905 年,全长 200 km,是由 12 岁便考取"出洋幼童"成为中国近代第一批官派留学生的铁路工程师詹天佑设计并主持建设的。钱塘江大桥是我国第一座双层铁路、公路两用钢结构桥梁,于 1934—1937 年间由我国留美博士茅以升主持建设,建设中利用了"射水法"、"沉箱法"、"浮运法"等先进技术。上海国际饭店建成于 1934 年,共 24 层,高 83.8 m,在 20 世纪 30 年代曾号称"远东第一高楼"。

随着科学技术的不断发展,一批像钢铁、水泥和混凝土这样具有优良性能的建筑材料相继问世,为现代的大规模工程建设奠定了基础。

1.4　建筑材料的发展现状与未来

建筑材料是我国经济发展和社会进步的重要基础原材料之一。人类进入 21 世纪以来,对生存空间以及环境的要求达到了一个前所未有的高度。这对建筑材料的生产、研究、使用和发展提出了更新的要求和挑战。特别是小康社会的建设和城镇化的全面推进,乃至整个现代化建设的实施,预示着我国未来几十年的经济发展和社会进步对建筑材料有着更大的市场需求,也意味着我国建筑材料领域有着巨大的发展空间。因此,了解建筑材料的发展状况、把握建筑材料的发展趋势显得尤为重要。

1.4.1 建筑材料的现状及差距

与以往相比，当代建筑材料的物理力学性能已获得明显改善，其应用范围也有明显的变化。例如水泥和混凝土的强度、耐久性及其他功能均有所改善。随着现代陶瓷与玻璃的性能改进，其应用范围与使用功能已经大大拓宽。此外，随着技术的进步，传统的应用方式也发生了较大变化，现代施工技术与设备的应用也使得材料在工程中的性能表现比以往好，为现代土木工程的发展奠定了良好的物质基础。尽管目前建筑材料在品种与性能上已有很大的进步，但与人们对其性能的期望值还有较大差距。

1. 从建筑材料的来源来看

由于建筑材料的用量巨大，尤其在应用方面，经过长期消耗，单一品种或数个品种的原材料来源已不能满足其持续不断的发展需求。尤其是历史发展到今天，以往大量采用的黏土砖瓦和木材等已经给和谐社会的可持续发展带来了沉重的负担。从另一方面来看，由于人们对于各种建筑物性能要求的不断提高，传统建筑材料的性能也越来越不能满足社会发展的需求。为此，以天然材料为主要建筑材料的时代即将结束，取而代之的将是各种人工材料，这些人工材料将会向着再生化、利废化、节能化和绿色化等方向发展。

2. 从土木工程对材料技术性能要求的方面来看

土木工程对材料技术性能的要求越来越多，对各种物理性能指标的要求也越来越高，从而使未来建筑材料的发展具有多功能和高性能的特点，具体来说就是材料向着轻质、高强、多功能、良好的工艺性和优良耐久性的方向发展。

3. 从建筑材料应用的发展趋势来看

为满足现代土木工程结构性能和施工技术的要求，材料应用向着工业化的方向发展。例如，混凝土等的结构性能向着预制化和商品化的方向发展，材料向着半成品或成品的方向延伸，材料的加工、储存、使用、运输及其他施工技术的机械化、自动化水平不断提高，劳动强度逐渐下降。这不仅改变着材料在使用过程中的性能表现，也逐渐改变着人们使用土木工程材料的手段和观念。

4. 我国建筑材料与世界先进水平的主要差距

我国建筑材料就产量来说，可以称为世界大国。但无论是产品的结构、品种、档次、质量、性能、配套水平，还是工艺、技术装备、管理水平等均与世界先进水平相差甚远，是一个"大而不强"，甚至是"大而落后"的典型产业。

建筑装饰装修材料在我国虽然起步较晚，但起点较高，因此，相对于其他几类材料而言，水平较高，与世界先进水平的差距不是很突出。

在防水材料方面，虽然国际市场上现有的主要产品国内都有生产，但先进产品的产量并不大，而且生产技术和装备水平都十分落后。

在保温材料方面，无论是其产品结构还是技术水平等方面的差距都很大。

我国虽是墙体材料的生产大国，而且又是黏土砖的生产王国，但就整体而言，与世界先进水平差距很大。主要表现在：产品落后、结构不合理、设备陈旧落后、机械化程度低、劳动生产率低、产品强度低、质量差等。

1.4.2　新型建筑材料——绿色建材

建筑材料行业在对资源的利用和对环境的影响方面都占据着重要的位置，在产值、能耗、环保等方面都是国民经济中的大户。为了保证源源不断地为工程建设提供质量可靠的材料，避免新型材料的生产和发展对环境造成危害，因此"绿色建材"应运而生。目前正在开发的和已经开发的绿色建材和准绿色建材主要有以下几种：

（1）利用废渣类物质为原料生产的建材。这类建材以废渣为原料，生产砖、砌块、材料及胶凝材料，其优点是节能利废，但仍需依靠科技进步，继续研究和开发更为成熟的生产技术，使这类产品无论是成本上还是性能方面都真正能达到绿色建材的标准。

（2）利用化学石膏生产的建材产品。用工业废石膏代替天然石膏，采用先进的生产工艺和技术，可生产各种土木建筑材料产品。这些产品具有石膏的许多优良性能，开辟石膏建材的新来源，并且消除了化工废石膏对环境的危害，符合可持续发展战略。

（3）利用废弃的有机物生产的建材产品。以废塑料、废橡胶及废沥青等可生产多种土木工程材料，如防水材料、保温材料、道路工程材料及其他室外工程材料。这些材料消除了有机物对环境的污染，还节约了石油等资源，符合在资源可持续发展方面的基本要求。

（4）各种代木材料。用其他废料制造的代木材料在生产使用中不会危害人的身体健康，利用高新技术使其成本和能耗降低，将是未来绿色建材的主要发展方向。

（5）利用来源广泛的地方材料为原料。利用高科技生产的低成本健康建材，不同的地区都可能有来源丰富、不同种类的地方材料，根据这些地方材料的性质和特点，利用现代技术，可生产各种性能的健康材料。如某些人造石材、水性涂料和某些复合性材料都是绿色建材的发展方向。

1.4.3　建筑材料的发展趋势

众多现象表明进入 21 世纪以后，在我国甚至是全世界范围内，建筑材料的发展具有以下趋势：

研制高性能材料，例如研制轻质、高强、高耐久性、优异装饰性和多功能的材料，以及充分利用和发挥各种材料的特性，采用复合技术，制造出具有特殊功能的复合材料。

充分利用地方材料，尽量减少天然资源，大量使用尾矿、废渣、垃圾等废弃物作为生产建筑材料的资源，以保护自然资源和维护生态的平衡。

节约能源，采用低能耗、无环境污染的生产技术，优先开发、生产低能耗的材料以及能降低建筑物使用能耗的节能型材料。

材料生产中不使用有损人体健康的添加剂和颜料，如甲醛、铅、镉、铬及其化合物等，同时要开发对人体有益的材料，如抗菌、灭菌、除臭、除霉、防火、调温、消磁、防辐射、抗静电等。

产品可循环再生和回收利用，无污染废弃物，以防止二次污染。

总而言之，建筑材料往往标志一个时代的特点。建筑材料发展的过程是随着社会生产力一起进行的，和工程技术的进步有着不可分割的联系。工程中选材料时通过对环境的影响、对后代人的影响来决定建筑材料的好坏。在未来，基于材料原有性质的基础上，"资源节约"、"可持续发展"将是衡量建筑工程的一把尺子。

1.5 建筑材料性能检测与技术标准

1.5.1 建筑材料性能检测的重要性

建筑材料质量的优劣，直接影响到建筑物的质量和安全。因此，建筑材料性能试验与质量检测，是从源头抓好建设工程质量管理工作，确保建设工程质量和安全的重要保证。

为了确保建设工程质量，需要设立各级工程质量，尤其是工程材料质量的检测机构，培养从事工程材料性能和质量检验的专门人才。

1.5.2 建筑材料性能检测的基本技术

1. 测试技术

1）取样

在进行试验之前，首先要选取试样。试样必须具有代表性，取样原则为随机取样，即在若干堆(捆、包)材料中，对任意堆放的材料随机抽取试样。

2）仪器的选择

试验仪器设备的精度要与试验规程的要求一致，并且有实际意义。试验需要称量时，称量要有一定的精确度，如果试样称量精度要求为 0.1 g，则应选择感量 0.1 g 的天平。对试验机量程也有选择要求，根据试件破坏荷载的大小，应使指针停在试验机读盘的第二、三象限内为好。

3）试验

试验前一般应将取得的试样进行处理、加工或成型，以制备满足试验要求的试样或试件。试验应严格按着试验规程进行。

4）数据修约规则

在材料试验中，各种试验数据应保留的有效位数，在各自的试验标准中均有规定。为了科学的评价数据资料，首先应了解数据修约规则，以便确定测试数据的可靠性与精确性。数据修约时，除另有规定外，应按照国家标准《数值修约规则》(GB 8170—87)给定的规则进行。规则规定如下：

(1)拟舍弃数字的最左一位数字小于 5 时，则舍去，即保留的末位数字不变。

(2)拟舍弃数字的最左一位数字大于 5 时，或者是 5，而其后跟有并非全部为 0 的数字时，则进 1，即保留的末位数字加 1。

(3)拟舍弃数字的最左一位数字是 5，而右面无数字或皆为 0 时，若所保留的末位数字为奇数则进 1，为偶数则舍去。

(4)负数修约时，先将其绝对值按上述规定进行修约，然后在修约值前面加上负号。

5）结果计算与评定

对各次试验结果进行数据处理，一般取 n 次平行试验结果的算术平均值作为试验结果。试验结果应满足精度与有效数字的要求。

试验结果经计算处理后应给予评定，看是否满足标准要求或评定其等级，在某种情况下还应对试验结果进行分析，并得出结论。

2. 试验条件

同一材料在不同的试验条件下，会得出不同的试验结果，因此要严格控制试验条件，以保证测试结果的可比性。

1）温度

实验室的温度对某些试验结果影响很大，如石油沥青的针入度、延度试验，一定要控制在 25℃ 的恒温水浴中进行。

2）湿度

试验时试件的湿度明显影响试验数据，试件的湿度越大，测得的强度越低。因此，实验室的湿度应控制在规定的范围内。

3）试件的尺寸与受荷面平整度

对同一材料，小试件强度比大试件强度高。相同受压面积的试件，高度小的比高度大的试件强度高。因此，试件尺寸要合乎规定。

试件受荷面的平整度也影响试件强度，如果试件受荷面粗糙，会引起应力集中，应降低试件强度，所以试件表面要找平。

4）加荷速度

加荷速度越快，试件的强度越高。因此，对材料的力学性能试验时，都有加荷速度的规定。

3. 试验报告

试验的主要内容，都应在试验报告中反映，报告的形式可以不尽相同，但其内容都应包括试验名称、内容、目的与原理，试样编号、测试数据与计算结果，结果评定与分析，试验条件与日期，试验人、校核人、技术负责人签名。

试验报告是经过数据整理、计算、编制的结果，既不是原始记录，也不是试验过程的罗列。经过整理计算后的数据，可用图、表等表示，达到一目了然的效果。为了编写出符合要求的试验报告，在整个试验过程中必须认真做好有关现象、原始数据的记录，以便于分析、评定测试结果。

1.5.3 建筑材料的技术标准

建筑材料的技术标准是企业生产、采购、销售和施工单位应用、进行质量验收与评定的依据，分为国家标准、行业标准、地方标准和企业标准四类。

1. 国家标准

国家标准是国家统一发布与执行的标准，并具有特定的标记规则。如"《通用硅酸盐水泥》GB 175—2007"分别表示"标准名称—部门代号—编号—批准年份"，为国家对通用硅酸盐水泥所制定的质量标准。上述标准为强制性国家标准，是全国必须执行的技术文件，产品的技术指标都不得低于标准中的相关规定。此外，还有推荐性国家标准，以"GB/T"为标准代号。推荐性国家标准表示也可以执行其他标准，为非强制性标准。如"《建筑用砂》GB/T 14684—2001"，表示建筑用砂的推荐性国家标准，标准代号为 14684，颁布年份为 2001 年。

2. 行业标准

行业标准是由某一行业制定并在本行业内执行的标准。如 JGJ：建筑工程行业标准；

JC：建材行业标准；YB：冶金行业标准；JTJ：交通工程行业标准；SD：水电行业标准等。

行业标准在全国性的行业范围内适用。当某行业没有国家标准而又需要在全国范围内统一技术要求时，由国家部委标准机构指定相关研究机构、院校或企业等起草或联合起草，报相关主管部门审批，国家技术监督局备案后发布，当国家有相应标准颁布后，该项行业标准即废止。

3. 地方标准

地方标准是在没有相应的国家标准和行业标准时，可以由相应地区根据生产厂家或企业的技术力量，以保证产品质量的水平而制定的相关标准。地方标准是地方主管部门发布的地方性技术文件(DB)，只适用于本地区。

4. 企业标准

企业标准是在没有国家标准和行业标准时，企业为了控制生产质量而制定的技术标准，必须以保证材料质量、满足使用要求为目的，是由企业制定的指导本企业生产的技术文件(QB)。企业标准只限于企业内部使用。

技术标准有试行与正式之分。各类标准具有时间性，由于技术水平不断提高，不同时期的技术标准必须与之相适应，所以各类技术标准只反映某时期内的技术水平及标准。

建筑材料的技术标准是根据一定时期的技术水平制定的，因而随着科学技术的发展与对材料性能要求的不断提高，需要对标准进行不断的修订。熟悉相关标准、规范，了解标准、规范的制定背景与依据，对正确使用建筑材料具有很好的作用。本书全部使用现行标准与规范编写。

1.6　本课程的基本要求和学习方法

1.6.1　建筑材料课程的内容与任务

建筑材料的形成，需要经过诸如原材料组成、生产工艺、结构及构造、性能及应用、检验及验收、运输及储存等多个环节，每个环节均将不同程度影响着材料的特性及应用，而不同的材料在多个环节中既有共性，也有各自的特性，因此，该课程的主要内容概括为学习每个环节中蕴含的基本理论、基本知识和基本技能。通过学习，力图使读者掌握较扎实的基本理论和基础知识，为后续专业课程的学习及以后从事土木建筑工程、在工作中认识与掌握材料的有关性质和正确选用材料打下良好的基础。

1.6.2　建筑材料课程的学习方法

建筑材料课程是土建类专业及相关专业的专业技术基础课，是从工程使用的角度去研究材料的原料和生产、成分和组成、结构和构造、环境条件等对材料性能的影响以及相互关系的一门应用学科。因此，学习中需要注意以下几个方面：

(1)重视材料的基础理论的认识和理解。某些材料有其系统的理论支撑点，学习时注意深入领会，善于利用机理分析材料变化的内因，达到举一反三的目的。

(2)注重基础知识的学习和掌握。材料的宏观性能取决于其组成和微观结构，从材料具有的特性上,注重对每个知识点的理解,为进一步掌握材料技术性能和工程应用打下基础。

(3) 不能忽视试验教学环节。试验属本课程基本技能范畴,是理论与实践联系的必不可少的重要环节。材料所有技术性能指标只有通过相关的试验手段测试才能获得,是工程应用的重要保证。因此,在试验中,必须严格按照规范及试验操作规程,确保试验数据的真实性和可靠性,这也是培养学生严谨的科学态度的基本要求。

复习思考题

1. 了解建筑材料的概念与分类方法。
2. 简述建筑材料在工程建设中的作用。
3. 熟悉建筑材料的应用现状与发展趋势。
4. 熟悉建筑材料性能检测方法与技术标准。

第 2 章　建筑材料的基本性质

　　建筑材料在不同的使用条件和环境下所表现出来的最基本、共有的性质称为建筑材料的基本性质。不同的环境和使用功能要求对建筑材料的性质需求各异。建筑材料是土木工程的物质基础，其性质是选择、使用、分析和评价材料的依据，建筑材料的性质与质量在很大程度上决定了工程的性质和质量。本章主要介绍材料的物理性质、力学性质及材料的耐久性。

2.1　材料的物理性质

2.1.1　材料的密度

1. 密度

　　密度是材料在绝对密实状态下单位体积的质量，其计算公式为

$$r = \frac{m}{V} \tag{2-1}$$

式中：r——材料的密度（g/cm^3 或 kg/m^3）；

　　　m——材料的干燥质量（g 或 kg）；

　　　V——材料在绝对密实状态下的体积（cm^3 或 m^3）。

　　材料的绝对密实度体积是指不包括内部孔隙的材料体积。除了钢材、玻璃等材料外，材料的密实度体积一般难以直接测定，在测定材料的密度时，可把材料磨成细粉，干燥后用比值瓶测定其密实体积，显然材料磨的越细，体积越接近密实状态下的体积，测得的密度越准确。一般砖、石材等材料的密度采用此方法测得。

　　对于砂石其空隙率很小，可用排水法测定其密度，这种方法测得的密度称为视密度。

2. 表观密度（体积密度）

　　材料在自然状态下单位体积的质量称为表观密度（体积密度），其计算公式为

$$r_0 = \frac{m}{V_0} \tag{2-2}$$

式中：r_0——材料的表观密度（g/cm^3 或 kg/m^3）；

　　　m——材料在自然状态下的质量（g 或 kg）；

　　　V_0——材料在自然状态下的体积（cm^3 或 m^3）。

　　材料在自然状态下的体积包含了其内部孔隙的体积，当材料含有水分时体积发生了变化，含水率不同，测得的表观密度不同，所以测定表观密度时须注明其含水情况。材料的

含水状态有气干、烘干、饱和面干和湿润状态。表观密度为气干状态下的密度，烘干状态下的为干表观密度。

3. 堆积密度

材料在堆积状态下单位体积的质量称为堆积密度，其计算公式为

$$r_0' = \frac{m}{V_0'} \qquad (2-3)$$

式中：r_0'——堆积密度(kg/cm^3)；

m——材料的质量(kg)；

V_0'——材料堆积体积(m^3)。

堆积体积是指散粒状材料在堆积状态下的外观体积，该体积包括颗粒间的空隙和颗粒内部的孔隙。

显然同一材料的堆积状态不同，其体积的大小不尽相同，自然堆积的体积大，密实堆积的体积小，堆积体积可用材料填充容器的容积大小来确定。

2.1.2 材料的密实度、孔隙率、填充率与空隙率

1. 密实度

材料单位体积内被固体物质所充实的程度，称为材料的密实度，密实度计算公式为

$$D = \frac{V}{V_0} = \frac{r_0}{r} \qquad (2-4)$$

式中：D——材料密实度(<1)；

V——材料中固体物质的体积(cm^3 或 m^3)；

V_0——材料体积(cm^3 或 m^3)；

r——材料密度(g/cm^3 或 kg/cm^3)；

r_0——材料表观密度(g/cm^3 或 kg/cm^3)。

材料的强度、吸水性、耐水性、导热性等诸多性质都与其密实度有关。

2. 孔隙率

材料中孔隙体积所占整个材料体积的比例，称为材料的孔隙率。孔隙率的计算公式为

$$P = \frac{V_0 - V}{V_0} = 1 - \frac{V}{V_0} = 1 - D \qquad (2-5)$$

即：孔隙率＝1－密实度。

孔隙率与密实度从不同方面反映了材料的性质，孔隙率同样对于材料的诸多性质有着直接影响，如表观密度、强度、耐腐蚀性、耐水性、导热性、抗冻性、抗渗性等。材料的这些性质还与孔隙的形状和大小有关，一般孔隙率较小、封闭微孔较多的材料强度较高，抗渗性、抗冻性较好，而吸水性、导热系数较小。

表 2－1 列出了常用建筑材料的密度、表观密度、堆积密度及孔隙率。

表 2 - 1　常用建筑材料的密度、表观密度、堆积密度及孔隙率

材料名称	密度/g·cm^{-3}	表观密度/kg·m^{-3}	堆积密度/kg·m^{-3}	孔隙率/%
石灰岩	2.6～2.8	1800～2600	—	0.6～1.5
花岗岩	2.60～2.90	2500～2800	—	0.5～1.0
黏土	2.5～2.7	—	1600～1800	—
混凝土用砂	2.5～2.6	—	1450～1650	—
水泥	2.80～3.20	—	1200～1300	—
烧结普通砖	2.50～2.70	1600～1800	—	20～40
普通混凝土	2.60	2100～2600	—	5～20
混凝土用石	2.6～2.9	—	1400～1700	—
红松木	1.55～1.60	400～800	—	55～75
钢材	7.85	7850	—	—
泡沫塑料	—	20～50	—	95～99

3. 填充率

颗粒状材料的堆积体积中，颗粒体积占总体积的比率称为填充率，其计算公式为

$$D' = \frac{V_0}{V_0'} \times 100\% = \frac{\rho_0'}{\rho_0} \times 100\% \tag{2-6}$$

式中：V_0'——排水法求得的材料体积(cm^3)；

　　　D'——填充率，反映了堆积体积中颗粒所填充的程度。

4. 空隙率

颗粒状材料的堆积体积中，颗粒间的空隙体积占总体积的比率称为空隙率，其计算公式为

$$P' = \frac{V_0' - V_0'}{V_0'} = 1 - D' \tag{2-7}$$

在填充和黏结颗粒状材料时，空隙率为确定胶结材料的需要量提供了依据。

由式(2-7)有：$P' + D' = 1$，即填充率与空隙率的和为 1。

2.1.3　材料与水有关的性质

1. 亲水性与憎水性

材料在空气中与水接触时，会出现两种不同的现象，即亲水性与憎水性。所谓的亲水性就是水在材料表面易于扩张，材料表面被润湿，表现出与水较强亲和力，这样的材料称为亲水性材料。如图2.1所示，对于亲水性材料，水滴表面的切线与水和固

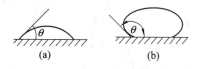

图 2.1　材料润湿边角
(a) 亲水性材料；(b) 憎水性材料

体接触面所形成润湿边角 $\theta \leqslant 90°$，θ 愈小，浸润性愈好。$\theta > 90°$，材料表面不能被水润湿，表现为憎水性，这样的材料称为憎水性材料。常见的砖、混凝土、木材等建筑材料对水有

较强的吸附作用,属于亲水性材料;沥青、塑料、油漆等对水有排斥作用,属于憎水性材料,工程上常将憎水性材料作为防水材料。

2. 吸水性与吸湿性

(1)吸水性。材料吸收水分的性质称为吸水性,吸水性用吸水率来表示,吸水率用质量吸水率和体积吸水率来表示。

质量吸水率指材料吸收水分的质量与干燥材料在自然状态下质量的比率,其计算公式为

$$W_w = \frac{m_1 - m}{m} \times 100\% \qquad (2-8)$$

式中:W_w——质量吸水率;

m_1——材料吸水饱和状态下的质量(g);

m——材料在绝对干燥状态下的质量(g)。

体积吸水率指材料吸收水分的体积与干燥材料在自然状态下体积的比率,其计算公式为

$$W_v = \frac{\overline{V}_0}{V} \times 100\% \qquad (2-9)$$

式中:W_v——体积吸水率;

$\overline{V}_0$——吸收水分的体积(cm^3);

V——干燥材料自然状态下的体积(cm^3)。

两种吸水率之间的关系为

$$W_v = W_w \cdot \rho_0 \qquad (2-10)$$

式中:ρ_0——干燥表观密度。

吸水率与材料的组成尤其是孔隙率和孔隙特征有关,若材料具有连通细微的孔隙,其吸水率较大,而粗大的孔隙水分不易留存、封闭孔隙水分不易渗入,其吸水率较低,如木材吸水率大于100%,黏土砖为8~20%,普通混凝土为2%~4%,花岗岩为0.5%~0.7%。

(2)吸湿性。材料在空气中也可吸收水分,这种性质称为材料的吸湿性。吸湿性用含水率来表示,即

$$W = \frac{m_k - m}{m} \qquad (2-11)$$

式中:W——材料的含水率;

m_k——吸湿后的质量(g);

m——材料在绝对干燥下的质量(g)。

材料的含水率随着空气湿度和温度的大小而变,最终与空气湿度达到平衡,此时的含水率称之为平衡含水率。

材料不同,其吸湿性不同。一般来说,开口孔隙率较大的亲水材料具有较强的吸湿性,如木材的吸湿性就特别明显,木材因吸收水分导致重量增加,强度降低、体积改变。

3. 耐水性

材料长期在饱和水的作用下不被破坏,且强度也不显著降低的性质称为耐水性。一般材料吸水后,随着含水量的增加造成其内部结合力的削弱,强度的降低。如花岗岩长期浸水,其强度有所降低,而木材、黏土砖则更为明显。材料的耐水性用软化系数表示,即

$$K = \frac{f_1}{f} \qquad (2-12)$$

式中：K——软化系数；

f_1——材料吸水饱和状态下的抗压强度（MPa）；

f——材料在干燥状态下的抗压强度（MPa）。

软化系数的取值范围为 0～1 之间，软化系数的大小表明了材料在浸水后强度降低的程度，软化系数愈小，说明材料强度降低愈多，其耐水性愈差。软化系数有时可成为选择材料的依据之一。对于严重水浸蚀或潮湿环境下的重要结构材料其软化系数应在 0.85～1 之间，对于受潮湿较轻或次要的建筑物所用材料其软化系数应在 0.7～0.85 之间。通常软化系数大于 0.85 的材料可认为是耐水材料。

4. 抗渗性

材料抵抗压力水或其他液体渗透的性质称为抗渗性，抗渗性用渗透系数或抗渗等级来表示。

单位时间内单位静水压力作用下通过单位截面积材料的水量称为抗渗系数，抗渗系数 K 表示为

$$K = \frac{Qd}{AtH} \qquad (2-13)$$

式中：Q——透水量（cm^3）；

K——渗透系数（cm/h）；

d——材料试件厚度（cm）；

A——透水面积（cm^2）；

t——渗透时间（h）；

H——静水压力水头（cm）。

砂浆、混凝土材料用抗渗等级来表示其抗渗性，抗渗等级为

$$S = 10H - 1 \qquad (2-14)$$

式中：S——抗渗等级（无量纲）；

H——渗水压力（MPa）。

渗透系数愈小则抗渗等级愈高，材料的抗渗性愈好。用于水工、地下建筑物、屋面的防水材料都具有一定的抗渗性，以防止漏水、渗水现象发生。

5. 抗冻性

材料在吸水饱和状态下经多次冻融循环作用而不破坏、强度也不显著降低的性质称为抗冻性。

当材料内部孔隙充满水且水温降至负温时，水冻结体积膨胀（约 9%）对孔壁产生很大压力，冰融化时压力又骤然消失，这样使材料冻融交界层间产生明显的压力差，材料经过多次这样循环后，其表面将出现裂纹、剥落等现象，造成强度降低、质量损失。

材料的抗冻性与材料的孔隙率、孔隙特征、充水程度和降温速度等因素有关，材料的密实程度愈高、强度愈高，其抗冻破坏的能力也愈强，抗冻性愈好；材料孔隙细微且连通，充水程度饱和、降温速度快，对其抗冻性不利。

材料的抗冻性用抗冻标号 D_n 表示，D_n 为材料所能经受的最大冻融循环次数，即材料

达到规定破坏程度(强度降低、质量损失)所经历的冻融循环次数。

冬季室外温度低于－10℃的地区,建筑材料须进行抗冻性检验。

2.1.4 材料与热有关的性质

1. 导热性

材料传导热量的能力称为导热性,材料的导热能力用导热系数λ表示。

$$\lambda = \frac{Qd}{At(T_2 - T_1)} \tag{2-15}$$

式中:λ——材料导热系数$[W/(m \cdot K)]$;

　　Q——传导的热量(J);

　　d——材料厚度(m);

　　$T_2 - T_1$——材料两侧温差(K);

　　A——材料传热面积(m^2);

　　t——导热时间(s)。

材料导热系数除与式(2-15)各量有关外,还与材料的组成、孔隙率、含水率等有关。一般来说,材料孔隙率小、含水率高,则导热系数大。

材料导热系数的大小,决定了材料的保温性。导热系数大,导热性强,保温性差;反之导热系数小,绝热性能强,保温性好。工程上习惯把导热系数小于 0.2 W/(m·K)的材料称为保温隔热材料。在工程设计与施工中为使结构具有良好的保温性能,应使材料处于干燥状态,且选用导热系数小的材料。

2. 热容量与比热

材料温度每升高或降低1℃所吸收或放出的热量称为材料的热容量,热容量计算公式:

$$Q = cm(T_2 - T_1) \tag{2-16}$$

式中:Q——材料的热容量(J);

　　c——材料的比热$[J/(g \cdot K)]$;

　　m——材料的质量(g);

　　$T_2 - T_1$——温度差(K)。

由式(2-15)可得比热计算公式:

$$c = \frac{Q}{m(T_2 - T_1)} \tag{2-17}$$

即质量1 g的材料,温度每改变1 K时所吸收或释放出的热量。

比热与热容量成正比,比热、热容量也是反映材料热性能的重要指标。在结构物上选择不同比热、热容量的材料对稳定室内温度的变化有重要的影响。

3. 耐火性与耐燃性

材料在高温或火作用下保持其原有性能不明显下降的性质称为耐火性。材料的耐火性用耐火度表示,依据耐火度不同材料可分为:耐火材料(耐火度大于1580℃)、难熔材料(耐火度为1350~1580℃)和易熔材料(耐火度小于1350℃)。

材料在高温或火的作用下可否燃烧的性质称为耐燃性。根据耐燃性的不同,材料可分为易燃材料(如纤维织物等)、可燃材料(如木材等)、难燃材料(如纸面石膏板、水泥刨花板等)、非燃材料(如砖、石、钢材等)。

值得注意的是耐燃材料不一定耐火,但耐火材料一般耐燃,如钢材为非燃材料,但耐火性较差。

工程上可根据建筑物或热工设备特点、重要性来选择不同的耐火、耐燃材料。

2.2　材料的力学性质

材料在受力和变形过程中所具有的特征指标称为材料的力学性质。

2.2.1　强度

材料在外力作用下抵抗破坏的能力称为强度。在外力作用下,材料内部产生应力,外力增加应力也随之增加,当外力增加到某一极限值时,材料发生了破坏,此时的应力称为强度极限(材料的强度)。根据外力作用方式的不同,强度可分为拉(压)强度、弯曲强度、扭转强度、剪切强度。

材料的各种强度可通过相应的试验测得,如通过拉压、剪切、弯曲试验可分别测得材料的拉压、剪切、弯曲强度。

轴向拉压、剪切荷载作用下的材料强度(应力)为

$$\sigma = \frac{F}{A} \qquad (2-18)$$

式中:σ——拉压、剪切应力(强度)(MPa);

F——轴向拉(压)、剪切荷载(N);

A——材料的受力面积(mm^2)。

两端铰支的矩形截面试件在跨中集中力作用下,材料的抗弯(折)强度为

$$\sigma_m = \frac{3PL}{2bh^2} \qquad (2-19)$$

式中:σ_m——材料的抗弯(折)强度(MPa);

P——集中荷载(N);

L——试件的长度(跨长)(mm);

b、h——试件截面的宽度(mm)、高度(mm)。

材料的强度与其组成和构造有关,不同种类的材料其强度不同。相同种类的材料当其内部构造不同时,其强度有较大的差异,材料的致密度愈高,其强度愈高。如混凝土、砖、石、铸铁等脆性材料,它们的抗压强度较高、但抗拉强度较低,而钢材这样的塑性材料其抗拉、抗压强度均较高。脆性、塑性材料制作的构件分别用于承受压力和拉力。作为衡量材料力学性质的主要指标的抗拉(压)强度用强度等级(标号)来表示,所谓的强度等级(标号)就是对以强度值为主要指标的材料,按其强度值的高低划分成若干等级。脆性、塑性材料分别以抗压、抗拉强度来划分强度(标号)等级。如普通硅酸盐水泥有 425、525、625 等标号,混凝土有 75、100、…、600 等标号。

单位体积质量的材料具有的强度称为比强度。比强度是衡量材料轻质高强性能的重要指标，比强度越大，材料的轻质高强性能越好。高层建筑、大跨度结构常采用比强度大的材料。轻质高强材料是建筑材料发展的方向。

掌握材料的力学性质，合理地选用材料，对于设计、施工都是非常重要的。

2.2.2 弹性和塑性

在外力作用下材料要产生变形，当外力去除后变形若能够完全恢复，材料的这种性质称为弹性，恢复的变形称为弹性变形。变形若不能恢复，材料的这种性质称为塑性，不能恢复的变形称为塑性变形。在弹性范围内材料的变形符合胡克定理。

事实上，完全弹性或完全塑性的材料是不存在的，有些材料在弹性极限范围内表现为弹性，在超过弹性极限后则表现为塑性，如建筑钢材就属于这种类型。有的材料受力后，同时产生弹性变形与塑性变形，当外力去除后，弹性变形得到恢复而保留了塑性变形。在图 2.2 中，加载产生的总变形为 Oa，卸载后变形 ab 得到了恢复，而变形 bO 不能恢复，则 ab 为弹性变形，而 bO 为塑性变形，如混凝土材料就属于这种类型。

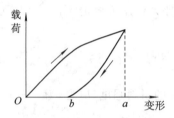

图 2.2 材料的弹塑性变形

2.2.3 脆性和韧性

在外力作用下材料无明显变形而突然破坏的性质称为脆性。脆性材料的抗压强度远远大于其抗拉强度，脆性材料往往作成受压构件。脆性材料抗冲击、抗振动的能力差。混凝土、铸铁、石材、砖等都是脆性材料。

在冲击或振动载荷作用下，材料吸收较大能量产生一定变形而不致破坏的性质称为韧性或冲击韧性。可通过冲击试验来确定材料的韧性，韧性用材料受载荷作用达到破坏时所吸收的能量来表示。建筑钢材、木材等均属于韧性材料。路面、桥梁、吊车梁及有抗震要求的结构均需考虑材料的韧性。

2.2.4 硬度和耐磨性

材料表面抵抗较硬物体刻划或压入的能力称为材料的硬度。非金属材料硬度用莫氏硬度表示。所谓莫氏硬度就是用系列标准硬度的矿物块对材料表面刻划，由划痕确定硬度等级。由刻划矿物不同分为 10 个等级，莫氏硬度的 10 个等级见表 2-2。

表 2-2 莫氏硬度等级

标准矿物	滑石	石膏	方解石	萤石	磷灰岩	长石	石英	黄玉	刚玉	金刚石
硬度等级	1	2	3	4	5	6	7	8	9	10

　　金属材料硬度等级用压入法测定。主要有布氏硬度法（HB）和洛氏硬度法（HR），前者以淬火的钢珠压入材料表面产生的球形凹痕单位面积上所受压力来表示，后者用金刚石圆锥或淬火的钢球制成的压头压入材料表面压痕深度表示。工程上常用材料的硬度来推算确定其强度，因为硬度大的材料其强度也高。譬如，用回弹仪测得混凝土表面硬度便可推算出混凝土的强度。

　　材料表面抵抗磨损的能力称为耐磨性，耐磨性用磨损率来表示。标准试验条件下试件磨损前后的质量差与试件受磨表面积之比即为磨损率。材料的耐磨性与其硬度、强度以及组成结构等因素有关。材料硬度愈高、愈致密，其耐磨性就愈好。地面、路面等受磨损的部位要求使用磨损率小、耐磨性好的材料。

2.3　材料的耐久性

　　所谓的耐久性是指材料在长期的使用过程中，保证其原有性能不变的性质（不变质、不破坏）。影响材料耐久性的因素是多方面的，有物理、化学方面的作用也有生物方面的影响。物理作用是指材料受到温度变化、干湿交替、冻融循环、磨损等物理因素长久作用使其性能受到破坏，影响长期使用；化学作用包括材料受酸、碱、盐等物质的水溶液或有害气体的侵蚀作用，发生化学反应使其组成成分发生了变化，引起材料破坏；而生物方面的影响是指材料受到昆虫的蛀蚀或菌类的腐朽作用而发生的破坏。有时材料在所处环境中几种破坏作用会同时发生，如混凝土由于受到物理作用、化学作用而破坏，塑料、沥青在热和空气中有害气体作用下出现老化现象而变脆、开裂等。

　　工程上通常用材料抵抗使用环境中主要影响因素的能力来评价耐久性，如混凝土主要通过抗渗性、抗冻性、抗腐蚀性和抗炭化性来确定其耐久性的，而钢材的耐久性主要取决于其抗腐蚀性，沥青的耐久性主要取决于其在空气中的稳定性和对温度的敏感性。

　　工程上要依据结构所处的环境和材料在结构上的部位，根据材料耐久性特点合理地选用材料。

复 习 思 考 题

　　1. 材料的密度、表观密度及堆积密度三者之间有何区别？

　　2. 材料与水有关的主要性质有哪些？

　　3. 何谓材料的导热性？如何确定材料导热能力的大小？

　　4. 何谓材料的强度？说明材料强度与其强度等级的关系。

　　5. 什么是材料的弹性变形和塑性变形？

　　6. 表述材料的硬度与耐磨性之间的关系。

　　7. 什么是材料的脆性和韧性？

　　8. 什么是材料的耐久性？影响材料耐久性的主要因素有哪些？

　　9. 了解材料的力学性质有何意义？

第3章 石 材

石材是建筑工程重要的建筑材料之一。自古以来，天然石材被广泛应用于建筑工程，世界上许多著名的古建筑都由石材建造而成，例如埃及的金字塔、古罗马斗兽场、河北的赵州桥等所用的材料都是天然的石材。近几十年来，虽然钢筋混凝土的应用和发展在很大程度上代替了天然石材，但石材的应用范围仍很广泛。随着科学技术的发展，人造石材作为一种新型的饰面材料，正在被广泛地应用于建筑物的室内外装饰中。

3.1 天然岩石的分类

3.1.1 造岩矿物

岩石由各种地质作用所形成，是矿物的集合体，组成岩石的矿物称为造岩矿物。大多数岩石由多种造岩矿物组成，不同的造岩矿物在不同的地质条件下，形成不同性质的岩石。岩石没有确定的化学组成和物理性质，同种岩石，产地不同，其各种矿物的含量、颗粒结构均有差异，因而颜色、强度、耐久性等也有差别。

建筑工程中常用岩石的主要造岩矿物如表3－1所示。

表3－1 主要造岩矿物的颜色和特性

矿物名称	组 成	密度	莫氏硬度	颜 色	特 征
石英	结晶的二氧化硅	2.65	7	无色透明	最坚硬、稳定的矿物之一，但不耐火，是许多岩石的造岩矿物
长石	结晶的铝硅酸盐类	2.5～2.7	6	白、浅灰、桃红、红、青、暗灰	稳定性不及石英，风化后为高岭土，是岩浆岩最重要的造岩矿物
云母	结晶的、片状的含水复杂铝硅酸盐	2.7～3.1	2～3	无色透明至黑色	易分裂成薄片，影响岩石的耐久性、强度和开光性。白云母较黑云母耐久
角闪石、辉石、橄榄石	结晶的铁、镁硅酸盐	3～4	5～7	深绿、棕或黑色，称暗色矿物	坚固、耐久、韧性大、开光性好
方解石	结晶的碳酸钙	2.7	3	白色	易被酸类分解，微溶于水，易溶于含二氧化碳的水中，开光性好，沉积岩中普遍存在
白云石	结晶的或非晶体的碳酸钙镁的复盐	2.9	4	白色	物理性质与方解石接近，强度稍高，仅在浓的热盐酸中分解
黄铁矿	结晶的二硫化铁	5	6～7	金黄色	遇水及氧化作用后生成游离的硫酸，污染并破坏岩石，常在岩石中出现，是有害杂质

3.1.2 岩石的形成及分类

岩石按地质形成条件分为火成岩、沉积岩和变质岩三大类，它们具有显著不同的结构、构造与性质。

1. 火成岩

火成岩又称岩浆岩，是因地壳变动，熔融的岩浆由地壳内部上升后冷却而成。火成岩是组成地壳的主要岩石，占地壳总重量的 89%。火成岩按岩浆冷却条件的不同，又分为深成岩、喷出岩和火山岩三种。

（1）深成岩。深成岩是岩浆在地壳深处，在很大的覆盖压力下缓慢冷却而成的岩石，其特性是：构造致密、表观密度大、抗压强度高、吸水率小、抗冻性好、耐磨性好，如花岗岩、正长岩、辉长岩、闪长岩等。

（2）喷出岩。喷出岩是熔融岩浆喷出地表后，在压力降低、迅速冷却的条件下形成的岩石。当岩浆形成较厚的岩层时，其结构致密，性能接近于深成岩，但因冷却迅速多呈隐晶质（矿物晶粒细小，肉眼不能识别）或玻璃质，如建筑上常用的玄武岩、安山岩等；若喷出的岩浆层较薄时，常呈多孔构造。

（3）火山岩。火山岩又称火山碎屑岩。火山岩是火山爆发时，岩浆被喷到空中，急速冷却后落下而形成的碎屑岩石，如火山灰、浮石等。火山岩都是轻质多孔结构的材料，其中火山灰被大量用作水泥的混合材料，浮石可用作轻质骨料以配制轻骨料混凝土用作墙体材料。

2. 沉积岩

沉积岩又称水成岩。地表的多种岩石在外力地质作用下，经风化、搬运（风吹搬迁、流水冲移）、沉积和再造岩等作用（压固、胶结、重结晶等），在地表或离地表不太深处形成的岩石。沉积岩大都呈层状结构，各层岩石的成分、构造、颜色、性能等均不相同，且为各向异性。与深成火成岩相比，沉积岩的表观密度小，结构致密性较差，孔隙率和吸水率较大，强度和耐久性较低。

沉积岩虽仅占地壳总重量的 5%，但在地球上分布很广、约占地壳表面积的 75%，加之藏于离地表不太深处，故易于开采。沉积岩用途广泛，其中最重要的是石灰岩。石灰岩是烧制石灰和水泥的主要原料，更是配制普通混凝土的重要组成材料。石灰岩也是修筑堤坝和铺筑道路的原材料。

3. 变质岩

变质岩由原生的火成岩或沉积岩，经过地壳内部高温、高压等变化作用使它们的矿物成分、结构、构造以及化学组成都发生改变后而形成的岩石。其中沉积岩变质后，性能变好，结构变得致密，坚实耐久，如石灰岩变质为大理岩；而火成岩经变质后，性质反而变差，如花岗岩变质成的片麻岩，易产生分层剥落，使耐久性变差。

3.2 天然石材的技术性质、类型及选用原则

3.2.1 天然石材的特点

天然石材是指从天然岩体中开采出来，经过加工成块状或板状材料的总称。天然石材

的主要优点是：

(1) 蕴藏丰富，分布很广，便于就地取材。

(2) 石材结构致密，抗压强度高，大部分石材的抗压强度可达 100 MPa 以上。

(3) 耐水性好。

(4) 耐磨性好。

(5) 装饰性好。石材具有纹理自然、质感稳重、庄严雄伟的艺术效果。

(6) 耐久性好，使用年限可达百年以上。

天然石材的主要缺点是：质地坚硬，加工困难，自重大，开采和运输不方便。极个别石材可能含有放射性，应该进行必要的检测。

3.2.2　天然石材的技术性质

1. 表观密度

天然石材按表观密度分为重石和轻石两类，表观密度大于 1800 kg/m³ 的为重石，用于建筑物的基础、覆面、房屋的外墙、地面、路面、桥梁以及水下建筑物等。表观密度小于 1800 kg/m³ 的为轻石，主要用作砌筑采暖房屋的墙壁。

2. 抗压强度

天然岩石是以 70 mm×70 mm×70 mm 的立方体试件在水饱和状态下的抗压平均值划分为 MU100、MU80、MU60、MU50、MU40、MU30、MU20、MU15 和 MU10 九个等级。石材抗拉强度很低，只有抗压强度的 1/20～1/50。因此，石材主要用于承受压力。

天然石材抗压强度大小，取决于岩石的矿物成分、结晶粗细、胶结物质的种类及均匀性，以及荷载和解理方向等因素。

3. 抗冻性

石材的抗冻性用冻融循环次数表示，在规定的冻融循环次数内，无贯穿裂纹（穿过试件两棱角），重量损失不超过 5%，强度降低不大于 25%，则为抗冻性合格。

石材的抗冻性主要决定于矿物成分、晶粒大小和分布均匀性、天然胶结物的胶结性质、孔隙率及吸水性等性质。石材应根据使用条件选择相应的抗冻性指标。吸水率小于 0.5% 的石材，可以认为是抗冻的。

4. 耐水性

石材的耐水性按软化系数 K 值的大小可分为高、中、低三等。$K>0.90$ 的石材为高耐水性石材，中耐水性石材 $K=0.70～0.90$，低耐水性石材 $K=0.60～0.70$。一般 $K<0.80$ 的石材，不允许用于重要建筑。

此外，石材的吸水性、耐磨性及冲击韧性，根据用处不同，对其也有不同要求。

我国建筑装饰用饰面石材资源丰富，主要为大理石和花岗石，已探明的储量达 30 亿立方米，且花色品种齐全，质地优良。其中大理石有 300 多个品种，花岗石有 100 多个品种。

3.2.3　常用的天然岩石

1. 大理石

大理石是指变质或沉积的碳酸盐岩类的岩石，大理石的主要化学成分见表 3-2。

表 3－2 大理石主要化学成分

化学成分	CaO	MgO	SiO$_2$	Al$_2$O$_3$	Fe$_2$O$_3$	SO$_3$	其他（Mn、K、Na）
含量/%	28～54	13～22	3～23	0.5～2.5	0～3	0～3	微量

1）大理石的物理力学特性

（1）结构致密、抗压强度高。一般强度可达 100～150 MPa，表观密度为 2700 kg/m³左右。

（2）质地致密而硬度不大，故大理石较易进行锯解、雕琢和磨光等加工。

（3）装饰性好。大理石一般均含多种矿物，常呈多种色彩组成的花纹；抛光后光洁细腻，如脂似玉，纹理自然。

（4）吸水率小，一般小于 0.5%。

（5）耐磨性好，其磨耗量小。

（6）耐久性好，一般使用年限为 40～100 年。

（7）抗风化性较差。大理石主要化学成分为 CaCO$_3$，易被酸侵蚀，故除个别品种（汉白玉、艾叶青等）外，一般不宜用作室外装修。

2）大理石饰面板材规格

经矿山开采出来的天然大理石块称为大理石荒料，形状为正方形或矩形六面体，荒料经锯切、研磨、抛光及切割后就成为大理石饰面板材。

大理石以其磨光加工后所显示的花色、特征及石材产地来命名。大理石饰面板材有正方形及矩形两种，其标准规格为 600 mm×600 mm，厚度为 20 mm，进口石材一般约为 1600 mm×2500 mm 磨光大板，按设计要求锯解。

3）主要品种产地

大理石是以云南省大理县的大理城而命名的，所产云灰、汉白玉、彩花大理石名扬中外，大理石的名字也由此而来。大理石的各种花纹，是在其沉积、变质过程中，由于一些矿物质的浸染而形成的。

云南大理县的大理石品种繁多、石质细腻、光泽柔润，目前开采利用的主要有三类，即云灰、白色和彩花大理石。

云灰大理石因其多呈云灰色，或在云灰底色上泛起朵朵酷似天然云彩状花纹而得名。常用的花纹图案有"微波荡漾"、"惊涛骇浪"、"烟波浩渺"、"水天相连"等。云灰大理石加工性能特别好，主要用来制作建筑饰面板材，是目前开采利用最多的一种。

白色大理石洁白如玉、晶莹纯净、熠熠生辉，故又称苍山白玉、汉白玉和白玉。它是雕刻、绘画的好材料，同时又可制成优美的建筑板材。

彩色大理石呈薄层状，产于云灰大理石之间，是大理石中的精品，经过研磨、抛光、便显现出色彩斑斓、千姿百态的天然图画，为世界所罕见。

此外，山东、陕西、贵州、四川、安徽、江苏、浙江、北京、辽宁、广东、福建、湖北等全国其他 24 个省市也有大理石出产。

作为建筑装修用的饰面石材，对其强度、表观密度、吸水率及耐磨性等不作具体规定，而以其外观质量、光泽度及颜色花纹等作为主要评价和选择指标。大理石板材按外观质量分为一级和二级。表 3－3 至 3－6 分别列出了大理石的外型尺寸、角度的允许偏差、平整度以及外观质量的具体要求。

表 3 - 3 天然大理石板材外形尺寸允许偏差　　　　　　　　mm

产品类别	一 级 品			二 级 品		
	长	宽	厚	长	宽	厚
单面磨光板材	0	0	+1	0	0	+2
	−1	−1	−2	−1.5	−1.5	−3
双面磨光板材	±1	±1	±1	+1	+1	+1
				−2	−2	−2

注：① 单面磨光同块板材厚度公差不得超过 2 mm，两面磨光板材不得超过 1 mm。
　　② 两面磨光板材拼接处的宽、厚相差不得大于 1 mm。
　　③ 摘自 JC79—84。

表 3 - 4　天然大理石板材角度允许偏差　　　　　　　　mm

正方形、矩形平板 长度范围	最大偏差值	
	一 级 品	二 级 品
<400	0.4	0.6
≥400	0.6	0.8

注：① 侧面不磨光的拼缝板材，正面与侧面的夹角不得大于 90°。
　　② 摘自 JC79—84。

表 3 - 5　天然大理石板材表面平整度允许偏差　　　　　　　　mm

平板长度范围	最大偏差值	
	一 级 品	二 级 品
<400	0.3	0.5
≥400	0.6	0.8
≥800	0.8	1.0
≥1000	1.0	1.2

注：摘自 JC79—84。

表 3 - 6　天然大理石板材外观质量要求

序号	项目	板材范围或代号、名称	外观质量要求	
			一 级 品	二 级 品
1	磨光面上的缺陷	整个磨光面	不允许有直径大于 2 mm 的明显砂眼和明显划痕	
2	不贯穿厚度的裂纹长度	磨光产品表面	允许有不贯穿裂纹	
3	贯穿厚度的裂纹长度	贴面产品贯穿的裂纹长度	不得超过其顺延长度的 20%，且距板边 60 mm 范围内，不得有大至平行板边的贯穿裂纹	不得超过其顺延长度的 30%

序号	项　目	板材范围或代号、名称	外观质量要求	
			一 级 品	二 级 品
4	棱角缺陷	在一块产品中： 正面棱 正面角 底面棱角	不允许的缺陷范围： 长×宽>2×6 之积 长×宽>2×2 之积 长×宽>40×10 之积 深度>板材厚度的 1/4	不允许的缺陷范围： 长×宽>3×8 之积 长×宽>3×3 之积 长×宽>40×15 之积 深度>板材厚度的 1/2
		产品安装后被遮盖部位的棱角缺陷	不得超过被遮盖部位的 1/2	
		两个磨光面相邻的棱角	不允许有缺陷	
5	黏结与修补	整体范围内	允许有，但处理后正面不得有明显痕迹，颜色要与正面花色近似	
6	色调与花纹	定型产品	以 50～100 m² 为一批，色调、花纹应基本调和，不得与标准样板的颜色、特征有明显差异	
		非定型配套工程产品	每一部位色调深浅应逐渐过渡，花纹特征基本调和，不得有突然变化	
7	光泽度	10 汉白玉	90	80
		102 艾叶青	80	70
		104，078 黑玉、桂林黑	95	85
		234，075 大连黑、残雪		
		105 紫豆瓣	95	85
		108—1 晚霞	95	85
		110 螺丝转	85	75
		112 芝麻白	90	80
		117 雪花	85	75
		058，059 奶油	95	85
		076 纹酯奶油	70	55
		056，322 抗灰、齐灰	95	85
		063 秋香	95	85
		064 桔香	95	85
		052 咖啡	95	85
		320，312 莱阳绿、海阳绿	80	70
		217 丹东绿	55	45
		219 铁岭红	65	55
		055，218 红皖罗、东北红	85	75
		405 灵红	100	90
		022 雪浪	90	80
		023 秋景	80	70

序号	项 目	板材范围或代号、名称	外观质量要求	
			一 级 品	二 级 品
7	光泽度	028 雪野	90	80
		031 粉荷	90	80
		073 云花	95	80

注：① 表列品种石质显著变化时，其光泽度指标由设计、使用单位和生产厂共同选定品种的标准样板，以按规定方法测定的光泽度作为指标。

② 光泽度测定用 SS—75 型或其他性能相同的光电光泽计进行。不论板材大小，均测定四个角和板中心，共五个点。测四个角时，测头应距板边 10 mm，测头底面尺寸为 144 mm×60 mm。取算术平均值为光泽度。

③ 摘自 JC79—84。

4）应用

天然大理石板材作为高级饰面材料，主要用于建筑装饰等级要求高的建筑物。大理石适用于纪念性建筑和大型公共建筑，如宾馆、展览馆、商场、机场、车站等建筑物的室内墙面、柱面、地面、楼梯踏步等的饰面材料，也可用作楼梯栏杆、服务台、门脸、墙裙、窗台板、踢脚板等。

抛光的大理石板光泽可鉴、色彩绚丽、花纹奇异，具有极好的装饰效果。少数质地纯正、杂质少、比较稳定耐久的大理石，如汉白玉、艾叶青等可用于外墙饰面。外装饰用的大理石板材，不必进行抛光，因其光泽遇雨就会消失，故只要采用水磨光滑即可。

意大利的大理石堪称质量上乘，品种花式多，产量高，畅销于国际市场。我国一些要求高级装饰的建筑物，也常采用意大利大理石作为饰面材料。

用大理石边角料做成的"碎拼大理石"墙面或地面，格调优美、乱中有序、别有风韵，且造价低廉。大理石边角余料可加工成尺寸相同的矩形、方形块料，或锯割成整齐而大小不一的正方形、长方形块材，或锯割成整齐的各种多边形称为冰裂块料，也可不经锯割而呈不规则的毛边碎块。碎拼大理石还可以点缀高级建筑物的庭院走廊等部位，为建筑物增添色彩。

2．花岗石

花岗石为全晶质结构的岩石，按结晶颗粒的大小不同，分为细粒、中粒和斑状。其颜色和光泽取决于长石、云母及暗色矿物，常呈灰色、黄色、蔷薇色及红色等，以深色花岗石较为名贵。优质花岗石晶粒细而均匀，构造紧密，石英含量多，云母含量少，不含黄铁矿等杂质，长石光泽明亮，没有风化迹象。

花岗石的化学成分随产地不同而有所区别，但各种花岗石 SiO_2 含量很高，一般为 67%～75%，故花岗石属酸性岩石。某些花岗石含微量放射元素，对这类花岗石应避免用于室内。花岗石主要化学成分如表 3-7 所示。

表 3-7　花岗石主要化学成分

化学成分	SiO_2	Al_2O_3	CaO	MgO	Fe_2O_3
含量/%	65～75	12～17	1～2	1～2	0.5～1.5

1）花岗石的物理力学特性

（1）密度大。表观密度为 2600～2800 kg/m³。

（2）结构致密，抗压强度高。一般抗压强度可达 120～250 MPa。

（3）孔隙率小，吸水率低。

（4）材质坚硬，耐磨性优异。

（5）化学稳定性好。不易风化变质，耐酸性很强。

（6）装饰性好。花岗石色调鲜明，庄重大方，质感坚实，许多著名的纪念性建筑都选用了花岗石，如人民英雄纪念碑、人民大会堂等重要建筑。

（7）耐久性好。细粒花岗石使用年限可达 500～1000 年，粗粒花岗石可达 100～200 年。

（8）花岗石不抗火。因所含石英在 800℃以上的高温下会发生晶态转变，产生体积膨胀。

2）花岗石饰面板材规格

天然花岗石按图纸要求加工，其标准规格尺寸（单位为 mm）有 300×300、305×305、400×400、600×300、610×610、600×600、900×600、1070×750 等多个规格。

此外对于天然花岗石板材料外形尺寸、表面平整度、角度的允许偏差、外观质量和色斑的允许范围也做了具体规定。

3）主要品种产地

我国花岗石储量丰富，主要产地有山东的泰山和崂山（北京人民英雄纪念碑取材于此）、四川石棉县（毛主席纪念堂的台基取材于此，为红色花岗石）、湖南衡山、江苏金山和焦山、浙江莫干山、北京西山、安徽黄山和陕西华山，此外福建、广东、河南、山西、黑龙江等地也有出产。

4）应用

花岗石是公认的高级建筑结构材料和装饰材料，但由于开采运输困难，修琢加工及铺贴施工耗工费时，因此造价较高，一般只用在重要的大型建筑中，例如室外地面、台阶、基座、踏步、墙面、柱面等处。

3. 石灰岩

石灰岩的主要矿物组成为方解石，常含有少量黏土、二氧化硅、碳酸镁及有机物质等。当杂质含量高时，则过渡为其他岩石，如黏土含量为 25%～60% 时称为泥灰岩，碳酸镁含量为 40%～60% 时称为白云岩。石灰岩的构造有致密、多孔和散粒等多种形式。松散土状的称为白垩，其组成几乎完全是碳酸钙，是制造玻璃、石灰、水泥的原料；多孔的如贝壳石灰岩可作保温建筑的墙体；密实的即普通石灰岩。

各种致密石灰岩表观密度一般为 2000～2600 kg/m³，相应的抗压强度为 20～120 MPa。如黏土杂质含量超过 30%～40%，则其抗冻性、耐水性显著降低。含氧化硅的石灰岩，硬度高、强度大、耐久性好。

石灰岩的颜色随所含杂质而不同。含黏土或氧化铁等杂质，使石灰岩呈灰、黄或蔷薇色。若含有机物质碳，则颜色呈深灰甚至黑色。

石灰岩分布极广，开采加工容易，常作为地方材料，广泛用于基础、墙体及一般砌石工程。石灰岩加工成碎石，可用作碎石路面及混凝土骨料。石灰岩不能用于酸性或含游离二氧化碳较多的水中,因方解石易被侵蚀溶解。

4. 砂岩

砂岩是母岩碎屑沉积物被天然胶结物胶结而成,其主要成分是石英,有时也含少量长石、方解石、白云石及云母等。

根据胶结物的不同,砂岩又分为:由氧化硅胶结而成的硅质砂岩,常呈淡灰色或白色;由碳酸钙胶结而成的钙质砂岩,呈白色或灰色;由氧化铁胶结而成的铁质砂岩,常呈红色;由黏土胶结而成的黏土质砂岩,呈灰黄色。

砂岩的性能与胶结物种类及胶结的密实程度有关。密实的硅质砂岩坚硬耐久,耐酸,性能接近于花岗岩,可用于纪念性建筑及耐酸工程。钙质砂岩,有一定的强度,加工较易,是砂岩中最常用的一种,但质地较软,不耐酸的侵蚀。铁质砂岩的性能较差,其中胶结密实者,仍可用于一般建筑工程。黏土质砂岩的性能较差,易风化,长期受水作用会软化,甚至松散,在建筑中一般不用。

由于砂岩的胶结物和构造的不同,其性能波动很大,抗压强度为5～20 MPa。同一产地的砂岩性能也有很大差异。建筑上可根据砂岩技术性能的高低,使用于勒脚、墙体、衬面、踏步等处。

砂岩产地分布极广,我国各地均有,进口砂岩以澳大利亚和新西兰产的砂岩著名。

3.2.4　天然石材选用原则

由于天然石材自重大,运输不方便,故在建筑工程中,为了保证工程的经济合理,在选用石材时必须考虑几点:

(1)经济性。尽量就地取材,缩短运距,减轻劳动强度,降低成本。

(2)强度与耐久性。石材的强度与其耐久性、耐磨性、耐冲击性等性能密切相关。因此应根据建筑物的重要性及建筑物所处环境,选用足够强度的石材,以保证建筑物的耐久性。

(3)装饰性。用于建筑物饰面的石材,选用时必须考虑其色彩及天然纹理与建筑物周围环境的相协调性,充分体现建筑物的艺术美。

3.3　人 造 石 材

3.3.1　人造石材类型

人造石材按生产所用的材料,一般可分为四类:

1. 水泥型人造石材

水泥型人造石材是以各种水泥为胶结材料,砂为细骨料,碎大理石、花岗石、工业废渣等为粗骨料,经配料搅拌、成型、蒸压养护、磨光、抛光制成。这种人造石材表面光泽度高、花纹耐久,抗风化力、耐火性、防潮性都优于一般人造石。

2. 树脂型人造石材

树脂型人造石材以有机树脂为胶结剂,与天然碎石、石粉及颜料等配制搅拌成混合料，经浇捣成型、固化、脱模、烘干、抛光等工序制成，是目前国内外主要使用的人造石材。

3. 复合型人造石材

复合型人造石材是指该石材的胶结料中，既有无机胶凝材料（如水泥），又有有机高分子材料（树脂）。它是先用无机胶凝材料碎石、石粉等胶结成型并硬化后，再将硬化体浸渍于有机单体中，使其在一定条件下聚合而成。

4. 烧结型人造石材

烧结型人造石材的生产与陶瓷工艺相似，将长石、石英、辉绿石、方解石等粉料和赤铁矿粉，与一定量高岭土配合，一般配比为黏土 40%、石粉 60%，然后用泥浆制备坯料，用半干压法成型，在窑炉中以 1000℃左右的高温焙烧而成。

3.3.2　聚酯型人造石材

1. 原材料及生产

由于不饱和聚酯树脂具有黏度小、易于成型、光泽好、颜色浅、容易调配成各种明亮色彩、固化快、可在常温下进行固化等特点，目前使用最广泛的是聚酯型人造石材。它以不饱和聚酯树脂为胶结材料，配以石英砂、大理石渣、大理石粉、方解石粉等无机填料，再加入适量的颜料和少量固化剂，拌制成混合料，经注模成型、固化、脱模、烘干、抛光等工序，制成具有某些天然石材色彩和质感的饰面石材或制品，又称聚酯合成石。

2. 聚酯合成石的特性

聚酯合成石与天然岩石相比，其表观密度较小、强度较高，同时还有以下特点：

（1）生产设备简单、工艺不复杂。聚酯合成石可以按照设计要求制成各种颜色、纹理、光泽和各种几何形状与尺寸的板材及制品，比加工天然石材容易得多。

（2）色彩花纹仿真性强，装饰性好。其质感和装饰效果完全可与天然大理石和天然花岗石媲美。

（3）强度高、不易碎，板材薄、重量轻，可直接用聚酯砂浆进行粘贴施工。对减轻建筑物自重及降低建筑成本有利。

（4）耐腐蚀。因采用不饱和聚酯树脂作胶结料，故合成石具有良好的耐酸、碱腐蚀性和抗污染性。

（5）可加工性好。比天然大理石易于锯切、钻孔，便于施工。

（6）会老化。聚酯合成石由于采用了有机胶结料，在大气中长期受到阳光、空气、水分等综合作用后，会逐渐老化。老化后表面将失去光泽、颜色变暗，从而降低其装饰效果。但如果在室内使用，老化速度变慢，耐久性相对提高。

3. 聚酯合成石的种类及制品

聚酯合成石由于生产时所加颜料不同，采用的天然石料种类、粒度和纯度不同，以及制作的工艺方法不同，所以制成的合成石的花纹、图案、颜色和质感也就不同。通常制成仿天然大理石、天然花岗石和天然玛瑙石的花纹和质感，故分别称为人造大理石、人造花岗石和人造玛瑙。另外，还可以制成具有类似玉石色泽和透明状的人造石材，称为人造玉石。人造玉石甚至可以惟妙惟肖地仿造出紫晶、彩翠、芙蓉、山田玉等名贵玉石产品，达到以假乱真的程度。

聚酯合成石通常制作成饰面人造大理石板材、人造花岗石板材和人造玉石板材，以及制作卫生洁具，如浴缸、带梳妆台的单、双盆洗脸盆、立柱式脸盆、坐便器等，另外，还可制成人造大理石壁画等工艺品。

意大利、伊朗等国生产的仿天然大理石条纹的人造石材，其外貌与天然大理石极为相像，堪称独特产品，但价格昂贵。

4. 聚酯合成石的应用

人造大理石和人造花岗石饰面板材，主要用作宾馆、商店、办公大楼、影剧院、会客室及休息厅等的室内墙面、柱面及地面的装饰材料，也可用作工厂、学校、医院等的工作台台面板。人造玛瑙和人造玉石主要用于高级宾馆和住宅的墙面装饰，以及卫生间的卫生洁具。人造石材工艺品主要用于各种装潢广告、壁画、雕塑、建筑浮雕等。

复习思考题

1. 岩石按照地质形成条件分为哪几类？各有何特性？
2. 石材有哪些主要的技术性质？
3. 花岗岩与大理岩在使用时应注意哪些问题？
4. 天然石材的选用原则有哪些？
5. 相对于天然岩石，聚酯合成石有哪些特性？

第4章　气硬性胶凝材料

能将散粒材料或块状材料胶结为一个整体材料的材料称为胶凝材料。按化学成分，胶凝材料分为有机胶凝材料和无机胶凝材料。建筑上使用的沥青、合成树脂属于有机胶凝材料。无机胶凝材料按硬化条件分为气硬性胶凝材料和水硬性胶凝材料。气硬性胶凝材料只能在空气中硬化，也只能在空气中保持和发展其强度；水硬性胶凝材料则既能在空气，又可在水中更好地硬化，并保持和发展其强度。气硬性胶凝材料的耐水性差，不能用在潮湿环境或水中；而水硬性胶凝材料的耐水性好，可以用于水中。

建筑工程中主要应用的气硬性胶凝材料有石膏、石灰、水玻璃等。

4.1　石　　灰

4.1.1　石灰的原料及生产

石灰是建筑工程中应用最早的气硬性胶凝材料，以碳酸钙为主要成分的天然岩石均可用来煅烧石灰，主要化学变化为

$$CaCO_3 \xrightarrow{900℃} CaO + CO_2 \uparrow$$

$$MgCO_3 \xrightarrow{600℃} MgO + CO_2 \uparrow$$

氧化钙和氧化镁是生石灰的主要成分。根据氧化镁含量的多少，将生石灰分为钙质石灰（MgO含量<5%）和镁质石灰（MgO含量≥5%）。国家建材行业标准《建筑生石灰》（JC/T 479—92）将生石灰划分为三个质量等级，具体指标如表4-1所示。

表 4-1　建筑生石灰的技术指标（JC/T 479—1992）

项　目	钙质生石灰			镁质生石灰		
	优等品	一级品	合格品	优等品	一级品	合格品
（CaO+MgO含量）/%　≥	90	85	80	85	80	75
未消化残渣含量（5 mm 圆孔筛余）/%　≤	5	10	15	5	10	15
CO_2/%　≤	5	7	9	6	8	10
产浆量/L·kg^{-1}　≥	2.8	2.3	2.0	2.8	2.3	2.0

生石灰的质量与煅烧温度和煅烧时间有直接关系：当煅烧温度过低或煅烧时间不足时，生石灰中残留有未分解的石灰岩残渣，即欠火石灰；当煅烧温度过高时，由于石灰岩中的易熔成分熔融，所形成的生石灰结构致密，并被熔物包裹，即过火石灰。

欠火石灰无胶凝性能,从而降低了石灰的质量和利用率;过火石灰则难于水化,给工程应用带来不便。

原料纯净,煅烧正常的生石灰是白色或灰白色块状体,质轻色匀,呈松软多孔结构。生石灰的密度约为 3.2 g/cm^3,表观密度为 $800 \sim 1000 \text{ kg/m}^3$。

4.1.2　生石灰的熟化和硬化

块状生石灰使用前,通常加水熟化成石灰膏或消石灰粉,其化学反应为

$$CaO + H_2O \rightarrow Ca(OH)_2 + 64.9kJ$$

该反应迅速,其主要特点是:体积膨胀达 $1 \sim 2.5$ 倍,生石灰品质越好膨胀越厉害;水化放热量很高,为建筑石膏水化放热量的 10 倍、水泥水化放热量的 9 倍。

在建筑工地上,石灰多在化灰池中熟化成石灰膏。欠火石灰是含碳酸钙的硬块,不能熟化成为渣子。过火石灰则因其熟化缓慢,当用于建筑抹灰以后,可能继续熟化而产生膨胀,使平整的抹灰面表面鼓包、开裂或局部脱落。为消除过火石灰的危害,必须将生石灰在化灰池内放置 2 周以上(称陈伏),使其充分熟化后方可使用。

石灰在空气中逐渐硬化,是由两个同时进行的过程来完成的:

(1) 结晶过程。石灰浆体中水分蒸发或被砌体吸收,氢氧化钙逐渐从过饱和溶液中析出,形成结晶。

(2) 碳化过程。氢氧化钙与空气中二氧化碳和水化合,生成不溶于水的碳酸钙结晶,释放出水分:

$$Ca(OH)_2 + CO_2 + nH_2O = CaCO_3 + (n+1)H_2O$$

由于空气中二氧化碳浓度很低,碳化过程十分缓慢,因此同时进行的碳化与结晶过程,以结晶作用为主,使得石灰浆逐渐凝结而硬化。

生石灰与少量的水作用会形成消石灰粉(熟石灰),使用时加水调剂成石灰浆。国家建材行业标准《建筑消石灰粉》(JC/T 481—92)将消石灰粉按其种类划分为优等品、一等品和合格品三个质量等级。

4.1.3　石灰的技术性质

石灰作为胶凝材料,其技术性质如下:

(1) 塑性好。生石灰熟化成石灰浆时,能形成颗粒极细的微粒(约 $1 \mu m$),该颗粒在浆体中可吸附水膜,使浆体可塑性明显改善。故在砌砖结构的水泥砂浆中,常掺入一定量的石灰膏。

(2) 硬化慢,强度低。硬化慢主要是碳化过程缓慢所致。1:3 的石灰砂浆 28 d 强度约为 $0.2 \sim 0.5 \text{ MPa}$,所以石灰不能用作结构材料。

(3) 体积收缩大。石灰浆体硬化过程中,由于蒸发大量水分而导致体积明显收缩,一般不能单独使用,必须掺入适量的骨料或加筋材料(如麻刀、纸筋)。

(4) 耐水性差。未硬化的石灰浆处于潮湿环境中,由于水分不能很好地蒸发而难于硬化;已硬化的石灰浆长期受潮或受水浸泡,由于 $Ca(OH)_2$ 晶体溶解而导致强度下降甚至溃散。

4.1.4　石灰的应用

（1）石灰与黏土可配成灰土，再加入砂或碎砖、炉渣可配成三合土，经夯实，具有一定强度和耐水性，可用于建筑物的基础、垫层以及路基等。

（2）配制水泥石灰砂浆和石灰砂浆。用熟化好的石灰膏和水泥、砂配制成的混合砂浆是目前用量最大、用途最广的砂浆品种；用石灰膏和砂或麻刀、纸筋配制成的石灰砂浆、麻刀灰、纸筋灰则广泛用作内墙和顶棚的抹灰材料。

（3）生产碳化石灰板。将磨细的生石灰、纤维状填料（如玻璃纤维）或轻质骨料按比例混合搅拌成型，再通入 CO_2 进行人工碳化从而制成碳化石灰板。该制品表观密度小，导热系数低，主要用作非承重的隔墙板、天花板等。

（4）加固含水的软土地基。生石灰可用来加固含水的软土地基，如石灰桩是在桩孔内灌入生石灰块，利用生石灰吸水熟化时体积膨胀的性能产生膨胀压力，从而使地基加固。

4.2　石　膏

4.2.1　石膏的原料及生产

石膏及其制品在建筑工程中应用广泛，生产建筑石膏的主要原料是天然石膏岩（二水石膏 $CaSO_4 \cdot 2H_2O$）和一些含有 $CaSO_4 \cdot 2H_2O$ 的化工业副产品及废渣（称为化工石膏）。相同的原料，煅烧条件不同，得到的石膏品种会不同，其结构性质也不同。常见的有建筑石膏、模型石膏、高强石膏和无水石膏。

天然二水石膏在 107~170℃加热煅烧即得建筑石膏，其化学反应如下：

$$CaSO_4 \cdot 2H_2O \xrightarrow{107\sim170℃} CaSO_4 \cdot \frac{1}{2}H_2O + 1\frac{1}{2}H_2O$$

β 型半水石膏即为建筑石膏，经磨细后通常为白色粉末。

4.2.2　建筑石膏的凝结与硬化

建筑石膏与适量水拌合后，成为可塑的浆体，但很快就失去塑性、产生强度，并逐渐发展成为坚硬的固体，这种现象称为凝结硬化。这是由于浆体内部发生了一系列的物理化学变化。首先，半水石膏溶解于水，与水反应生成二水石膏，即

$$CaSO_4 \cdot \frac{1}{2}H_2O + 1\frac{1}{2}H_2O \rightarrow CaSO_4 \cdot 2H_2O$$

由于二水石膏在水中的溶解度仅为半水石膏溶解度的 1/5 左右，所以半水石膏的饱和溶液对于二水石膏已成为过饱和溶液，二水石膏将从溶液中沉淀析出胶体微粒。二水石膏的析出，破坏了原来半水石膏溶解浓度的平衡，因此半水石膏会进一步溶解和水化。如此循环进行，直到半水石膏全部耗尽。在此过程中，二水石膏胶体微粒的数量不断增多，浆体中的自由水分因水化和蒸发而逐渐减少，同时因为胶体微粒比半水石膏颗粒细小得多，粒子的总表面积增大使其吸附了更多的水分，所以浆体的稠度逐渐增大，颗粒之间的摩擦力和黏结力逐渐增加，可塑性逐渐减小，表现为石膏的"凝结"。其后，浆体继续变稠，胶体

微粒逐渐凝聚成为晶体，然后晶体逐渐长大、共生和相互交错，使浆体产生强度，并不断增长，这就是石膏的"硬化"。石膏的凝结硬化过程实质上是一个连续进行的过程，在整个过程中既有物理变化又有化学变化。

4.2.3 建筑石膏的技术特性

(1) 凝结硬化快。建筑石膏加水拌合数分钟内，便开始失去塑性，初凝仅需 5 min，终凝为 20～30 min，一周后即完全硬化。这一性质不利于制品成型，为此常掺入缓凝剂，如硼砂、柠檬酸、亚硫酸盐纸浆废液、骨胶等，以延缓其水化时间，方便生产。

(2) 凝结硬化过程中体积略为膨胀，其膨胀量约 0.5%～1.0%，所以石膏在使用中不会因不均匀收缩而开裂，作为装饰材料使用时表面光滑细腻，形体饱满，尺寸准确。

(3) 质轻多孔。建筑石膏水化反应的理论需水量为 18.6%，但在实际生产中，为了成型方便，实际用水量常达 60%～80%，超出理论需水量的水分在制品成型后慢慢蒸发而成为孔隙，孔隙率约为 50%～80%。因此，石膏制品质轻而多孔，具有良好的绝热性能和吸声性能，但强度较低、吸水率高、抗冻性差。

(4) 防火性能良好。建筑石膏硬化后成为二水石膏，其中结晶水约占 20.9%。当石膏制品受到高温作用时，结晶水蒸发而形成"气幕"，具有阻止火热蔓延的作用。

(5) 耐水性差。在潮湿条件下，石膏的强度显著降低，所以石膏制品一般不宜用于相对湿度 70% 以上的环境中。

(6) 良好的加工性能。建筑石膏硬化后可锯、可刨、可钉、可钻，这为安装施工提供了很大的方便。

(7) 装饰性好。石膏制品在成型时易做成各种复杂的图案花纹及造型，颜色洁白，质感细腻，用于室内装饰显得宁静高雅。近几年来国内外建筑物普遍采用石膏装饰制品作为室内墙面和顶棚的装修和装饰材料。

4.2.4 建筑石膏制品

石膏制品主要有装饰石膏板和石膏工艺装饰部件等。在众多的装饰材料中，石膏制品具有不老化、无污染、对人体健康无害等独到的优点，因此现代建筑的室内墙面和顶棚装饰采用石膏制品作为装饰材料已呈日益增多的趋势。

1. 装饰石膏板

装饰石膏板是以建筑石膏为主要原料，掺入适量纤维加筋材料和聚乙烯醇外加剂与水一起搅拌成均匀的料浆，注入带有图案花纹的硬质模具内成型，再经硬化、干燥而成的不带图护面纸的装饰板材。其主要特征是表面具有各层图案花纹，可获得良好的装饰效果。有的产品在生产时，可在其表面粘贴一层聚氯乙烯装饰面层，以一次完成装饰工序。当用作吊顶板材时考虑兼有吸声效果，则可将板材穿以圆形或方形的盲孔或全穿孔，通常将孔呈图案布置，以增加板材的装饰效果。

装饰石膏板按板材耐湿性能分为普通板和防潮板两类。每类按其板面特征又分为平板、孔板和浮雕板三种。具体分类及代号如表 4-2 所示。

表 4 - 2　装饰石膏板分类及代号

分类	普 通 板			防 潮 板		
	平 板	孔 板	浮雕板	平 板	孔 板	浮雕板
代号	P	K	D	FP	FK	FD

装饰石膏板为正方形，其棱边形状有直角和倒角两种；常用规格有四种：300 mm×300 mm×8 mm、400 mm×400 mm×8 mm、500 mm×500 mm×10 mm 及 600 mm×600 mm×10 mm。当用作建筑层高为 10 m 左右的吊顶时，常选用 500 mm×500 mm×9 mm 和 600 mm×600 mm×11 mm 的装饰石膏板。

按技术标准《装饰石膏板》(GB 9777—88)规定，装饰石膏板产品标记顺序为：产品名称、板材分类代号、板材边长和标准号。例如尺寸为 500 mm×500 mm×9 mm 的防潮板，其标记为：装饰石膏板 FK500GB9777—88。

装饰石膏板技术性能指标见表 4 - 3，断裂荷载应不小于表 4 - 4 的规定。

表 4 - 3　装饰石膏板技术性能指标

项　　目			优 等 品		一 级 品		合 格 品	
			平均值	最大值	平均值	最大值	平均值	最大值
边长/mm			0 ～ -2		+1 ～ -2			
厚度/mm			±0.5		±1.0			
不平度/mm ≤			1.0		2.0		3.0	
直角偏离度/mm ≥			1		2		3	
单位面积质量/kg/m² ≤	P、K、FP、FK	厚度 9 mm	8.0	9.0	10.0	11.0	12.0	13.0
		厚度 11 mm	10.0	11.0	12.0	13.0	14.0	15.0
	D、FD	厚度 9 mm	11.0	12.0	13.0	14.0	15.0	16.0
含水率/% ≤			2.0	2.5	2.5	3.0	3.0	3.5
吸水率/% ≤			5.0	6.0	8.0	9.0	10.0	11.0
受潮挠度/mm ≤			5	7	10	12	15	17

表 4 - 4　装饰石膏板断裂荷载值　　　　　　　　　　　N

项　　目	优 等 品		一 等 品		合 格 品	
	平均值	最小值	平均值	最小值	平均值	最小值
P、K、FP、FK	176	159	147	132	118	106
D、FD	186	168	137	150	147	132

装饰石膏板具有轻质、强度较高、绝热、吸声、阻燃、抗震、耐老化、变形小、能调节室内湿度等特点，且加工性能好，施工方便。

普通装饰吸声石膏板适用于宾馆、礼堂、会议室、招待所、医院、候机室等用作吊顶板材以及安装在这些室内四周墙壁的上部，也可用在住宅的顶棚和墙面装饰。

高效防水装饰吸声石膏板主要用于对装饰和吸声有一定要求的建筑物室内顶棚和墙面

装饰，特别适用于环境湿度大于 70％的工矿车间、地下建筑、人防工程及对防水有特殊要求的建筑工程。

吸声石膏板适用于各种音响效果要求高的场所，如影剧院、播音室等。

2. 纸面石膏板

纸面石膏板包括普通纸面石膏板、耐火纸面石膏板和装饰吸声纸面石膏板三种。它们是以建筑石膏为主要原料，掺入适量纤维和外加剂等制成芯板，再在其表面贴以厚质护面纸而制成的板材。板材因厚纸护面，所以抗折强度较高，挠度变形比无护面纸的石膏板小得多。

普通纸面石膏板和耐火纸面石膏板为矩形，板长有 1800 mm、2100 mm、2400 mm、2700 mm、3000 mm、3300 mm 和 3600 mm 等几种，宽度有 900 mm 和 1200 mm 两种，厚度有 9 mm、12 mm、15 mm、18 mm 等几种（耐火板还有 21 mm 和 25 mm 两种厚度）。一般情况下均采用 9 mm 和 12 mm 厚的板。

装饰吸声纸面石膏板的主要形状为正方形，常用尺寸有 500 mm×500 mm 和 600 mm×600 mm 两种，板厚有 9 mm 和 12 mm 两种。用作活动式装配吊顶时，选用 9 mm 厚的板材为宜。

3. 嵌装式装饰石膏板

嵌装式装饰石膏板也是以建筑石膏为主要原料，掺入适量的纤维增强材料和外加剂，与水搅拌成均匀的料浆，经浇注成型、硬化、干燥而成的不带护面的板材。板材背面凹入而四周边加厚，并制有嵌装企口，板材正面为平面或带有一定深度的浮雕花纹图案，也可以穿以盲孔，这种板称为穿孔嵌装式装饰石膏板。当采用该种板作饰面板时，在其背面复合吸声材料，使板具有一定的吸声特性，称为嵌装式装饰吸声石膏板。

嵌装式装饰石膏板为正方形。其棱边形式有直角形和倒角形。规格为：600 mm×600 mm，边厚大于 28 mm，以及 500 mm×500 mm，边厚大于 25 mm。

4. 艺术装饰石膏制品

艺术装饰石膏制品主要包括浮雕艺术石膏线角、线板、花角、壁炉、罗马柱、花饰等。这些制品均采用优质建筑石膏为基料，配以纤维增强材料、黏结剂等，与水拌匀制成料浆，经浇注成型、硬化、干燥而成。

这些制品表面光洁、颜色洁白、花型和线条清晰、尺寸稳定，强度高、无毒、阻燃等特点，并且拼装容易，可加工性好，主要用于室内装饰。

4.3　水　玻　璃

4.3.1　水玻璃的分类与组成

水玻璃俗称泡花碱，是由不同比例的碱金属氧化物和二氧化硅化合而成的一种可溶于水的硅酸盐。建筑常用的为硅酸钠（$Na_2O \cdot nSiO_2$）的水溶液，又称钠水玻璃。要求高时也使用硅酸钾（$K_2O \cdot nSiO_2$）的水溶液，又称钾水玻璃。水玻璃为青灰色或淡黄色黏稠状液体。

二氧化硅(SiO_2)与氧化钠(Na_2O)的摩尔数的比值 n，称为水玻璃的模数。水玻璃的模数越高，越难溶于水；水玻璃的密度和强度越大、硬化速度越快，硬化后的黏结力与强度、耐热性与耐酸性越高；水玻璃的浓度太高，则强度太大，不利于施工操作，难以保证施工质量。建筑中常用的水玻璃模数为 2.6～3.0。水玻璃的浓度一般用密度来表示。常用水玻璃的密度为 1.3～1.5 g/cm^3。水玻璃的密度太大或太小时，可用加热浓缩或加水稀释的办法来改变。

4.3.2　水玻璃的硬化

水玻璃在空气中吸收二氧化碳，析出二氧化硅凝胶，并逐渐干燥脱水成为氧化硅而硬化，即

$$Na_2O \cdot nSiO_2 + CO_2 + mH_2O \rightarrow nSiO_2 \cdot mH_2O + Na_2CO_3$$

由于空气中二氧化碳的浓度较低，故上述过程很慢，为加速水玻璃的硬化常加入氟硅酸钠(Na_2SiF_6)作为促硬剂，加速二氧化硅凝胶的析出，其反应如下：

$$2Na_2O \cdot nSiO_2 + Na_2SiF_6 + mH_2O \rightarrow (2n+1)SiO_2 \cdot mH_2O + 6NaF$$

氟硅酸钠的适宜掺量为 12%～15%，掺量少，则硬化慢，且硬化不充分，强度和耐水性均较低；但掺量过多，则凝结过速，造成施工困难，且强度和抗渗性均降低。加入氟硅酸钠后，水玻璃的初凝时间可缩短到 30～60 min，终凝时间可缩短到 240～360 min，7 d 基本上达到最高强度。

4.3.3　水玻璃的性质

水玻璃在凝结硬化后，具有以下特性：

（1）黏结力强、强度较高。水玻璃在硬化后，其主要成分为二氧化硅凝胶和氧化硅，因而具有较高的黏结力和强度，用水玻璃配制的混凝土的抗压强度可达 15～40 MPa。

（2）耐酸性好。由于水玻璃硬化后的主要成分为二氧化硅，所以其可以抵抗除氢氟酸、过热磷酸以外的几乎所有的无机酸和有机酸，可用于配制水玻璃耐酸混凝土、耐酸砂浆等。

（3）耐热性好。硬化后形成的二氧化硅网状骨架，在高温下强度下降不大，用于配制水玻璃耐热混凝土、耐热砂浆等。

（4）耐碱性和耐水性差。水玻璃在加入氟硅酸钠后仍不能完全硬化，仍然有一定量的水玻璃 $Na_2O \cdot nSiO_2$。由于 SiO_2 和 $Na_2O \cdot nSiO_2$ 均可溶于碱，且 $Na_2O \cdot nSiO_2$ 可溶于水，所以水玻璃硬化后不耐碱、不耐水。为提高耐水性，常采用中等浓度的酸对已硬化的水玻璃进行酸洗处理。

4.3.4　水玻璃的应用

（1）涂刷材料表面，提高抗风化能力。以密度为 1.35 g/cm^3 的水玻璃浸渍或涂刷砌块砖、硅酸盐混凝土、石材等多孔材料，可提高材料的密实度、强度、抗渗性、抗冻性及耐水性等。这是因为水玻璃与空气中的二氧化碳反应生成硅酸凝胶，同时水玻璃也与材料中的氢氧化钙反应生成硅酸钙凝胶，两者填充于材料的孔隙，使材料致密。不能用水玻璃涂刷或浸渍石膏制品，因为硅酸钠会与硫酸钙反应生成硫酸钠，在制品孔隙中结晶，体积显著

膨胀，从而导致制品破坏。水玻璃还可用于配制内墙涂料或外墙涂料。

（2）配制速凝防水剂。水玻璃加两种、三种或四种矾即可配置成矾、三矾、四矾速凝防水剂。此类防水剂与水泥浆调和，可堵塞建筑物的漏洞、缝隙。

（3）修补砖墙裂缝。将水玻璃、粒化高炉矿渣粉、砂及氟硅酸钠按适当比例拌合后，直接压入砖墙裂缝，可起到黏结和补强作用。

（4）加固土壤。将水玻璃和氯化钙溶液交替压注到土中，生成的硅酸凝胶和硅酸钙凝胶可使土壤固结，从而避免了由于地下水渗透引起的土壤下沉。

水玻璃应在密闭条件下存放。长时间存放后，水玻璃会产生一定的沉淀，使用时应搅拌均匀。

复习思考题

1. 什么是气硬性胶凝材料？什么是水硬性胶凝材料？二者有何区别？

2. 什么是石灰的硬化？石灰硬化后其体积如何变化？应采取何种措施来减小这种变化？

3. 过火石灰和欠火石灰对石灰使用性能有何影响？

4. 石灰有哪些技术性质？这些性质对石灰的使用有哪些影响？

5. 建筑石膏的生产过程和原料来源是什么？

6. 建筑石膏有哪些特性？

7. 水玻璃在硬化时应注意的问题有哪些？

8. 水玻璃的用途有哪些？

第 5 章 水 泥

水泥是一种粉末状物质，与适量水混合后，经过物理化学过程能由可塑性浆体变成坚硬的石状体，能将散粒材料胶结成为整体的混凝土。水泥浆体不但能在空气中硬化，而且还能在水中硬化，故属于水硬性胶凝材料。

水泥是重要的建筑材料之一，它和钢材、木材是基本建设的三大材料。随着我国现代化建设事业的发展，水泥的需求量不断增加。水泥不但大量应用于工业与民用建筑工程，还广泛应用于农业、水利、公路、海港和国防建设等工程。用水泥、砂、石和钢筋浇捣的钢筋混凝土结构，是现代建筑的主要结构形式之一。

水泥品种很多，按水泥熟料矿物一般可分为硅酸盐类水泥、铝酸盐类水泥和硫铝酸盐类水泥，在建筑工程中应用最广的是硅酸盐类水泥。常用的水泥品种有硅酸盐水泥、普通硅酸盐水泥、矿渣硅酸盐水泥、火山灰质硅酸盐水泥和粉煤灰硅酸盐水泥等。此外还有一些具有特殊性能的特种水泥，如快硬硅酸盐水泥、白色硅酸盐水泥与彩色硅酸盐水泥、铝酸盐水泥、膨胀水泥、特快硬水泥等。

5.1 硅酸盐水泥

按国家标准《硅酸盐水泥、普通硅酸盐水泥》(GB 175—92)规定：凡由硅酸盐水泥熟料、0～5%石灰石或粒化高炉矿渣、适量石膏磨细制成的水硬性胶凝材料，称为硅酸盐水泥(即国外通称的波特兰水泥)。硅酸盐水泥分两种类型，不掺加石灰或粒化高炉矿渣的称Ⅰ型硅酸盐水泥，代号 P·Ⅰ；在硅酸盐水泥熟料粉磨时掺加不超过水泥重量5%石灰石或粒化高炉矿渣混合材料的称Ⅱ型硅酸盐水泥，代号 P·Ⅱ。凡由硅酸盐水泥熟料、6%～15%混合材料、适量石膏磨细制成的水硬性胶凝材料，称为普通硅酸盐水泥(简称普通水泥)，代号 P·O。普通硅酸盐水泥掺活性混合材料时，最大掺量不得超过15%，其中允许用不超过水泥重量5%的窑灰或不超过水泥重量10%的非活性混合材料来代替。掺非活性混合材料时最大掺量不得超过水泥重量的10%。

所谓水泥熟料，是指以适当成分的生料，烧至部分熔融，所得以硅酸钙为主要成分的产物，简称熟料。

5.1.1 硅酸盐水泥生产及其矿物组成

硅酸盐水泥的生产工艺过程概括起来，可谓"两磨一烧"，即：① 生料的配制和磨细；② 生料经煅烧使之部分熔融而形成熟料；③ 将熟料、0～5%的石灰石或粒化高炉矿渣(通称混合材料)与适量石膏共同磨细，即成为硅酸盐水泥。水泥生产的主要工艺流程如图5.1所示。

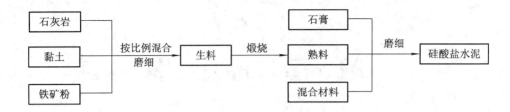

图 5.1 硅酸盐水泥的生产过程

水泥生料的配合比例直接影响硅酸盐水泥熟料的矿物成分比例和主要建筑技术性能,水泥生料在窑内的煅烧过程是保证水泥熟料质量的关键。在达到1000℃时水泥生料中的各种原料完全分解出水泥中的有用成分,主要有氧化钙(CaO)、二氧化硅(SiO_2)、三氧化二铝(Al_2O_3)和三氧化二铁(Fe_2O_3)。其中在800℃左右少量分解出的氧化物已开始发生固相反应,生成铝酸一钙、少量的铁酸二钙及硅酸二钙。在900~1100℃时开始形成铝酸三钙和铁铝酸四钙,在1100~1200℃时形成大量铝酸三钙和铁铝酸四钙,硅酸二钙生成量最大。在1300~1450℃时铝酸二钙和铁铝酸四钙呈熔融状态,产生的液相把氧化钙及部分硅酸二钙溶解于其中,在此液相中,硅酸二钙吸收氧化钙化合成硅酸三钙。这是煅烧水泥的最关键一步,必须停留足够的时间,使原料中游离的氧化钙被吸收掉,以保证水泥熟料的质量。

硅酸盐水泥熟料的主要矿物组成及其含量范围见表5-1。

表 5-1 硅酸盐水泥熟料的矿物组成

熟 料 名 称	化 学 式	简 写	含 量
硅酸三钙	$3CaO \cdot SiO_2$	C_3S	42%~61%
硅酸二钙	$2CaO \cdot SiO_2$	C_2S	15%~32%
铝酸三钙	$3CaO \cdot Al_2O_3$	C_3A	4%~11%
铁铝酸四钙	$4CaO \cdot Al_2O_3 \cdot Fe_2O_3$	C_4AF	10%~18%

除此以外,还有少量游离氧化钙(CaO)、游离氧化镁(MgO)等。

上述四种熟料矿物中,硅酸钙(包括硅酸三钙和硅酸二钙)是主要的,约占70%以上。四种矿物单独与水作用时所表现的特性见表5-2。

表 5-2 水泥熟料矿物的特性

矿 物 名 称	性 能		
	凝结硬化速度	水化放热量	强 度
硅酸三钙	快	大	高
硅酸二钙	慢	小	早期低、后期高
铝酸三钙	最快	最大	最低
铁铝酸四钙	较快	中	中

由表 5-2 看出，不同的熟料矿物与水作用时所表现的性能是不同的。水泥是由几种矿物组成的混合物，改变熟料中矿物组成的相对含量，水泥的技术性能会随之变化。例如提高硅酸三钙的含量，可以制得快硬高强水泥；又如降低铝酸三钙和硅酸三钙的含量，提高硅酸二钙的含量，可制造水化热低的低热水泥。

5.1.2 硅酸盐水泥的凝结与硬化

水泥加水拌后，最初形成具有可塑性的浆体，然后逐渐变稠失去可塑性，这一过程称为凝结。此后，强度逐渐提高，并变成坚硬的石状物体——水泥石，这一过程称为硬化。水泥的凝结和硬化过程是人为划分的，实际上是一个连续的复杂的物理化学过程，这些变化决定了水泥的一系列的技术性能，因此了解水泥的凝结和硬化过程，对于了解水泥的性能和使用是很重要的。

硅酸盐水泥遇水后，各熟料矿物与水发生化学反应，形成水化物，并放出一定热量，其反应式如下：

$$2(3CaO \cdot SiO_2) + 6H_2O = 3CaO \cdot 2SiO_2 \cdot 3H_2O + 3Ca(OH)_2$$
$$2(2CaO \cdot SiO_2) + 4H_2O = 3CaO \cdot 2SiO_2 \cdot 3H_2O + Ca(OH)_2$$
$$3CaO \cdot Al_2O_3 + 6H_2O = 3CaO \cdot Al_2O_3 \cdot 6H_2O$$
$$4CaO \cdot Al_2O_3 \cdot Fe_2O_3 + 7H_2O = 3CaO \cdot Al_2O_3 \cdot 6H_2O + CaO \cdot Fe_2O_3 \cdot H_2O$$

上述反应中，硅酸三钙水化反应很快，水化放热大，生成的水化硅酸钙几乎不溶于水，而以胶体微粒析出，并逐渐凝聚成为凝胶。经电子显微镜观察，水化硅酸钙仅是颗粒尺寸与胶体相同，而实际上呈结晶较差的箔片状或纤维状颗粒。生成的氢氧化钙较快地溶解于水中，当溶液中的浓度达到过饱和后，便呈六方晶体析出。

硅酸二钙水化反应的产物与硅酸三钙基本相同，但它水化反应极慢，水化放热小。铝酸三钙水化反应极快，水化放热甚大，且放热速度也很快，生成的水化铝酸钙为立方晶体。铁铝酸四钙水化反应快，水化放热中等，生成的水化产物为水化铝酸三钙和水化铁酸一钙。水化铝酸三钙和水化铁酸一钙是不稳定的产物，它们在氢氧化钙饱和溶液中能与氢氧化钙进一步反应，生成六方晶体的水化铝酸四钙和水化铁酸四钙。

纯熟料磨细后，凝结时间很短，不便使用。为了调节水泥的凝结时间，熟料磨细时，掺入适量（3%左右）石膏，这些石膏与部分水化铝酸钙反应，生成难溶的水化硫铝酸钙的针状晶体，其反应式如下。由于水化硫铝酸钙的存在，延缓了水泥的凝结时间。

$$3CaO \cdot Al_2O_3 + 6H_2O + 3(CaSO_4 \cdot 2H_2O) + 19H_2O = 3CaO \cdot Al_2O_3 \cdot 3CaSO_4 \cdot 31H_2O$$

水泥浆在空气中硬化时，表面形成的氢氧化钙还能与空气中的二氧化碳反应生成碳酸钙。

综上所述，硅酸盐水泥水化反应后，生成的主要水化产物为水化硅酸钙、氢氧化钙、水化铝酸钙、水化铁酸钙和水化硫铝酸钙等。

以上所述的是水泥水化时所发生的主要化学反应。在发生化学反应的同时，水泥水化又发生着一系列的物理变化，使水泥凝结并硬化。水泥凝结和硬化过程的机理比较复杂。一般解释是：当水泥加水拌合后（见图 5.2(a)），在水泥颗粒表面即发生化学反应，生成的水化产物聚集在颗粒表面形成凝胶薄膜（见图 5.2(b)），使水泥反应减慢。表面形成的凝胶薄膜使水泥浆体具有可塑性。由于生成的胶体状水化产物在某些点接触，构成疏松的网状结构,使浆体失去流动性和部分可塑性,这时为初凝。之后,由于薄膜的破裂,使水泥与水又迅速而广泛地接触,反应又加速,生成较多量的水化硅酸钙凝胶、氢氧化钙和水化硫铝酸钙晶体等水化产物,它们相互接触连生(见图5.2(c)),到一定程度,浆体完全失去可塑性,建立起充满全部间隙的紧密的网状结构,并在网状结构内部不断充实水化产物,使水泥具有一定的强度,这时为终凝。当水泥颗粒表面重新为水化产物所包裹,水化产物层的厚度和致密程度不断增加,水泥浆体趋于硬化,形成具有较高强度的水泥石(见图5.2(d))。硬化水泥石是由凝胶、晶体、毛细孔和未水化的水泥熟料颗粒所组成。

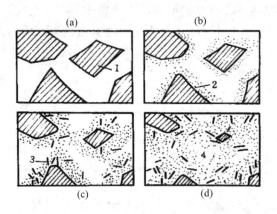

图 5.2　水泥凝结硬化过程示意图
1—未水化水泥颗粒；2—水泥凝胶体；
3—氢氧化钙等结晶体；4—毛细管孔隙

由此可见,水泥的水化和硬化过程是一个连续的过程。水化是水泥产生凝结硬化的前提,而凝结硬化是水泥水化的结果。凝结和硬化又是同一过程的不同阶段,凝结标志着水泥浆失去流动性而具有一定的塑性强度,硬化则表示水泥浆固化后所建立的网状结构具有一定的机械强度。

水泥的凝结和硬化,除了与水泥的矿物组成成分有关外,还与水泥的细度、拌合水量、硬化环境(温度、湿度)和硬化时间有关。水泥颗粒细,水化快,凝结与硬化也快;拌合水量多,水化后形成的胶体稀,水泥的凝结和硬化就慢。温度对水泥的水化以及凝结和硬化的影响很大,当温度高时,水泥的水化作用加速,从而凝结和硬化的速度也就加快,所以用蒸汽养护是加速凝结和硬化的方法之一;当温度低时,凝结和硬化的速度减慢,当温度低于0℃时,水化基本停止,因此,冬期施工时,需采用保温措施,以保证水泥正常凝结和强度的正常发展。水泥石的强度只有在潮湿的环境中才能不断增长,若处于干燥环境中,当水分蒸发完毕后,水化作用将无法继续进行,硬化即停止,强度也不再增长,所以混凝土工程在浇筑后2～3周的时间内,必须注意洒水养护。水泥石的强度随着硬化时间的增加而增长,一般在3～7 d内强度增长最快,在28 d以内增长较快,以后渐慢,但持续时间很长。

5.1.3　硅酸盐水泥的技术性能

1. 密度和表观密度

硅酸盐水泥的密度,主要决定于熟料的矿物组成,是测定水泥细度指标比表面积的重要参数，一般在 3.1～3.2 g/cm³ 之间。因储存过久而受潮的水泥，密度稍有降低。

硅酸盐水泥在松散状态时的表观密度，一般在 900～1300 kg/m³ 之间，紧密状态时可达 1400～1700 kg/m³。表观密度除与密度有关外，还与粉磨细度有关，一般来说，水泥愈细，表观密度愈小。

2. 细度

细度是影响水泥性能的重要物理指标。颗粒愈细，与水起反应的表面积愈大，因而水化作用既迅速又完全，凝结硬化的速度也加快，早期强度也就愈高，但硬化收缩较大，水泥易于受潮。水泥愈细，粉磨过程能耗愈大，使水泥成本提高。

水泥细度可用比表面积或 80 μm 方孔筛的筛余量表示。国家标准规定硅酸盐水泥细度用比表面积表示，比表面积大于 300 m²/kg。

3. 标准稠度用水量

标准稠度用水量指按一定方法将水泥调制成具有标准稠度的净浆所需的用水量。标准稠度用水量是作为测定水泥的凝结时间和安定性所用净浆的拌合水量的依据，也是水泥的基本性能指标之一。硅酸盐水泥的标准稠度用水量一般在 23%～31% 之间。

4. 凝结时间

水泥凝结时间分为初凝和终凝。初凝时间为从水泥加水拌合起至水泥浆开始失去可塑性所需的时间；终凝时间则为从水泥加水拌合起至水泥浆完全失去可塑性并开始产生强度所需的时间。

水泥的凝结时间对水泥的使用具有重要的意义。水泥的初凝不宜过早，以便在施工时有足够的时间完成混凝土和砂浆的搅拌、运输、浇筑和砌筑等操作；水泥的终凝不宜过迟，以使混凝土在浇捣、施工完毕后，尽快地硬化，达到一定的强度，以利于下一步施工工艺的进行。国家标准规定：硅酸盐水泥的初凝时间不得早于 45 min；终凝时间不得迟于 390 min(6.5 h)。

5. 体积安定性

体积安定性是指水泥在硬化过程中体积均匀变化的性能。

体积安定性不良的原因，一般是由于熟料中所含游离氧化钙或游离氧化镁或掺入石膏量过多所致。熟料中所含游离氧化钙或游离氧化镁都是过烧的，水化很慢，往往在水泥硬化后才开始水化，这些氧化物在水化时体积剧烈膨胀，使水泥石开裂。当石膏掺量过多时，在水泥硬化后，石膏与水化铝酸钙反应生成三硫型水化硫铝酸钙，体积膨胀，也会引起水泥石开裂。

按国家标准规定，水泥体积安定性用沸煮法检验必须合格。该法只能检验由游离氧化钙所引起的水泥体积安定性不良。游离氧化镁需在压蒸条件下才能加速水化。而石膏的危害需长时间在常温水中才能发现，两者均不便于快速检验，所以国家标准规定，水泥熟料中游离氧化镁含量不得超过 5.0%，三氧化硫含量不得超过 3.5%。以控制水泥的体积安定性。

体积安定性不良的水泥不能用于工程中。安定性不合格的试饼如图 5.3 所示。

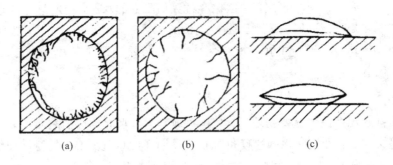

图 5.3　安定性不合格的试饼
(a) 崩溃；(b) 龟裂；(c) 弯曲

6. 强度

　　水泥的强度是水泥性能的重要指标，也是评定水泥强度等级的依据。将水泥和标准砂按 1∶3 的比例混合，加入规定数量的水，按规定方法制成标准尺寸的试件，在标准条件下养护后进行抗折、抗压强度试验，根据 3 d 和 28 d 龄期的强度，硅酸盐水泥分为 42.5R、52.5、52.5R、62.5、62.5R 和 72.5R 六种等级，普通硅酸盐水泥分为 32.5、42.5、42.5R、52.5、52.5R、62.5 和 62.5R 七种等级。各等级水泥在各龄期的强度值不得低于表 5-3 的数值。

表 5-3　硅酸盐水泥和普通硅酸盐水泥的强度 (GB 175—92)

品　种	等　级	抗压强度/MPa		抗折强度/MPa	
		3 d	28 d	3 d	28 d
硅酸盐水泥	42.5R	22.0	42.5	4.0	6.5
	52.5	23.0	52.5	4.0	7.0
	52.5R	27.0	52.5	5.0	7.0
	62.5	28.0	62.5	5.0	8.0
	62.5R	32.0	62.5	5.5	8.0
	72.5R	37.0	72.5	6.0	8.5
普通水泥	32.5	12.0	32.5	2.5	5.5
	42.5	16.0	42.5	3.5	6.5
	42.5R	21.0	42.5	4.0	6.5
	52.5	22.0	52.5	4.0	7.0
	52.5R	26.0	52.5	5.0	7.0
	62.5	27.0	62.5	5.0	8.0
	62.5R	31.0	62.5	5.5	8.0

　　注：R 代表早强型水泥。

　　硅酸盐水泥的强度主要决定于熟料的矿物组成和细度。如前所述，四种主要矿物的强度各不相同，它们的相对含量改变时，水泥的强度及其增长速度也随之变化，硅酸三钙含量多、粉磨较细的水泥，强度增长较快，最终强度也较高。此外，试件的制作及养护条件对水泥的强度也有影响。

7. 水化热

水泥的水化是放热反应，水泥在凝结硬化过程中放出的热量，称为水泥的水化热。水泥的水化放热量和放热速度主要取决于水泥的矿物组成和细度。水化放热对大体积混凝土构筑物是有害的，对一般建筑的冬期施工则是有利的。

5.1.4　硅酸盐水泥的腐蚀及防止方法

硅酸盐水泥硬化而成的水泥石，在通常的使用条件下是耐久的，但在某些侵蚀性液体或气体作用下，水泥石的结构会逐渐遭到破坏，促使强度降低，以致全部溃裂，这种现象称为水泥的腐蚀。

引起水泥腐蚀的原因很多，作用也很复杂，现列举几种主要的侵蚀作用。

1. 软水腐蚀(溶出性腐蚀)

蒸馏水、冷凝水、雨水、雪水以及含重碳酸盐甚少的河水及湖水均属软水。水泥石中氢氧化钙易溶解于软水，氢氧化钙的溶出会促使水泥石中其他水化物分解，从而引起水泥石结构的破坏，强度降低。

硬化水泥石受到软水溶析时，各种水化物中，氢氧化钙的溶解度最大而首先被溶出。当在静止及无水压的情况下，由于周围的水迅速被溶出的氢氧化钙所饱和，使溶解作用中止，氢氧化钙的溶出仅限于表面，影响不大。但当水泥石在流动水及压力水作用下，氢氧化钙会不断溶解流失，使水泥石结构的密实度降低，影响其性能。由于氢氧化钙不断溶出，水泥石中氧化钙浓度降低，当低于其他水化物能稳定存在的极限浓度时，就会引起这些水化物的分解，例如当溶液中的氧化钙浓度低于 $0.08\ \mathrm{g/L}$ 时，水化硅酸钙将分解成没有水硬性的 $SiO_2 \cdot nH_2O$ 和 $Ca(OH)_2$。水化铝酸钙和水化铁酸钙也如此。于是水泥石结构遭到破坏，强度不断降低，导致建筑物严重毁坏。

2. 一般酸性水腐蚀

某些地下水或工业废水中常含有游离的酸性物质，这种酸性物质能与水泥石中的氢氧化钙作用生成相应的钙盐，所生成的钙盐或易溶于水，或在水泥石孔隙内形成结晶导致水泥石体积膨胀，产生破坏作用，这种破坏作用，称为一般酸性水腐蚀。

例如，盐酸与水泥中的氢氧化钙作用生成极易溶于水的氯化钙：

$$Ca(OH)_2 + 2HCl = CaCl_2 + 2H_2O$$

硫酸与水泥石中的氢氧化钙作用生成二水石膏：

$$Ca(OH)_2 + H_2SO_4 = CaSO_4 \cdot 2H_2O$$

生成的石膏在水泥石孔隙内形成结晶，体积膨胀，或者再与水泥石中的水化铝酸钙作用，生成三硫型水化硫铝酸钙结晶，体积剧烈膨胀，对水泥石有更大的破坏性。

3. 碳酸腐蚀

在工业污水和地下水中常溶解有较多的二氧化碳，与水泥石中的氢氧化钙作用生成易溶于水的化合物而引起水泥石的破坏，称为碳酸腐蚀。

水泥石中的氢氧化钙与二氧化碳作用生成碳酸钙，而碳酸钙又与二氧化碳反应生成易溶于水的碳酸氢钙：

$$Ca(OH)_2 + CO_2 + nH_2O = CaCO_3 + (n+1)H_2O$$
$$CaCO_3 + CO_2 + H_2O \Leftrightarrow Ca(HCO_3)_2$$

后者为可逆反应，若当水中含有的碳酸量只能满足平衡生成的 $Ca(HCO_3)_2$，且水又为静止状态，则这部分碳酸不会引起水泥石的腐蚀。只有当水中的碳酸量超过上述平衡所需的碳酸量，且水又为流动水，所生成易溶的碳酸氢钙溶于水后被冲走，上述化学平衡遭到破坏，反应向右继续进行，这样氢氧化钙将连续地起化学反应，不断流失，促使水泥石结构发生破坏。

4. 硫酸盐腐蚀

在海水、地下水及盐沼水中，常含有大量硫酸盐，与水泥石中某些化合物反应，生成能产生膨胀的结晶体，使水泥石结构破坏，称为硫酸盐腐蚀。

常见的硫酸盐为硫酸钠、硫酸钾、硫酸铵及硫酸钙等。它们中有的与水泥石中的氢氧化钙置换反应生成二水石膏：

$$Ca(OH)_2 + Na_2SO_4 + 2H_2O = CaSO_4 \cdot 2H_2O + 2NaOH$$

二水石膏与水泥石中的水化铝酸三钙反应，生成三硫型水化硫铝酸钙：

$$3CaO \cdot Al_2O_3 \cdot 6H_2O + 3(CaSO_4 \cdot 2H_2O) + 19H_2O = 3CaO \cdot Al_2O_3 \cdot 3CaSO_4 \cdot 31H_2O$$

生成的三硫型水化硫铝酸钙比原来的 $3CaO \cdot Al_2O_3 \cdot 6H_2O$ 固相所占的体积约增大 1.5 倍，产生局部膨胀应力，使水泥石结构遭到严重破坏。三硫型水化硫铝酸钙是呈针状晶体，常称为"水泥杆菌"。

当水中硫酸盐浓度较高或存在硫酸钙时，硫酸盐将在孔隙中直接结晶成二水石膏，体积膨胀，也导致水泥石破坏。

除了上述四种主要的腐蚀作用外，还有一些其他物质，如糖类、脂肪及强碱等对水泥也有腐蚀作用。一般来说，碱的溶液对水泥无害，因水泥水化物中的氢氧化钙本身就是碱性化合物。只有当碱溶液的浓度较高时，对硬化水泥石能发生缓慢腐蚀，温度升高会使腐蚀作用加速。

综上所述，使硅酸盐水泥遭受腐蚀的根本原因，在于水泥石本身成分中存在有引起腐蚀的氢氧化钙和水化铝酸钙；另外也由于水泥石本身不够密实，从而使侵蚀性介质易于进入内部。根据产生腐蚀的原因，可采取下列防腐蚀措施：

(1) 根据侵蚀环境特点，选择适当品种的水泥。

(2) 尽量提高水泥石的密实度，减少渗透作用，如降低水灰比，掺加外加剂和混合材料等。

(3) 当侵蚀作用较强时，可在混凝土或砂浆表面设置耐腐蚀性强且不透水的防护层，如采用耐酸石材、耐酸陶瓷、沥青及塑料等材料。

5.1.5 硅酸盐水泥的应用

(1) 在常用的水泥品种中，硅酸盐水泥使用较多，常用于重要结构中的高强度混凝土、钢筋混凝土和预应力混凝土工程。

(2) 硅酸盐水泥凝结硬化较快，抗冻性好，适用于要求凝结快、早期强度高、冬期施工及严寒地区遭受反复冻融的工程。

(3) 硅酸盐水泥的水泥石中含有较多的氢氧化钙，抗软水侵蚀和抗化学侵蚀性差，所以不宜用于受流动的软水和有水压作用的工程，也不宜用于受海水和矿物水作用的工程。

（4）硅酸盐水泥在水化过程中放出大量的热，故不宜用于大体积混凝土工程。

5.1.6 普通硅酸盐水泥

普通硅酸盐水泥与硅酸盐水泥的差别，仅在于其中含有少量混合材料，而绝大部仍是硅酸盐水泥熟料，故其基本性能与硅酸盐水泥相同。但由于掺加少量混合材料，某些性能与硅酸盐水泥相比，又稍有差异。与同等级的硅酸盐水泥相比，普通硅酸盐水泥早期硬化速度稍慢，其 3 d、7 d 的抗压强度较硅酸盐水泥稍低，抗冻、耐磨等性能也较硅酸盐水泥稍差。普通硅酸盐水泥等级范围较宽，便于合理选用。

普通硅酸盐水泥对细度的要求为 80 μm 方孔筛筛余量不得超过 10%；初凝时间要求与硅酸盐水泥相同（即 45 min），终凝时间不得迟于 10 h；体积安定性要求同硅酸盐水泥。

5.2 掺混合材料的硅酸盐水泥

5.2.1 混合材料

在水泥磨细时，所掺入的天然或人工的矿物材料，称为混合材料。

混合材料按其性能可分为活性混合材料（水硬性混合材料）和非活性混合材料（填充性混合材料）。

非活性混合材料磨成细粉与石灰加水拌合后，不能或很少生成具有胶凝性的水化物，在水泥中仅起填充作用。例如石英砂、黏土、石灰岩及自然冷却的矿渣等，掺入硅酸盐水泥熟料中仅起提高水泥产量、降低水泥等级以及减少水化热等作用。

活性混合材料磨成细粉加水后本身并不硬化，与石灰加水拌合后，在常温下能生成具有胶凝性的水化物，既能在空气中硬化，又能在水中继续硬化。这类混合材料常用的有粒化高炉矿渣和火山灰质混合材料。火山灰质混合材料包括火山灰、硅藻土、沸石、凝灰岩、烧黏土、煅烧煤矸石、煤渣与粉煤灰等。

活性混合材料的主要成分是活性氧化硅和活性氧化铝，它们在氢氧化钙溶液中发生水化反应：

$$x\mathrm{Ca(OH)_2} + \mathrm{SiO_2} + (m-x)\mathrm{H_2O} = x\mathrm{CaO} \cdot \mathrm{SiO_2} \cdot m\mathrm{H_2O}$$

$$y\mathrm{Ca(OH)_2} + \mathrm{AlO_2} + (n-y)\mathrm{H_2O} = y\mathrm{CaO} \cdot \mathrm{AlO_2} \cdot n\mathrm{H_2O}$$

当液相中有石膏存在时，还能与水化铝酸钙反应，生成水化硫铝酸钙，这些水化物能在空气中凝结硬化，还能在水中继续硬化，具有一定的强度。

硅酸盐水泥熟料掺加适量活性混合材料，不仅能提高水泥产量、降低水泥成本，而且可以改善水泥的某些性能、调节水泥等级、扩大使用范围，还能充分利用工业废渣，有利于环境保护。

窑灰是从水泥回转窑窑尾废气中收集下的粉尘。作为一种混合材料，窑灰的性能介于非活性混合材料和活性混合材料之间。

5.2.2 掺混合材料的硅酸盐水泥

1. 矿渣水泥、火山灰水泥和粉煤灰水泥

我国目前生产的掺混合材料的硅酸盐水泥主要有矿渣硅酸盐水泥(简称矿渣水泥)、火山灰质硅酸盐水泥(简称火山灰水泥)和粉煤灰硅酸盐水泥(简称粉煤灰水泥)三种。

我国国家标准《矿渣硅酸盐水泥、火山灰质硅酸盐水泥及粉煤灰硅酸盐水泥》(GB 1344—92)规定:

凡由硅酸盐水泥熟料和粒化高炉矿渣、适量石膏磨细制成的水硬性胶凝材料称为矿渣硅酸盐水泥,代号 P·S。水泥中粒化高炉矿渣掺加量按重量百分比计为 20%~70%。允许用石灰石、窑灰、粉煤灰和火山灰质混合材料中的任一种材料代替矿渣,代替重量不得超过水泥重量的 8%,替代后水泥中粒化高炉矿渣不得少于 20%。

凡由硅酸盐水泥熟料和火山灰质混合材料、适量石膏磨细制成的水硬性胶凝材料称为火山灰质硅酸盐水泥,代号 P·P。水泥中火山灰质混合材料掺加量按重量百分比计为 20%~50%。

凡由硅酸盐水泥熟料和粉煤灰、适量石膏磨细制成的水硬性胶凝材料称为粉煤灰硅酸盐水泥,代号 P·F。水泥中粉煤灰掺加量按重量百分比计为 20%~40%。

矿渣硅酸盐水泥,火山灰质硅酸盐水泥和粉煤灰硅酸盐水泥有 27.5、32.5、42.5、42.5R、52.5、52.5R 和 62.5R 七个等级。目前生产较多的为 32.5 和 42.5。由于该类水泥早期强度较低,确定较低等级水泥的龄期规定为 7 d 和 28 d。三种水泥各等级在各龄期的强度值不得低于表 5-4 的规定。

表 5-4 矿渣水泥、火山灰水泥及粉煤灰水泥的强度(GB 1344—92)

水泥等级	抗压强度/MPa			抗折强度/MPa		
	3 d	7 d	28 d	3 d	7 d	28 d
27.5	—	13.0	27.5	—	2.5	5.0
32.5	—	15.0	32.5	—	3.0	5.5
42.5	—	21.0	42.5	—	4.0	6.5
42.5R	19.0	—	42.5	4.0	—	6.5
52.5	21.0	—	52.5	4.0	—	7.0
52.5R	23.0	—	52.5	4.5	—	7.0
62.5R	28.0	—	62.5	5.0	—	8.0

上述三种水泥的细度、凝结时间及体积安定性的要求与普通硅酸盐水泥相同。

这三种水泥与硅酸盐水泥或普通硅酸盐水泥相比,它们的共同特性是:凝结硬化速度较慢,早期强度较低,但后期强度增长较多,甚至超过同等级的普通硅酸盐水泥(见图 5.4);水化放热速度慢,放热量也低;对温度的敏感性较高,温度较低时,硬化很慢,温度较高时(60~70℃以上),硬化速度大大加快,往往超过硅酸盐水泥的硬化速度;由于引起腐蚀的成分氢氧化钙减少,因此抵抗软水及硫酸盐介质的侵蚀能力较硅酸盐水泥高;这三

种水泥的抗冻性和抗碳化性能较差。

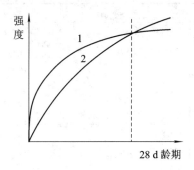

图 5.4 水泥的强度发展曲线
1—普通硅酸盐水泥；2—火山灰、粉煤灰和矿渣硅酸盐水泥

矿渣硅酸盐水泥和火山灰质硅酸盐水泥的干缩性大，而粉煤灰硅酸盐水泥的干缩性小。火山灰质硅酸盐水泥的抗渗性较高，矿渣硅酸盐水泥的耐热性较好。

这三种水泥除了能用于地上工程外，特别适用于地下和长期处于水中的一般混凝土和大体积混凝土结构以及需要蒸汽养护的混凝土构件，也适用于有一般硫酸盐侵蚀的混凝土工程。

2. 复合硅酸盐水泥

我国国家标准《复合硅酸盐水泥》(GB 12958—91)规定：凡由硅酸盐水泥熟料、两种或两种以上规定的混合材料、适量石膏磨细制成的水硬性胶凝材料，称为复合硅酸盐水泥（简称复合水泥）。水泥中混合材料总掺量按重量百分比应大于 15%，不超过 50%。水泥中允许用不超过 8% 的窑灰代替部分混合材料；掺矿渣时混合材料的掺量不得与矿渣硅酸盐水泥重复。

复合硅酸盐水泥有 32.5、42.5、42.5R、52.5 与 52.5R 五个等级，各等级水泥的各龄期强度不低于表 5-5 的规定。细度、初凝时间与安定性的要求同普通硅酸盐水泥，终凝时间不得迟于 12 h。

表 5-5 复合硅酸盐水泥的强度(GB 12958—91)

标 号	抗压强度/MPa			抗折强度/MPa		
	3 d	7 d	28 d	3 d	7 d	28 d
32.5	—	18.5	32.5	—	3.5	5.5
42.5	—	24.5	42.5	—	4.5	6.5
42.5R	21.0	—	42.5	4.0	—	6.5
52.5	—	31.5	52.5	—	5.5	7.0
52.5R	26.0	—	52.5	5.0	—	7.0

复合硅酸盐水泥的应用范围与上述三种掺混合材料的硅酸盐水泥基本相同。

根据混凝土工程特点或所处环境条件，常用水泥的选用可参照表 5-6。

表 5 - 6   常用水泥的选用

混凝土工程特点或所处环境条件		优 先 选 用	可 以 使 用	不 得 使 用
环境条件	在普通气候环境中的混凝土	普通水泥	矿渣水泥 火山灰水泥 粉煤灰水泥	
	在干燥环境中的混凝土	普通水泥	矿渣水泥	火山灰水泥 粉煤灰水泥
	在高湿度环境中或长期在水下的混凝土	矿渣水泥	普通水泥 火山灰水泥 粉煤灰水泥	
	严寒地区的露天混凝土、寒冷地区的处在水位升降范围内的混凝土	普通水泥(等级≥32.5)	矿渣水泥(等级≥32.5)	火山灰水泥 粉煤灰水泥
	严寒地区处在水位升降范围内的混凝土	普通水泥(等级≥42.5)		火山灰水泥 粉煤灰水泥 矿渣水泥
	受侵蚀性环境水或侵蚀性气体作用的混凝土	根据侵蚀性介质的种类、浓度等具体条件按专门(或设计)规定选用		
工程特点	厚大体积的混凝土	粉煤灰水泥 矿渣水泥	普通水泥 火山灰水泥	硅酸盐水泥 快硬硅酸盐水泥
	要求快硬的混凝土	快硬硅酸盐水泥 硅酸盐水泥	普通水泥	矿渣水泥 火山灰水泥 粉煤灰水泥
	高强(大于 C40)的混凝土	硅酸盐水泥	普通水泥、矿渣水泥	火山灰水泥 粉煤灰水泥
	有抗渗要求的混凝土	普通水泥 火山灰水泥		矿渣水泥
	有耐磨性要求的混凝土	硅酸盐水泥 普通水泥(等级>32.5)	矿渣水泥(等级>32.5)	火山灰水泥 粉煤灰水泥

注:蒸汽养护时用的水泥品种,宜根据具体条件通过试验确定。

5.3   其他品种水泥

5.3.1   快硬硅酸盐水泥

快硬硅酸盐水泥简称快硬水泥,是以硅酸盐水泥熟料为基础,和适量石膏磨细而成的,以 3 d 抗压强度表示其强度等级的水硬性胶凝材料。它具有快硬,即早期强度增进较快的特性。

在硅酸盐水泥熟料矿物中,铝酸三钙和硅酸三钙硬化最快,硅酸三钙强度最高。因此,快硬硅酸盐水泥熟料中硅酸三钙和铝酸三钙的含量较高。通常硅酸三钙为 50%～60%，铝酸三钙为 8%～14%，两者的总量不少于 60%～65%。为加快硬化速度，可适当增加石膏的掺量（达 8%），并提高水泥的粉磨细度。

根据国家标准《快硬硅酸盐水泥》(GB 199—90)规定，细度为 0.080 mm 方孔筛筛余不得超过 10%，强度等级以 3 d 抗压强度为准，分为 32.5、37.5、42.5 三个等级。各等级快硬水泥在各龄期的强度不得低于表 5-7 所示数值。

表 5-7 快硬水泥的强度(GB 199—90)

水泥等级	抗压强度/MPa			抗折强度/MPa		
	1 d	3 d	38 d[①]	1 d	3 d	28 d[①]
32.5	15.0	32.5	52.5	3.5	5.0	7.2
37.5	17.0	37.5	57.5	4.0	6.0	7.6
42.5	19.0	42.5	62.5	4.5	6.4	8.0

注：① 供需双方参考指标。

快硬水泥主要用于要求早期强度较高的工程、紧急抢修工程、抗冲击及抗震性工程、冬期施工等，必要时可用于制作钢筋混凝土及预应力混凝土构件。

5.3.2 白色及彩色硅酸盐水泥

白色硅酸盐水泥简称白水泥，与硅酸盐水泥的主要区别在于氧化铁含量少，因而色白。一般硅酸盐水泥熟料呈暗灰色，主要由于水泥中存在氧化铁(Fe_2O_3)等成分。当氧化铁含量在 3%～4% 时，熟料呈暗灰色；在 0.45%～0.7% 时，带淡绿色；而降低到 0.35%～0.4% 后，即略带淡绿，接近白色，因此白色硅酸盐水泥的特点主要是降低氧化铁的含量。此外，对于其他着色氧化物（氧化锰、氧化铬和氧化钛等）的含量也要加以限制。通常采用较纯净的高岭土、纯石英砂、石灰岩或白垩等作原料；在较高温度(1500～1600℃)下煅烧成熟料，生料的制备、熟料的粉磨、煅烧和运输，均应在没有着色物沾污的条件下进行。例如，磨机衬板用花岗岩、陶瓷或优质耐磨钢制成，研磨体采用硅质卵石、瓷球等材料，燃料最好用无灰分的气体（天然气）或液体燃料（重油），铁质输送设备必须涂敷耐磨油漆。

根据国标《白色硅酸盐水泥》(GB 2015—91)，白色硅酸盐水泥的等级分为 32.5、42.5、52.5 及 62.5 四种，各等级水泥在各龄期所要求的强度不低于表 5-8 所示的数值。细度、初凝时间与安定性的要求同普通硅酸盐水泥，终凝时间不得迟于 12 h。此外，白水泥还有白度要求，白水泥的白度通常用纯净氧化镁标准板的反射率的比值(%)来表示，白度指标要求在 75% 以上。我国白水泥的白度分为四个等级，各等级白度不得低于表 5-9 所示数值。

表 5-8 白色硅酸盐水泥的强度(GB 2015—91)

等级	抗压强度/MPa			抗折强度/MPa		
	3 d	7 d	28 d	3 d	7 d	28 d
32.5	1.0	20.5	32.5	2.5	3.5	5.5
42.5	18.0	26.5	42.5	3.5	4.5	6.5
52.5	23.0	33.5	52.5	4.0	5.5	7.0
62.5	28.0	42.0	62.5	5.0	6.0	8.0

表 5 - 9　白色硅酸盐水泥的白度（GB 2015—91）

等级	特级	一级	二级	三级
白度/%	86	84	80	75

白色硅酸盐水泥产品根据其白度及等级分为优等品、一等品和合格品三个产品等级，产品等级划分的依据如表 5 - 10 所示。

表 5 - 10　白色硅酸盐水泥产品等级（GB 2015—91）

白水泥等级	白度级别	强度等级
优等品	特级	62.5
		52.5
一等品	一级	52.5
		42.5
	二级	52.5
		42.5
合格品	二级	32.5
	三级	42.5
		32.5

彩色硅酸盐水泥简称彩色水泥，按生产方法可分为两大类。

一类为白水泥熟料、适量石膏和碱性颜料共同磨细而成。所用颜料要求不溶于水，且分散性好，耐碱性强，抗大气稳定性好，掺入水泥中不能显著降低其强度。常用以氧化铁为基础的各色颜料。例如红色颜料为三氧化二铁（Fe_2O_3），俗称铁红；黄色颜料为含水三氧化二铁（$Fe_2O_3 \cdot xH_2O$），俗称铁黄；紫色颜料为 Fe_2O_3 的高温燃烧物，俗称铁紫；棕色颜料为三氧化二铁和四氧化三铁的机械混合物，俗称铁棕；黑色颜料为四氧化三铁（Fe_3O_4），俗称铁黑。至于蓝色颜料，常用的为群青和钴蓝；绿色颜料为氧化铬（Cr_2O_3）或由群青和铁黄配制。此外，用铁红和群青也能配制成紫色颜料；用铁黄与铁红可配成橘红色颜料。黑色颜料也可用炭黑。

另一类彩色水泥是在白水泥的生料中加入少量金属氧化物直接烧成彩色水泥熟料，然后加入适量石膏磨细而成。例如加入 Cr_2O_3 可得绿色；加 CoO 在还原气氛中烧成浅蓝色，在氧化气氛中烧成玫瑰红色；加 Mn_2O_3 在还原气氛中烧得淡黄色，在氧化气氛中即得浅紫色等。

白色和彩色水泥主要用在建筑物内外表面的修饰，制作具有一定艺术效果的各种水磨石、水刷石、人造大理石，彩色混凝土和砂浆等各种装饰部件及制品。

5.3.3　铝酸盐水泥

铝酸盐水泥又称高铝水泥或矾土水泥，是以铝矾土和石灰石为主要原料，适当配合后，经煅烧（至烧结或熔融状态）、磨细而成的一种水泥。

铝酸盐水泥熟料的主要矿物组成为铝酸盐，其中以铝酸一钙（$CaO \cdot Al_2O_3$）为主，也有少量硅酸二钙。

铝酸盐水泥中的铝酸一钙水化反应很快，水化产物则随温度而不同。主要化学反应为

当温度小于 20～22℃时，有

$$CaO \cdot Al_2O_3 + 10H_2O = CaO \cdot Al_2O_3 \cdot 10H_2O$$

当温度大于 20～22℃时，有

$$2(CaO \cdot Al_2O_3) + 11H_2O = 2CaO \cdot Al_2O_3 \cdot 8H_2O + Al_2O_3 \cdot 3H_2O$$

当温度大于 30℃时，有

$$3(CaO \cdot Al_2O_3) + 12H_2O = 3CaO \cdot Al_2O_3 \cdot 6H_2O + 2(Al_2O_3 \cdot 3H_2O)$$

铝酸盐水泥的正常使用温度应在 30℃ 以下，这时，铝酸盐水泥水化反应后的水化产物，以水化铝酸二钙为主。水化铝酸二钙和水化铝酸一钙是具有针状和片状的晶体，它们互相交错攀附，重叠结合，形成坚强的晶体骨架，使水泥获得较高的强度。氢氧化铝凝胶填充于晶体骨架的空隙，能形成较致密的结构。这种水泥水化 5～7 d 后，水化产物就很少增加，因此硬化初期强度增长很快，此后则不显著。值得注意的是，水化铝酸一钙和水化铝酸二钙是不稳定的晶体，在常温下，能很缓慢地转化为稳定的水化铝酸三钙。当温度提高时，转化大为加速。在转化过程中不仅晶形发生变化，而且析出较多游离水，强度降低。

根据国标《高铝水泥》(GB 201—81)规定，铝酸盐水泥的细度要求 0.080 mm 方孔筛筛余不得超过 10%；凝结时间要求初凝不得早于 40 min，终凝不得迟于 10 h；强度等级按国家标准规定的水泥胶砂强度检验方法测得的 3 d 抗压强度表示，分为 42.5、52.5、62.5 和 72.5 四个等级。各龄期强度不得低于表 5-11 的数值。

表 5-11 铝酸盐水泥的强度(GB 201—81)

水泥等级	抗压强度/MPa		抗折强度/MPa	
	1 d	3 d	1 d	3 d
42.5	35.3	41.7	3.9	4.4
52.5	45.1	51.5	4.9	5.4
62.5	54.9	61.3	5.9	6.4
72.5	64.7	71.1	6.9	7.4

铝酸盐水泥水化放热量基本上与高等级硅酸盐水泥相同，但放热速度极快，如用于体积较大的混凝土构件，硬化初期的温度可大大超过 30℃，促使水化物的晶形加速转化，导致强度降低。因此，用铝酸盐水泥浇筑混凝土构件时，体积不能太大。施工时要特别注意控制混凝土的温度。铝酸盐水泥不得采用湿热处理方法，硬化过程中环境温度也不得超过 30℃，最适宜的硬化温度为 15℃。

铝酸盐水泥具有较高的抵抗矿物水和硫酸盐的侵蚀性，也具有较高的耐热性。

铝酸盐水泥主要用于紧急抢修工程、需要早期强度的特殊工程、冬期施工、处于海水或其他侵蚀介质作用的重要工程、耐热混凝土等。

5.3.4 膨胀水泥

膨胀水泥是一种在水化过程中体积产生微量膨胀的水泥，通常由胶凝材料和膨胀剂混

合制成。膨胀剂使水泥在水化过程中形成膨胀性物质(如水化硫铝酸钙),导致体积稍有膨胀。由于这一过程是在未硬化浆体中进行的,所以不致引起破坏和有害的应力。

按水泥主要组成可分为硅酸盐型、铝酸盐型和硫铝酸盐型膨胀水泥。根据水泥的膨胀值及其用途,又可分为收缩补偿水泥和自应力水泥两大类。

硅酸盐膨胀水泥和硅酸盐自应力水泥属于硅酸盐型膨胀水泥,是以适当成分的硅酸盐水泥熟料、膨胀剂按一定比例混合磨细而成。常用的膨胀剂由铝酸盐水泥和石膏组成。膨胀值的大小主要决定于石膏含量,石膏含量越高,膨胀越大,但强度有所降低。硅酸盐膨胀水泥的膨胀值小,自由膨胀率在 1‰ 以下,属收缩补偿类水泥。硅酸盐自应力水泥膨胀值较大,自由膨胀率 1‰~3‰,自应力值可达 3 MPa 左右,能使钢筋产生预应力。

明矾石膨胀水泥属于硅酸盐型膨胀水泥,以硅酸盐水泥熟料、明矾石、石膏和粉煤灰(或粒化高炉矿渣)按适当比例混合磨细而成。膨胀剂由明矾石代替铝酸盐水泥和部分石膏,生产工艺较简单,成本较低。

石膏矾土膨胀水泥属铝酸盐型膨胀水泥,以适当成分的铝酸盐水泥熟料,加入适量的二水石膏,共同磨细制成。

膨胀水泥硬化后形成较致密的水泥石,抗渗性较高,适用于制作防水层和防水混凝土;此外也可用作填灌预留孔洞、预制构件的接缝及管道接头,用于结构的加固与修补,制造自应力混凝土构件及自应力压力水管和输气管等。

5.3.5 快硬硫铝酸盐水泥

随着建筑技术的发展,不仅要求水泥具有快凝、快硬、早强的性能,而且要求能迅速达到最终要求的强度,还要求具有无收缩性及可调整的膨胀性。以无水硫铝酸钙为基础的快硬水泥(亦称超早强水泥)是满足上述要求的一种水泥。

这种水泥以石灰岩、矾土和石膏为原料,按一定比例配合磨细制成生料,经煅烧(1300℃左右)成为熟料,再掺适量石膏磨细而制成。

这种水泥的主要矿物组成为无水硫铝酸钙($3CaO \cdot Al_2O_3 \cdot CaSO_4$)和硅酸二钙,这两种矿物的含量应大于 85%。无水硫铝酸钙在水泥中起早强和膨胀作用,硅酸二钙则保证水泥的后期强度。外掺石膏的数量以控制形成水化硫铝酸钙的组成、速度和数量,从而获得早强或膨胀的性能。膨胀性则随石膏掺量的提高而增大。

快硬硫铝酸盐水泥硬化快,早期强度高。12 h 抗压强度一般在 30 MPa 以上,24 h 达到 35~50 MPa,后期强度仍有发展。这种水泥的抗拉强度较高,具有良好的抗渗性、抗冻性和耐腐蚀性,但耐热性差,也不利于防止钢筋生锈。

快硬硫铝酸盐水泥的等级以 3 d 抗压强度表示,分为 42.5、52.5 和 62.5 三个等级。根据《快硬硫铝酸盐水泥》(ZB 11005—87)专业标准,各等级水泥各龄期的强度不得低于表 5-12 的数值。

该水泥细度指标为比表面积不得低于 380 m²/kg,初凝时间不得早于 25 min,终凝时间不得迟于 3 h。

快硬硫铝酸盐水泥适用于紧急抢修和国防工程、快速和冬期施工、矿井和地下建筑的喷锚支护工程、浇灌装配式结构构件的接头及管道接缝等,必要时还可用于制作一般钢筋混凝土构件,如梁、板、柱、电杆、轨枕以及管道等。

表 5 - 12　快硬硫铝酸盐水泥的强度（ZB 11005—87）

水泥等级	抗压强度/MPa			抗折强度/MPa		
	12 h	1 d	3 d	12h	1 d	3 d
42.5	29.4	34.4	41.7	5.9	6.4	6.9
52.5	36.8	44.1	51.5	6.4	6.9	7.4
62.5	39.2	51.5	61.3	6.9	7.4	7.8

注：必要时进行水泥的 28 d 龄期强度试验，其数值不得低于 3 d 龄期强度指标。

5.4　水泥的验收与保管

5.4.1　水泥的验收

水泥进场时应对其品种、级别、包装或散装仓号、出厂日期等进行检查，并应对其强度、安定性及其他必要的性能指标进行复验，其质量必须符合现行国家标准《硅酸盐水泥、普通硅酸盐水泥》等的规定。

当在使用中对水泥质量有怀疑或水泥出厂超过 3 个月（快硬硅酸盐水泥超过 1 个月）时，应进行复验，并按复验结果使用。

钢筋混凝土结构、预应力混凝土结构中，严禁使用含氯化物的水泥。

检查数量：按同一生产厂家、同一等级、同一品种、同一批号且连续进场的水泥，袋装不超过 200 t 为一批，散装不超过 500 t 为一批，每批抽样不少于一次。

检验方法：检查产品合格证、出厂检验报告和进场复验报告。为能及时得知水泥强度，可按《水泥强度快速检验方法》（JC/T 738—2004）预测水泥 28d 强度。

1. 进场水泥外观检查

水泥袋上应清楚标明：工厂名称、生产许可证编号、品种、名称、代号、强度等级、包装年月日和编号。掺火山灰质混合材料的普通水泥还应标上"掺火山灰"字样，散装水泥应提交与袋标志相同内容的卡片和散装仓号，设计对水泥有特殊要求时，应检查是否与设计要求相符。

抽查水泥的重量是否符合规定，绝大部分水泥每袋净重为（50±1）kg，但以下品种的水泥每袋净重略有不同：

（1）快凝快硬硅酸盐水泥：每袋净重为（45±1）kg。

（2）砌筑水泥：每袋净重为（40±1）kg。

（3）硫铝酸盐早强水泥：每袋净重为（46±1）kg。

注意袋装水泥的净重，以保证水泥的合理运输和掺量。

产品合格证检查：检查产品合格证的品种、强度等级等指标是否符合要求，进货品种是否和合格证相符。

2. 水泥取样

取样要有代表性，一般可以从 20 个以上的不同部位或 20 袋中取等量样品，总量至少

12 kg，拌合均匀后分成两等份，一份由实验室按标准进行试验；另一份密封保存备校验用。

（1）取样步骤。水泥取样应按以下步骤进行：

① 袋装水泥在袋装水泥堆场取样。可采用专用取样管，随机选择 20 个以上不同的部位，将取样管插入水泥适当深度，用大拇指按住气孔，小心抽出取样管。将所取样品放入洁净、干燥、不易受污染的容器中。

② 散装水泥在散装水泥卸料处或输送水泥运输机具上取样。当所取水泥深度不超过 2 m 时，可采用专用取样管，通过取样管内管控制开关，在适当位置插入水泥一定深度，关闭后小心抽出。将所取样品放入洁净、干燥、不易受污染的容器中。

（2）样品制备。样品缩分可采用二分器，一次或多次将样品缩分到标准要求的规定量。水泥样要通过 0.9 mm 方孔筛，均分为试验样和封存样。样品应存放在密封的金属容器中，加封条。容器应洁净、干燥、防潮、密闭、不易破损、不与水泥发生反应，存放于干燥、通风的环境中。

5.4.2　水泥的保管

1. 水泥的保管

（1）水泥进场必须附有出厂合格证或进场试验报告，并应对其品种、强度等级、包装或散装仓号、出厂日期等检查验收，分别堆放，防止混杂使用。

（2）水泥应整齐堆放，袋装水泥堆的高度一般不超过 10 包，堆宽以 5～10 袋为限；散装水泥应放置在专门的防潮仓内。临时露天堆放，应用防雨篷布遮盖。

（3）水泥贮存时间一般不应超过 3 个月（快硬水泥为 1 个月）。一般水泥在正常干燥环境中存放 3 个月，强度将降低 10%～20%；存放 6 个月，强度将降低 15%～30%。水泥出厂超过 3 个月（快硬水泥超过 1 个月）或对水泥质量有怀疑时，使用前应复查试验，并按试验结果使用。

（4）受潮水泥的鉴别、处理和使用，见表 5-13。

表 5-13　水泥受潮的鉴别和使用

受潮类型	鉴 别 方 法	使用注意事项
轻微受潮	水泥新鲜有流动性，肉眼观察完全呈细粉状，用手捏碾无硬粒。水泥强度降低不超过 15%	此时水泥的使用不做改变
开始受潮	水泥凝结成小球粒状，但易散成粉末，用手捏碾无硬粒，水泥强度降低 15% 以下	此时的水泥可用于要求不严格的工程部位
加重受潮	水泥细度变粗，有大量小球粒和松块，用手捏碾球粒仍可成粉末无硬粒，水泥强度降低 15%～20%	此时可将水泥松块压成粉末，降低等级，用于要求不严格的工程部位
较重受潮	水泥结成粒块状，有少量硬块但硬块较松，比较容易击碎，用手捏碾不能变成粉末，有硬粒。水泥强度降低 30%～50%	此时可用筛网筛去硬粒、硬块，降低一半等级用于要求较低的工程部位
严重受潮	水泥中有许多硬粒、硬块，难以压碎，用手捏碾不动，强度降低 50% 以上	需采用再次粉碎的办法进行恢复强度处理，然后掺入到新鲜水泥中使用

2. 受潮水泥的处理

水泥应防止受潮,如发现受潮结块,可按以下情况进行处理:

(1)如水泥有松块,可以捏成粉末,但没有硬块时,可通过试验后,根据实际强度等级使用,松块压成粉末,使用时加强搅拌。

(2)如水泥部分结成硬块,可通过试验后根据实际强度等级使用,使用时筛去硬块,压碎松块,加强搅拌,但只能用于不重要的或受力小的部位,或用于配制砌筑砂浆。

(3)如水泥受潮结成硬块,一般不得直接使用,可压成粉末后,掺入新水泥(至多不超过 25%),经试验后使用。

复习思考题

1. 硅酸盐类水泥根据其掺加的混合材料的类型和质量分为哪几类?

2. 硅盐水泥的生产过程和生产条件是什么?

3. 硅盐水泥熟料有哪几种矿物组成?它们的水化产物和水化反应的特点分别是什么?

4. 制造硅酸盐水泥时加入石膏的目的是什么?对石膏的用量有哪些要求?

5. 什么是水泥的体积安定性,引起水泥体积安定性不良的原因是什么?

6. 影响硅酸盐水泥强度发展的主要因素有哪些?

7. 硅酸盐水泥的腐蚀类型有哪些?为什么会发生这些腐蚀?

8. 为什么生产硅酸盐水泥时掺适量石膏对水泥不起破坏作用,而硬化水泥时遇到有硫酸盐溶液的环境,产生的石膏就有破坏作用?

9. 为什么矿渣水泥比普通水泥的早期强度低,但后期强度增长较快?

10. 掺混合材料的硅酸盐水泥为什么具有较高的抗腐蚀能力?

11. 混合材料的种类有哪些?掺入水泥中的作用是什么?常用的活性混合材料有哪几种?

12. 铝酸盐水泥的主要矿物成分是什么?它适用于什么地方?

13. 快硬硅酸盐水泥、膨胀水泥、白色水泥的特性和用途有哪些?

14. 下列混凝土工程中应优先选用哪种水泥?说明理由。

(1)处于干燥环境的混凝土工程;

(2)大体积混凝土工程;

(3)严寒地区的混凝土工程;

(4)水下混凝土工程;

(5)高温设备或窑炉的混凝土基础;

(6)接触硫酸盐介质的混凝土。

第6章 混 凝 土

6.1 概 述

混凝土是由胶凝材料、粗细骨料(或称集料)、水及其他材料按适当比例配制成具有一定可塑性并经硬化形成的,具有所需形状、强度和耐久性的人造石材。

6.1.1 混凝土的分类

实质上,混凝土是由多种性能不同的材料组合而成的复合材料,其品种多,如沥青混凝土、聚合物混凝土就是有机材料的复合材料;钢筋混凝土、钢纤混凝土就是金属材料与无机非金属材料的复合材料;使用最多的普通水泥混凝土也是由水泥、砂、石、水及外添加剂等多种材料组成的水泥基复合材料。混凝土的品种和分类方法很多,通常有以下几种。

1. 按所用胶凝材料分类

按所用胶凝材料的不同,混凝土可分为水泥混凝土、聚合物浸渍混凝土、聚合物胶结混凝土、沥青混凝土、硅酸盐混凝土、石膏混凝土及水玻璃混凝土等。

2. 按表观密度分类

(1)重混凝土:其表观密度大于 2800 kg/m³,是采用密度很大的重晶石、铁矿石、钢屑等重骨料和钡水泥、铝水泥等重水泥配制而成的。重混凝土具有防射线的性能,也称防辐射混凝土,主要用作核能工程的屏蔽结构材料。

(2)普通混凝土:其表观密度为 2000~2800 kg/m³,是用普通的天然砂石为骨料配制而成的。普通混凝土是建筑工程中常用的混凝土。主要用作各种建筑的承重结构材料。

(3)轻混凝土:其表观密度小于 1950 kg/m³,是采用陶粒等轻质多孔骨料配制的混凝土以及无砂的大孔混凝土,或者不采用骨料而掺入加气剂或泡沫剂,形成多孔结构的混凝土。轻混凝土主要用作轻质结构材料和隔热保温材料。

3. 按用途分类

按用途混凝土可分为结构混凝土、装饰混凝土、防水混凝土、道路混凝土、防辐射混凝土、耐热混凝土、耐酸混凝土、大体积混凝土、膨胀混凝土等。

4. 按强度等级分类

(1)普通混凝土:其强度等级一般在 C60 以下。其中抗压强度小于 30 MPa 的混凝土为低强度混凝土,抗压强度为(30~60) MPa(C30~C60)为中强度混凝土。

(2)高强混凝土:其抗压强度等于或大于 60 MPa。

(3)超高强混凝土:其抗压强度在 100 MPa 以上。

5. 按生产和施工方式分类

混凝土按生产和施工方式可分为泵送混凝土、喷射混凝土、碾压混凝土、真空脱水混凝土、离心混凝土、压力灌浆混凝土、预拌混凝土(商品混凝土)等。

6.1.2 混凝土的特点

混凝土是当代最重要的建筑材料。我国混凝土年使用量已超过 5 亿立方米,其技术与经济意义是其他建筑材料所无法比拟的。其根本原因是混凝土材料具备下列诸多优点:

(1) 组成材料中砂、石等地方材料占 80% 以上,符合就地取材和经济原则。

(2) 易于加工成型。新拌混凝土有良好的可塑性和流动性,易满足设计要求的形状和尺寸。

(3) 匹配性好。各组成材料之间有良好的匹配性,如混凝土与钢筋、钢纤维或其他增强材料,可组成共同的具有互补性的受力整体。

(4) 可调整性强。因为混凝土的性能决定于其组成材料的质量和组合情况,因此可通过调整其组成材料的品种、质量和组合比例,达到所要求的性能,即可根据使用性能的要求与设计来配制相应的混凝土。

(5) 钢筋混凝土结构可代替钢、木结构,从而节省大量的钢材和木材。

(6) 耐久性好,维修费用少。

混凝土也有一些缺点,如自重大、比强度小、抗拉强度低、变形能力差、绝热性差和易开裂等,这些方面有待于进一步研究改进。

由于混凝土有上述的优点,所以广泛地应用于工业与民用建筑、水利、地下、公路、铁路、桥梁及国防等工程中。

6.2 混凝土的组成材料

混凝土主要由水泥、砂、石子和水四种基本材料组成,除了以上四种材料外,现代化施工中还要添加一些常用的外加剂(主要是为了改善混凝土的某些性能)。当这些材料按照一定的比例配制,经过搅拌形成均匀的浆体称为混凝土拌合物,这些拌合物硬化后就称为硬化混凝土。

硬化混凝土结构如图 6.1 所示。在硬化混凝土中,水泥与水形成了包裹砂、石颗粒表面的浆体,这些浆体填充了砂和石子之间的缝隙,并将砂与石颗粒黏结形成一个整体,使其具有良好的强度和耐久性。砂、石强度要高于水泥的强度,在整个混凝土结构中起到骨架的作用,所以称之为骨料。骨料也称为集料。

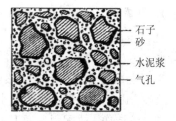

石子
砂
水泥浆
气孔

图 6.1 硬化混凝土结构

混凝土是一个宏观匀质、微观非匀质的堆聚结构。混凝土的质量和技术性能,很大程度上是由原材料的性质及其相对含量所决定的,同时也与施工工艺(配料、搅拌、捣实成型、养护等)有关。因此,首先必须了解混凝土原材料的性质、作用及质量要求,合理选择原材料,以保证混凝土的质量。

6.2.1　水泥

水泥在混凝土中起胶结作用，也是混凝土中重要的材料，是影响混凝土强度、耐久性及经济性的重要因素；因此正确、合理地选择水泥的品种和强度等级，是配制混凝土材料的关键。

配制混凝土用的水泥应符合现行国家标准的有关规定。采用何种水泥，应根据工程特点和所处的环境条件选用。

水泥强度等级的选择应与混凝土的设计强度等级相适应。原则上配制高强度等级的混凝土，选用高强度等级的水泥；配制低强度等级的混凝土，选用低强度等级的水泥。一般以水泥强度等级为混凝土强度等级的 1.5～2.0 倍为宜，对于高强度混凝土可取 0.9～1.5 倍为宜。

当用高强度等级的水泥配制低强度等级的混凝土时，少量水泥即能满足强度要求，但为了满足混凝土拌合物的和易性和密实性，需增加水泥用量，这会造成水泥的浪费。若用低强度等级的水泥配制高强度等级的混凝土，则会使水泥用量过多，不经济，而且会影响混凝土的其他技术性质。

6.2.2　骨料

骨料是指分布在水泥等一些胶凝材料之中，呈颗粒状且起填充或支撑作用的材料，骨料是混凝土组成材料中的重要部分。

骨料的作用是多方面的。首先，胶凝材料特别是通用硅酸盐水泥在土木工程中并非直接单独使用，而是将骨料与胶凝材料按比例进行配合，形成混凝土。尤其当混凝土用于大体积工程时，则不会因水泥干缩、开裂或高的水化热引发的温差导致收缩开裂。其次，骨料的加入可提高硬化胶凝体的弹性模量，改善硬化混凝土的耐久性，如提高耐蚀性、抗冻性等。再次，均匀掺进集料的混凝土拌合物才具有较好的保水性、流动性，以便施工。另外，利用储藏广泛的天然石料，可节约水泥，既经济，又节能，同时减少对环境的污染。

骨料按照粒径大小可分为粗和细两类骨料，按制取方式可分为天然骨料、人造骨料和工业灰渣骨料三种。普通混凝土一般采用天然砂、石作为骨料。其中砂、石骨料约占混凝土体积的 70%～80%。

1. 细骨料

凡粒径在 (0.16～5.0) mm 之间的骨料称为细骨料。细骨料主要有天然砂、人工砂和工业灰清砂三类。

普通混凝土常用的就是天然砂，是岩石风化形成的细砂粒。按产源，天然砂可分为河砂、湖砂、山砂和海砂。由于受水流的长期冲刷作用，河砂、湖砂颗粒比较圆滑、质地坚硬，也比较洁净，故配制普通混凝土采用河砂、湖砂最好。山砂多存在于山坡，颗粒多棱角，表面粗糙，含较多黏土及有机物等杂质，质地差。海砂内含有贝壳碎片及可溶性氯盐、硫酸盐等有害物质，一般情况下不直接使用。

人工砂是岩石破碎后筛选而成的，棱角多，片状颗粒多，含石粉多，成本也高。在缺乏天然砂时，可考虑使用人工砂。细石屑、石英砂以及陶砂、膨胀珍珠岩、膨胀蛭石、聚苯乙烯膨珠等，都是人工砂或人工细骨料。

某些工业废砂或灰渣，在试验合格后，也可代替砂来使用，化害为利。

根据我国 GB/T 14684—2001《建筑用砂》的规定，砂按细度模数(从)大小分为粗、中、细 3 种规格；按技术要求分为Ⅰ类、Ⅱ类、Ⅲ类 3 种类别。Ⅰ类宜用于强度等级大于 C60 的混凝土；Ⅱ类宜用于强度等级 C30～C60 及抗冻、抗渗或其他要求的混凝土；Ⅲ类宜用于强度等级小于 C30 的混凝土和建筑砂浆。

(1) 含泥量、石粉含量和泥块含量。含泥量是指天然砂中粒径小于 0.075 mm 的颗粒含量；石粉含量，是指人工砂中粒径小于 0.075 mm 的颗粒含量；泥块含量，则指砂中粒径大于 1.180 mm，经水浸洗、手捏后小于 0.600 mm 的颗粒含量。

人工砂在生产过程中，会产生一定量的石粉，这是人工砂与天然砂最明显的区别之一。石粉的粒径虽小于 0.075 mm，但与天然砂中的泥成分不同，粒径分布不同，在使用中所起的作用也不同。天然砂中的泥附在砂粒表面妨碍水泥与砂的黏结，增大混凝土用水量，降低混凝土的强度和耐久性，增大干缩。泥块本身强度很低，浸水后溃散，干燥后收缩。所以，泥块对混凝土是有害的，必须严格控制其含量。多年的研究和实践的结论认为，人工砂中适量的石粉对混凝土质量是有益的。因人工砂颗粒尖锐、多棱角，对混凝土的和易性不利，特别是低强度等级的混凝土和易性很差，所以适量的石粉存在，可以弥补这一缺陷，提高混凝土密实性。根据国家标准，天然砂的含泥量和泥块含量，人工砂的石粉含量和泥块含量应分别符合表 6-1 和表 6-2 的规定。

表 6-1 天然砂含泥量和泥块含量

项 目	指 标		
	Ⅰ类	Ⅱ类	Ⅲ类
含泥量(按质量计)/%	<1.0	<3	<5.0
泥块含量(按质量计)/%	0	<1.0	<2.0

表 6-2 人工砂石粉含量和泥块含量

项 目		指 标		
		Ⅰ类	Ⅱ类	Ⅲ类
亚甲蓝试验 MB<1.40 或合格	石粉含量(按质量计)%	<3.0	<5.0	<7.0
	泥块含量(按质量计)%	0	<1.0	<2.0
MB≥1.40 或不合格	石粉含量(按质量计)%	<1.0	<3.0	<5.0
	泥块含量(按质量计)%	0	<1.0	<2.0

注：根据使用地区和用途，在试验验证的基础上，可由供需双方协商确定。

(2) 有害物质含量。砂中不应混有草根、树叶、树枝、塑料、煤块、炉渣等杂物。砂中还不应含有如云母、轻物质、有机物、硫化物及硫酸盐、氯盐等。云母是层状构造，层片断面是光滑平面。云母主要含于砂中，其颗粒直径在 0.16～5 mm 之间。云母的有害作用主要是使混凝土内部出现大量未能胶结的软弱面，呈不连通的"裂缝"面，降低混凝土胶结能力，尤其是抗拉强度的减小更显著。砂中云母含量超过 1％时，混凝土的需水量几乎是直线增加，致使其抗冻性、抗渗性和耐磨性明显降低。如有抗冻、抗渗要求的，混凝土用砂的云母含量要从严控制。我国砂矿床中，云母含量的地理分布大致是西部高于东部，北部高于南部。砂中轻物质，一般指表观密度小于 20 g/cm³ 的物体，如煤粒、贝壳、软岩粒等，它们会引起钢筋腐蚀或使混凝土表面因膨胀而剥离破坏。对于有抗冻、抗渗或其他特殊要求的小于或等于 C25 的混凝土用砂，其贝壳含量不应大于 5％。砂中氯盐含量有专门规定，限值为水泥质量的 2％。位于水下或水位变动区、潮湿、露天条件下使用的钢筋混凝土，其氯含量一般不大于 0.06％，预应力混凝土结构严格控制氯含量不大于 0.02％。我国东南沿海地区，有多年使用海砂的经验。海砂中氯盐含量因砂场不同而异。海滨砂距陆地越近，含氯盐越少；挖取深度越大，氯盐含量越高。砂中硫酸盐含量大，易产生对混凝土中水泥石的膨胀性腐蚀。以上各物质其含量应符合表 6-3 的规定。

表 6-3　砂中有害物质含量

项　目	指　标		
	Ⅰ类	Ⅱ类	Ⅲ类
云母（按质量计）/％	<1.0	<2.0	<2.0
轻物质（按质量计）/％	<1.0	<1.0	<1.0
有机物（比色法）	合格	合格	合格
硫化物及硫酸盐（以 SO₃ 质量计）/％	<0.5	<0.5	<0.5
氯化物（以氢离子质量计）/％	<0.01	<0.02	<0.06

注：轻物质指表观密度小于 2000 kg/m³ 的物质。

（3）砂的颗粒级配及粗细程度。砂的颗粒级配，即砂中不同大小颗粒的组合搭配情况。在混凝土中砂粒之间的空隙由水泥浆所填充，为达到节约水泥和提高混凝土强度的目的，就应尽量减少砂粒之间的空隙。从图 6.2 中可以看出，较好的颗粒级配是在粗颗粒砂的空隙中由中颗粒砂填充，而中颗粒砂的缝隙中再由细颗粒砂填充，这样逐级地填充，使砂形成最密集的体积，空隙率达到最低程度。

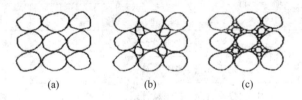

(a)　　　　(b)　　　　(c)

图 6.2　骨料的颗粒级配

砂的粗细程度是指不同粒径的砂粒混合体平均粒径大小，通常用细度模数反映，有粗砂、中砂与细砂之分。在用砂量相同的条件下，细砂的总表面积较大，而粗砂的总表面积较小。在混凝土中砂子的表面需要水泥浆包裹，砂子的总表面积越大，则需要包裹砂粒表面的水泥浆就越多。一般用粗砂拌制的混凝土比用细砂拌制混凝土所需的水泥浆要少。

在拌制混凝土时，砂的颗粒级配和粗细程度应同时考虑。当砂中含有较多的粗颗粒并以适量的中颗粒及少量的细颗粒填充其空隙，则可达到空隙率及总表面积均较小，这是比较理想的，不仅水泥用量少，而且还可以提高混凝土的密实度与强度。

砂的颗粒级配和粗细程度常用筛分析的方法进行测定。用级配区表示砂的颗粒级配，用细度模数表示砂的粗细程度。筛分析的方法，是用一套孔径（秤尺寸）为 9.5 mm、4.75 mm、2.36 mm、1.18 mm、0.6 mm、0.3 mm 和 0.15 mm 的标准筛（方孔筛），将 500 g 的干砂试样(已筛除大于 9.50 mm 的颗粒)由粗到细依次过筛，然后称量留在各筛上的砂量(9.50 mm 筛除外)，并计算出各筛上的分计筛余百分率 $a_1 a_2 a_3 a_4 a_5$ 和 a_6（各筛上的筛余量占砂样总质量的百分率）及累计筛余百分率 $A_1 A_2 A_3 A_4 A_5$ 和 A_6（各筛和比该筛粗的所有分计筛余百分率之和），即

$A_1 = a_1$
$A_2 = a_1 + a_2$
$A_3 = a_1 + a_2 + a_3$
$A_4 = a_1 + a_2 + a_3 + a_4$
$A_5 = a_1 + a_2 + a_3 + a_4 + a_5$
$A_6 = a_1 + a_2 + a_3 + a_4 + a_5 + a_6$

砂的粗细程度用细度模数 M_x 表示，即

$$M_x = \frac{(A_2 + A_3 + A_4 + A_5 + A_6) - 5A_1}{100 - A_1} \qquad (6-1)$$

M_x 越大，表示砂越粗，普通混凝土用砂的细度模数范围一般在 3.7～1.6 之间，其中 M_x 为 3.7～3.1 为粗砂，M_x 为 3.0～2.3 为中砂，M_x 为 2.2～1.6 为细砂。

对 M_x 为 3.7～1.6 的普通混凝土用砂，根据 0.6 mm 筛孔的累计筛余百分率分成 1 区、2 区、3 区三个级配区见表 6-4。普通混凝土用砂的颗粒级配，应处于表 6-4 中的任何一个级配区内，才符合级配要求，除 4.75 mm 和 0.6 mm 筛号外，允许有部分超出分区界限，但其超出总量不应大于 5%。

为了更直观地反映砂的级配情况，可按表 6-4 的规定画出级配区曲线图见图 6.3。当筛分曲线偏向右下方时，表示砂较粗，配制的混凝土拌合物和易性不易控制，且内摩擦大，不易浇捣成型；筛分曲线偏向左上方时，表示砂较细，配制的混凝土既要增加较多的水泥用量，而且强度会显著降低。

因此，配制混凝土时宜优先选用 2 区砂。当采用 1 区砂时，应适当提高砂率，并保证足够的水泥用量，以满足混凝土的工作性；当采用 3 区砂时，宜适当降低砂率，以保证混凝土的强度。

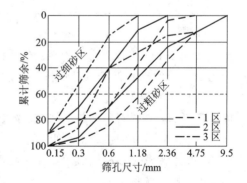

图 6.3　砂的级配区曲线

在实际工程中，若砂的级配不符合级配区的要求，可采用人工掺配的方法来改善，即将粗、细砂按适当比例进行试配，掺和使用；或将砂过筛，筛除过粗或过细的颗粒。

表 6-4 砂的级配范围

方孔筛/mm	累计筛余/%		
	1 区	2 区	3 区
9.5	0	0	0
4.75	10～0	10～0	10～0
2.36	35～5	25～0	15～0
1.18	65～35	50～10	25～0
0.6	85～71	70～41	40～16
0.3	95～80	92～70	85～55
0.15	100～90	100～90	100～90

（4）砂的坚固性。砂的坚固性是指砂在自然风化和其他外界物理化学因素作用下抵抗破裂的能力。砂的坚固性与原岩的解理、空隙率、孔分布、孔结构及其吸水能力等因素有关。当水进入这些岩石的孔隙和缝隙中，水受冻后结冰膨胀结晶，膨胀压力导致集料崩裂。故集料坚固性一般也可理解为抗冻性。

砂的坚固性（抗冻性）有两种检测方法：一是直接冻融法，用冻融循环次数和质量损失率作衡量指标；二是饱和硫酸钠溶液浸泡法，也是用循环次数与质量损失率来衡量。此二法同等有效。硫酸钠法简易，快捷。《普通混凝土用砂、石质量及检验方法标准》（JGJ 52—2006）规定，用硫酸钠法检验砂的坚固性，经 5 次浸渍烘干循环后质量损失应符合表 6-5 的规定。

表 6-5 砂的坚固性指标

项 目	指 标		
	I 类	II 类	III 类
质量损失/%	<8	<9	<10

2. 粗骨料

粒径大于 5 mm 的骨料为粗骨料。粗骨料有天然形成、人工制造与利用工业灰渣之分。其中应用最广泛的仍属天然粗石骨料。天然岩石骨料中使用最普遍的是卵石与碎石，用于配制普通的水泥混凝土。

卵石即砾石，是岩石经多年的风化、冰川活动、岩石破碎，被水流冲刷、搬运，在湖、河、海等水域或特定地域沉积，外形浑圆、光洁、大小不等的石粒。碎石是将坚硬的天然大块岩体（原岩）经爆破、机械破碎、过筛而得的表面粗糙、多棱角的粒径为 5～80 mm 的石粒。卵石与碎石统称为"石子"。

石子的质量对所配制的混凝土拌合物与硬化体的性质影响很大。而石子的质量优劣与原岩的成分、组织和自身的级配、形状等关系密切。大部分火成岩（如花岗岩）及致密变质岩（如石灰岩）都是优良的骨料，而沉积岩中的页岩、砂岩等属较差的岩种。

（1）含泥量和泥块含量。卵石、碎石的含泥量是指粒径小于 0.075 mm 的颗粒含量。泥块含量是指粒径大于 4.75 mm 经水洗、手捏后小于 2.36 mm 的颗粒含量。粗集料的含泥量及泥块含量应符合表 6-6 的规定。

表6-6　碎石、卵石中含泥量和泥块的含量

项　　目	指　　标		
	Ⅰ类	Ⅱ类	Ⅲ类
含泥量(按质量计)/%	<0.5	<1.0	<1.5
泥块的含量(按质量计)/%	0	<0.5	<0.7

(2) 有害杂质含量。粗骨料中常含有一些有害杂质,如硫化物、硫酸盐、氯化物和有机物。它们的含量应符合表6-7的规定。

为提高混凝土的强度和减小骨料缝隙,粗骨料比较理想的形状是三维长度基本相等或相近的规则的颗粒,而对于三维长度相差较大的针、片状颗粒外形较差。粗骨料中针、片状颗粒不仅本身受力时容易折断,影响混凝土的强度,而且会增大骨料的空隙率,使混凝土拌合物的和易性较差。针状颗粒是指颗粒长度大于骨料平均粒径2.4倍者;片状颗粒是指颗粒厚度小于骨料平均粒径0.4倍者。根据标准规定,卵石和碎石的针、片状颗粒应符合表6-8的规定。

表6-7　碎石、卵石中含泥量和泥块含量

项　　目		指　　标		
		Ⅰ类	Ⅱ类	Ⅲ类
硫化物硫酸盐(以SO_3质量计)/%	≤	0.5	1.0	1.0
有机质(用比色法实验)/%	≤	合格	合格	合格

表6-8　碎石、卵石的针、片状颗粒含量

项　　目		指　　标		
		Ⅰ类	Ⅱ类	Ⅲ类
针、片状颗粒(按质量计)/%	≤	5	15	25

骨料表面特征主要指材料表面的粗糙程度及孔隙特征等,主要影响骨料与水泥石之间的黏结性能,从而影响混凝土的强度。总体上来说碎石表面相对粗糙,所以它与水泥石的黏结能力强;由于卵石表面相对光滑很少棱角,与水泥石的黏结能力较差,但其混凝土拌合物的和易性较好。在相同条件下,碎石混凝土比卵石混凝土强度高10%左右。

(3) 最大粒径及颗粒级配。粗骨料公称粒级的上限称为该粒级的最大粒径。当骨料用量一定时,其比表面积随着粒径的增大而减小,因而包裹其表面所需的水泥浆也减少,可节约水泥;在一定和易性条件下,减少用水量会提高混凝土强度。因此,粗骨料的最大粒径应在条件许可的情况下,尽量选大粒径,但对于普通配合比的结构混凝土,尤其是高强混凝土,其粗骨料粒径大于40 mm后,由于减少用水量获得的强度提高,被较少的黏结面积及大粒径骨料造成不均匀性的不利影响所抵消,因而并无多少好处。粗骨料的最大粒径还受结构形式、配筋疏密及施工条件的限制,根据国标《混凝土结构工程施工及验收规范》(GB 50204—2002)的规定,混凝土用粗骨料的最大粒径不得大于结构截面最小边长尺寸的1/4,同时不得大于钢筋间最小净距的3/4。对于混凝土实心板,骨料的最大粒径不超过板

厚的 1/3，且不得超过 40 mm。用于泵送混凝土，其最大粒径与输送管内径之比，当输送高度在 50 m 以下时，碎石不宜大于 1：3，卵石不宜大于 1：2.5；泵送高度在 50～100 m 时，碎石不宜大于 1：4，卵石不宜大于 1：3；当泵送高度在 100 m 以上时，粒径不宜大于 1：5，卵石不宜大于 1：4。

同时粗骨料的级配好坏对节约水泥、保证混凝土拌合物良好的和易性及混凝土强度有很大关系。特别是配制高强混凝土，粗骨料级配更为重要。

粗骨料的级配也是通过筛分析试验来确定，根据国标《建筑用卵石、碎石》（GB/T 14685—2001）的规定，标准筛孔径为 2.36 mm、4.75 mm、9.50 mm、16.00 mm、19.00 mm、26.50 mm、31.50 mm、37.50 mm、53.00 mm、63.00 mm、75.00 mm 和 90.00 mm 12 个方孔筛。分计筛余百分率及累计筛余百分率的计算与砂相同。普通混凝土用碎石和卵石的颗粒级配应符合表 6-9 的规定。

表 6-9　碎石、卵石的颗粒级配范围

级配情况	公称粒级/mm	累计筛余/% 方孔筛/mm											
		2.36	4.75	9.50	16.00	19.00	26.50	31.50	37.50	53.00	63.00	75.00	90.00
连续级配	5～10		95～100	80～100	0～15	0							
	5～16	95～100	85～100	30～60	0～10	0							
	5～20	95～100	90～100	40～80		0～10	0						
	5～25	95～100	90～100		30～70		0～5	0					
	5～31.5	95～100	90～100	70～90		15～45		0～5	0				
	5～40		95～100	70～90		30～65			0～5	0			
单粒级配	10～20		95～100	85～100		0～15	0						
	16～31.3		95～100		85～100			0～10	0				
	20～40			95～100		80～100			0～10	0			
	31.5～63				95～100			75～100	45～75		0～10	0	
	40～80					95～100			70～100		30～60	0～10	0

（4）骨料的强度。为了保证混凝土的强度要求，石子必须具有足够的强度。检验石子的强度的方法有两种，分别是岩石立方体强度和粒状压碎指标。

用岩石立方体强度表示石子强度，是将原岩制成 50 mm×50 mm×50 mm 的立方体（或直径与高度均为 50 mm 的圆柱体）试件，在饱水状态下进行试压。石子抗压强度与混凝土的设计强度等级之比应不小于 1.5。一般情况下，火成岩的抗压强度不宜小于 80 MPa，变质岩的不宜小于 60 MPa，水成岩的不宜小于 30 MPa。

压碎指标检验是将一定质量气干状态下 9.5～19.0 mm 的石子除去针、片状颗粒，装入一定规格的圆筒内，在压力机上按 1 kN/s 速度均匀加荷至 200 kN，并稳荷为 5 kN/s，卸荷后用孔径为 2.36 mm 的筛筛去被压碎的颗粒，称取试样的筛余量。压碎指标可按下式计算：

$$Q_c = \frac{G_1 - G_2}{G_1} \times 100\% \qquad (6-2)$$

式中：Q_c——压碎指标值(%)；

G_1——试样的质量(g)；

G_2——压碎试验后筛余的试样质量(g)。

压碎指标表示粗骨料抵抗受压破坏的能力，其值越小，表示抵抗压碎的能力越强。压碎指标应符合表 6-10 的规定。

表 6-10　普通混凝土用碎石和卵石的压碎指标

项　　目	指　　标		
	Ⅰ类	Ⅱ类	Ⅲ类
碎石压碎指标/%，<	10	20	30
卵石压碎指标/%，<	12	16	16

在选择采石场或对石子强度有严格要求以及对石子质量有争议时，采用岩石抗压强度作评定指标是适宜的。

对岩石的强度、耐久性、化学稳定性、表面特征、破碎后形状、杂质存在可能性等进行比较后认为：花岗岩、正长岩、闪长岩、石灰岩、石英岩、片麻岩、玄武岩、辉绿岩、辉长岩等质地比较好。

(5) 骨料的坚固性。骨料的坚固性是指骨料在气候、环境变化或其他物理因素作用下抵抗破裂的能力。骨料的坚固性，内因方面与原岩内部的解理、孔隙率、孔分布、孔结构及吸水能力等有关；外在因素中，影响最显著的是孔隙水的冻融膨胀力破坏。在检测骨料的坚固性时，一般采用硫酸钠溶液法检验，碎石和卵石经 5 次循环后，其质量损失应符合表 6-11 的规定。

表 6-11　碎石、卵石的坚固性指标

项　　目	指　　标		
	Ⅰ类	Ⅱ类	Ⅲ类
质量损失/%，<	5	8	12

一般而言，石子越密实、强度越高、吸水率越小时，其坚固性越好；反之，石子的矿物结晶粒粗大、结构疏松、矿物成分复杂不均匀，其坚固性越差。质量损失率>12% 的石子，会造成混凝土强度明显下降。一般的碎石、卵石都能满足坚固性要求。所以，仅在有怀疑时或选择采石场时才做坚固性检验。

(6) 骨料的含水状态。骨料的含水状态可分为干燥状态、气干状态、饱和面干状态和湿润状态 4 种，如图 6.4 所示。干燥状态下的骨料含水率等于或接近于零，气干状态的骨料含水率与大气湿度相平衡，但未达到饱和状态；饱和面干状态的骨料其内部孔隙含水达到饱和而其表面干燥,湿润状态的骨料不仅内部孔隙含水达到饱和,而且表面还附着一部分自由水。计算普通混凝土配合比时,一般以干燥状态的骨料为基准。在实际工程中,使用骨料之前必须测定骨料的实际含水率,并进行换算,求出施工配合比。

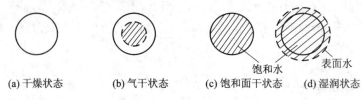

|　(a) 干燥状态 　　(b) 气干状态 　　(c) 饱和面干状态 　(d) 湿润状态 |

图 6.4　骨料的含水状态

(7) 粗骨料的表观密度、堆积密度、吸水率。石子的密度一般不小于 2.55 g/cm³,表观密度为 2500～2900 kg/m³,吸水率小于 3%。石子的表观密度大,表明其结构致密、孔隙率小、吸水率也小、耐久性好;而表观密度小于 2500 kg/m³ 的石子往往质地差,孔隙大、层理较明显。石子的表观密度与吸水率有一定的相关性。卵石的堆积密度为 1500～1800 kg/m³。

6.2.3　混凝土拌合用水及养护用水

混凝土拌合用水的质量要求是不影响混凝土的凝结和硬化,无损混凝土的强度发展及耐久性,不加快钢筋锈蚀,不引起预应力钢筋脆断,不污染混凝土表面。

拌制各种混凝土的用水有饮用水、地表水、地下水、海水以及经适当处理或处置后的工业废水。地表水和地下水常溶有较多的有机质和矿物盐类,首次使用前,应按《混凝土拌合用水标准》(JGJ 63—1989)的规定进行检验,合格后方可使用。海水中含有较多的硫酸盐和氯盐,会影响混凝土的耐久性和加速混凝土中钢筋的锈蚀,因此,海水可用于拌制素混凝土,但不得用于拌制钢筋混凝土和预应力钢筋混凝土,不宜采用海水拌制有饰面要求的素混凝土,以免因表面产生盐析而影响装饰效果。工业废水经检验合格后方可用于拌制混凝土。生活污水的水质比较复杂,不能用于拌制混凝土。

对水质有怀疑时,应将待检验水与蒸馏水分别做水泥凝结时间和砂浆或混凝土强度对比试验。对比试验测得的水泥初凝时间差和终凝时间差均不得超过 30 min,且其初凝和终凝时间应符合水泥标准的规定。用待检验水配制的砂浆或混凝土的 28d 抗压强度不得低于用蒸馏水配制的砂浆或混凝土强度的 90%。混凝土用水中各种物质含量限值见表 6-12。

表 6-12　水中物质含量限值

项　目	预应力混凝土	钢筋混凝土	素混凝土
pH 值	>4	>4	>4
不溶物/(mg/L)	<2000	<2000	<5000
可溶物/(mg/L)	<2000	<2000	<10 000
氯化物(以 Cl 计)/(mg/L)	<500	<1200	<3500
硫酸盐(以 SO_4^{2+} 计)/(mg/L)	<600	2700	2700
硫化物(以 S^{2+} 计)/(mg/L)	100	—	—

注:使用钢丝或经热处理钢筋的预应力混凝土,氯化物供应量不得超过 350 mg/L。

6.2.4　混凝土化学外加剂

1. 混凝土化学外加剂的定义

所谓混凝土化学外加剂，是指在拌制混凝土过程中掺入（可与拌合水同时掺入，也可比水滞后掺入）用以改善混凝土性能的物质，其掺量一般不大于水泥质量的 5%。

我国使用最早的混凝土化学外加剂为亚硫酸盐纸浆废液等，它是造纸工业的副产品，当时称之为"塑化剂"。纸浆废液可以显著改善混凝土拌合物的和易性，提高其强度和耐久性。20 世纪 90 年代以后，我国化学外加剂有了飞速发展，年产量达到 280 万吨，产品已有上百个商品品种。

随着科学技术的发展，对混凝土性能提出了新的要求，如泵送新工艺要求高流动性混凝土，大跨度建筑要求高强、高耐久性混凝土，冬期施工则要求早强混凝土等。通过掺用适当品种的外加剂，均可满足这些要求。因此高质量、多品种混凝土化学外加剂的开发成功，是混凝土技术发展史上的一次重大变革和创新。混凝土化学外加剂被世界各国公认为是混凝土中必不可少的组分之一。

掺用混凝土化学外加剂的目的主要是为了改善混凝土拌合物或硬化混凝土的某些方面的性能。混凝土化学外加剂不包括生产水泥过程中为提高水泥产量或调节水泥某些性能而加入的助磨剂、调凝剂（如石膏）等。

2. 混凝土化学外加剂的分类

混凝土化学外加剂的品种繁多。每种外加剂常常具有一种或多种功能，其化学成分可以是有机物、无机物或两者的复合物。因而混凝土化学外加剂有不同的分类方法。

1）按主要功能分类

（1）改善混凝土拌合物流变性能的化学外加剂：包括各种减水剂、引气剂和泵送剂等。

（2）调节混凝土凝结时间、硬化性能的化学外加剂：包括缓凝剂、早强剂和速凝剂。

（3）改善混凝土耐久性的化学外加剂：包括引气剂、防冻剂、防水剂和阻锈剂等。

（4）改善混凝土其他性能的化学外加剂：包括加气剂、膨胀剂、着色剂等。

2）按化学成分分类

（1）无机化学外加剂：包括各种无机盐类、一些金属单质和少量氧氧化物等，如早强剂中的 $CaCl_2$ 和 Na_2SO_4、加气剂中的铝粉、防水剂中的氧氧化铝等。

（2）有机化学外加剂：这类外加剂占混凝土外加剂的绝大部分，种类极多。其中大部分属于表面活性剂的范畴，有阴离子型、阳离子型、非离子型及高分子型表面活性剂等，如减水剂中的木质素磺酸盐、素磺酸甲醛缩合物等。某些有机化学外加剂本身并不具有表面活性作用，但却可作为优质外加剂。

（3）复合化学外加剂：适当的无机物与有机物复合制成的外加剂，往往具有多种功能或使某项性能得到显著改善，这也是"杂交优势"在外加剂技术中的体现，是外加剂的发展方向之一。

3. 几种主要外加剂

1）减水剂

减水剂是在混凝土坍落度基本相同的条件下，能显著减少混凝土拌合水量的外加剂。

根据减水剂的作用效果及功能情况，可分为普通减水剂、高效减水剂、早强减水剂、缓凝减水剂、引气减水剂等。

(1) 减水剂的作用原理。常用减水剂均属表面活性物质，是由亲水基团和憎水基团两个部分组成的。当水泥加水拌合后，由于水泥颗粒间分子凝聚力的作用，使水泥浆形成絮凝结构(见图 6.5)。在这种絮凝结构中，包裹了一定的拌合水(游离水)，从而降低了混凝土拌合物的流动性。如在水泥浆中加入适量的减水剂，使水泥颗粒表面带有相同的电荷，在电性斥力的作用下，使水泥颗粒互相分开(见图 6.6(a))，絮凝结构解体，包裹的游离水被释放出来，从而有效地增加了混凝土拌合物的流动性(见图 6.6(b))。当水泥颗粒表面吸附足够的减水剂后，使水泥颗粒表面形成一层稳定的薄膜层，它阻止了水泥颗粒间的直接接触，并在颗粒间起润滑作用，也改善了混凝土拌合物的和易性。此外，由于水泥颗粒被有效分散，颗粒表面被水分充分润湿，增大了水泥颗粒的水化面积，使水化比较充分，从而提高了混凝土的强度。

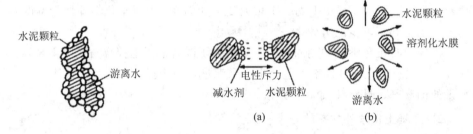

图 6.5　水泥浆的絮凝结构　　　　　图 6.6　减水剂作用示意图

(2) 减水剂的技术经济效果。在混凝土中加入减水剂后，根据使用目的的不同，一般可得到以下效果：① 增加流动性，在用水量及水灰比不变时，混凝土坍落度可增大 100～200 mm，且不影响混凝土的强度；② 提高混凝土强度，在保持流动性及水泥用量不变的条件下，可减少拌合水量 10％～35％，从而降低了水灰比，使混凝土强度提高 15％～20％，特别是早期强度提高更为显著；③ 节约水泥，在保持流动性及水灰比不变的条件下，可以在减少拌合水量的同时，相应减少水泥用量，即在保持混凝土强度不变时，可节约水泥用量 10％～15％；④ 改善混凝土的耐久性，由于减水剂的掺入，可显著改善混凝土的孔结构，使混凝土的密实度提高，透水性降低 40％～80％，从而可提高抗渗、抗冻、抗化学腐蚀及抗锈蚀等能力。此外，掺用减水剂后，还可以改善混凝土拌合物的泌水、离析现象，延缓混凝土拌合物的凝结时间，减慢水泥水化放热速度和配制特种混凝土。

(3) 目前常用的减水剂。减水剂是使用最广泛、效果最显著的外加剂。其种类很多，目前有木质素系、萘系、树脂系、糖蜜系和腐殖酸减水剂等。我国目前常用的主要有木质素系减水剂、萘系减水剂和水溶性树脂系减水剂等几类，如 M 型减水剂、NNO 型、MF 型、建 1 型减水剂以及 SM 树脂减水剂等。

2) 引气剂

引气剂是指搅拌混凝土过程中能引入大量均匀分布、稳定而封闭的微小气泡的外加剂。引气剂属憎水性表面活性剂，由于能显著降低水的表面张力和界面能，使水溶液在搅拌过程中极易产生许多微小的封闭气泡，气泡直径多在 50～250 μm 之间，同时因引气剂定向吸附在气泡表面，形成较为牢固的液膜，使气泡稳定而不破裂。按混凝土含气量 3％

～5％计(不加引气剂的混凝土含气量为1％)，1 m³混凝土拌合物中含数个亿个气泡，由于大量微小、封闭并且均匀分布的气泡的存在，使混凝土的某些性能在以下几个方面得到明显的改善或改变。

(1) 改善混凝土拌合物的和易性。由于大量微小封闭的球状气泡在混凝土拌合物内形成，如同滚珠一样，减少了颗粒间的摩擦阻力，使混凝土拌合物的流动性增加，同时由于水分均匀分布在大量气泡的表面，使能自由移动的水量减少，混凝土拌合物的保水性、黏聚性也随之提高。

(2) 显著提高混凝土的抗渗性、抗冻性。大量均匀分布的封闭气泡切断了混凝土中的毛细管渗水通道，改变了混凝土的孔结构，使混凝土抗渗性显著提高。同时，封闭气泡有较大的弹性变形能力，对由水结冰所产生的膨胀应力有一定的缓冲作用，因而混凝土的抗冻性得到提高。

(3) 降低混凝土强度。由于大量气泡的存在，减少了混凝土的有效受力面积，使混凝土的强度有所降低。一般混凝土的含气量每增加1％，其抗压强度将降低4％～5％，抗折强度降低2％～3％。

引气剂可用于抗渗混凝土、抗冻混凝土、抗硫酸侵蚀混凝土、泌水严重的混凝土、轻混凝土以及对饰面有要求的混凝土等，但引气剂不宜用于蒸养混凝土及预应力钢筋混凝土。

引气剂的掺用量通常为水泥质量的0.005％～0.015％(以引气剂的干物质计算)。

常用的引气剂有松香热聚物、松香酸钠、烷基硝酸钠、烷基苯磺酸钠和脂肪醇硫酸钠等。

3) 早强剂

早强剂是指能加速混凝土早期强度发展的外加剂。早强剂可促进水泥的水化和硬化进程，加快施工进度，提高模板周转率，特别适用于冬季施工或紧急抢修工程。

目前广泛使用的混凝土早强剂有三类，即氯盐类(如$CaCl_2$、NaCl等)、硫酸盐类(如Na_2SO_4等)和有机胺类，但更多的是使用以它们为基材的复合早强剂。其中氯化物对钢筋有锈蚀作用，常与阻锈剂($NaNO_2$)复合使用。

4) 缓凝剂

缓凝剂是指能延缓混凝土凝结时间，并对混凝土后期强度发展无不利影响的外加剂。缓凝剂主要有四类：① 糖类，如糖蜜；② 木质素磺酸铁类，如木钙、木钠；③ 羟基羧酸及其盐类，如柠檬酸、酒石酸；④ 无机盐类，如锌盐、硼酸盐等。常用的缓凝剂是木钙和糖蜜，其中糖蜜的缓凝效果最好。

糖蜜缓凝剂由制糖下脚料经石灰处理而成，也是表面活性剂，将其掺入混凝土拌合物中，能吸附在水泥颗粒表面，形成同种电荷的亲水膜，使水泥颗粒相又排斥，并阻碍水泥水化产物凝聚，从而起缓凝作用。糖蜜的适宜掺量为0.1％～0.3％，混凝土凝结时间可延长2～4 h，掺量过大会使混凝土长期不硬，强度严重下降。

缓凝剂具有缓凝、减水、降低水化热和增强作用，对钢筋也无锈蚀作用，主要适用于大体积混凝土、炎热气候下施工的混凝土，以及需长时间停放或长距离运输的混凝土。缓凝剂不宜用在日最低气温5℃以下施工的混凝土，也不宜单独用于有早强要求的混凝土及蒸养混凝土。

5）防冻剂

防冻剂是指在规定温度下能显著降低混凝土的冰点，使混凝土液相不冻结或仅部分冻结，以保证水泥的水化作用，并在一定的时间内获得预期强度的外加剂。常用的防冻剂有氯盐类（氯化钙、氯化钠）、氯盐阻锈类（以氯盐与亚硝酸钠阻锈剂复合而成）、无氯盐类（以硝酸盐、亚硝酸软、碳酸铁、乙酸钠或尿素复合而成）。

氯盐类防冻剂适用于无筋混凝土；氯盐阻锈类防冻剂适用于钢筋混凝土；无氯盐类防冻剂，可用于钢筋混凝土工程和预应力钢筋混凝土工程。硝酸盐、亚硝酸盐、碳酸盐易引起钢筋的腐蚀，故不适用于预应力钢筋混凝土以及与镀锌钢材或与铝铁相接触部位的钢筋混凝土结构。另外，含有六价铬盐、亚硝酸盐等有毒成分的防冻剂，严禁用于饮水工程及与食品接触的部位。

防冻剂用于负温条件下施工的混凝土。目前国产防冻剂品种适用于 $0\sim-15℃$ 的气温，当在更低气温下施工时，应增加其他混凝土冬季施工的措施，如暖棚法、原料（砂、石、水）预热法等。

6）速凝剂

速凝剂是指能使混凝土迅速凝结硬化的外加剂。速凝剂主要有无机盐类和有机物类。我国常用的速凝剂是无机盐类，主要型号有红星Ⅰ型、7Ⅱ、728 型、8604 型等。

红星Ⅰ型速凝剂是由铝氧熟料（主要成分为铝酸钠）、碳酸钠、生石灰按质量 1：1：0.5 的比例配制而成的一种粉状物，适宜掺量为水泥质量的 2.5%～4.0%。7Ⅱ型速凝剂是铝氧熟料与无水石膏按质量比 3：1 配合粉磨而成的，适宜掺量为水泥质量的 3%～5%。

速凝剂掺入混凝土中，能使混凝土在 5 min 内初凝，10 min 内终凝，1 h 就可产生强度，1 d 强度提高 2～3 倍，但后期强度会下降，28 d 强度为不掺时的 80%～90%。速凝剂的速凝早强作用机制是使水泥中的石膏与铝酸钠、碳酸钠在碱性溶液中迅速反应变成 Na_2SO_4 而失去缓凝作用，从而促使 C_3A 迅速水化，并在溶液中析出其水化产物晶体，引起水泥浆迅速凝固。

速凝剂主要用于矿山井巷、铁路隧道、引水涵洞、地下工程。

7）膨胀剂

膨胀剂能使混凝土在硬化过程中产生微量体积膨胀。膨胀剂的种类有硫铝酸盐类、氧化钙类、金属类等。各膨胀剂的成分不同，引起膨胀的原因也不相同，硫铝酸盐类膨胀剂的作用机理是：自身的无水硫铝酸钙水化或参与水泥矿物的水化或与水泥水化产物反应，生成大量钙矾石，反应后固相体积增大，导致混凝土体积膨胀。石灰类膨胀剂的作用机理是：在水化早期，CaO 水化生成 $Ca(OH)_2$，反应后固相体积增大，随后 $Ca(OH)_2$ 发生重结晶，固相体积再次增大，从而导致混凝土体积膨胀。

膨胀剂的使用要注意以下问题：

（1）掺硫铝酸盐类膨胀剂的膨胀混凝土（或砂浆），不得用在长期处于温度为 80℃ 以上的工程中。

（2）掺硫铝酸盐类或氧化钙类膨胀剂的混凝土，不宜同时使用氯盐类外加剂。

（3）掺铁屑膨胀剂的填充用膨胀砂浆，不得用于有杂散电流的工程中，也不得用在与氯镁材料接触的部位。

4. 外加剂的选择和使用

在混凝土中掺入外加剂，可明显改善混凝土的技术性能，取得显著的技术经济效果。若选择和使用不当，会造成事故。因此，在选择和使用外加剂时，应注意以下几点。

（1）外加剂品种的选择。外加剂的品种、品牌很多，效果各异，特别是对于不同品种的水泥效果不同。加剂时，应根据工程需要、现场的材料条件，并参考有关资料，通过试验确定。

（2）外加剂掺量的确定。混凝土外加剂均有适宜掺量，掺量过小，往往达不到预期效果；掺量过大，则会影响混凝土质量，甚至造成质量事故。因此，应通过试验试配确定最佳掺量。

（3）外加剂的掺加方法。外加剂的掺量很少，必须保证其均匀分散，一般不能直接加入混凝土搅拌机内。对于可溶于水的外加剂，应先配成一定浓度的溶液随水加入搅拌机。对不溶于水的外加剂，应与适量水泥或砂混合均匀再加入搅拌机内。另外，外加剂的掺入时间对其效果的发挥也有很大影响，如为保证减水剂的减水效果，减水时可用同掺法、后掺法、分次掺入法三种方法。

6.3 新拌混凝土的和易性

6.3.1 和易性的概念

和易性是指在一定的施工条件下，混凝土拌合物易于施工操作，并获得质量均匀、成型密实的混凝土的性质。和易性包括流动性、黏聚性、保水性等三方面的涵义。

流动性是指混凝土拌合物在自重或施工机械振捣作用下，产生流动，并获得均匀密实混凝土的性能。流动性反映了混凝土拌合物的稀稠程度，影响浇捣施工的难易及混凝土的质量。流动性的大小主要取决于单位用水量或水泥浆量的多少。单位用水量或水泥浆量越多，混凝土拌合物的流动性越大，浇筑时越容易填满模板。

黏聚性是指混凝土拌合物各组成材料间有一定的黏聚力，在运输及浇捣过程中，不致发生分层离析，使混凝土保持整体均匀的性能。黏聚性差的混凝土拌合物，在施工过程中的振动、冲击下及转运、卸料时，砂浆与石子易分离，振捣后出现蜂窝、麻面、空洞等缺陷，影响工程质量。

保水性是指混凝土拌合物有一定的保水能力，在施工过程中不致产生严重泌水现象。若保水性差，混凝土拌合物在振动下，水分泌出并上升至表面，使水分经过之处形成毛细通道。水分浮于表面后，在上下层混凝土间形成疏松的夹层。另外有些水分上升时，由于粗骨料的阻挡，而聚集于粗骨料之下，严重影响水泥浆与骨料的胶结。

6.3.2 和易性的测定方法

由于混凝土拌合物的和易性包括上述三方面的涵义，所以很难用一个指标来表示。对于流动性较大的混凝土拌合物，通常通过坍落度试验来测定和易性。

进行坍落度试验时，将混凝土拌合物用小铲分三层均匀装入截头圆锥坍落度筒内，使捣实后每层高度为筒高的1/3左右。每层用震捣棒沿螺旋方向由外向中心插捣25次。顶层插捣完毕后，刮去多余的混凝土，抹平，将筒垂直提起，提离过程测定在 5～10 s 内完成，从装料到提离应在 150 s 内完成。

提起坍落度筒后，测定拌合物下坍的高度，即坍落度，以 mm 表示，如图 6.7 所示。坍落度的大小反映了混凝土拌合物的流动性，根据坍落度的大小，可将混凝土拌合物分为四级，见表 6 - 13。

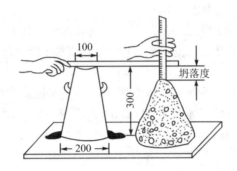

图 6.7　坍落度

表 6 - 13　混凝土坍落度的分级

级别	名　称	坍落度/mm
T_1	低塑性混凝土	10～40
T_2	塑性混凝土	50～90
T_3	流动性混凝土	100～150
T_4	大流动性混凝土	≥160

试验中还需通过观察来判断和评定混凝土拌合物的黏聚性及保水性：用捣棒轻击混凝土拌合物侧面时，如果锥体是逐渐下坍，则表示黏聚性良好，如果锥体是突然倒塌或崩溃，则表示黏聚性不好；保水性以混凝土拌合物稀浆析出的程度来评定，坍落度筒提起后如有较多的稀浆从底部析出，锥体部分的混凝土也因失浆而骨料外露，则表明此混凝土拌合物的保水性能不好；若无稀浆或仅有少量稀浆自底部析出，则表明此混凝土拌合物的保水性良好。

对于坍落度小于 10 mm 的干硬性混凝土拌合物，可通过维勃稠度（如图 6.8 所示）的测定来评价其和易性。将坍落度筒放在直径位 40 mm、高度为 200 mm 圆筒中，圆筒安装在专用的振动台上。按坍落度试验的方法将新拌混凝土装入坍落度筒内后再拔去坍落筒，并在新拌混凝土顶上置一透明圆盘。开动振动台并记录时间，从开始振动至透明圆盘底面被水泥浆布满瞬间止，所经历的时间（以秒计，精确至 1 s）即为新拌混凝土的维勃稠度值。

根据混凝土拌合物维勃稠度 t 值的大小，可将混凝

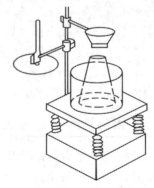

图 6.8　维勃稠度仪

土进行如下分级：

V_0 超干硬性混凝土 $t \geqslant 31$ s

V_1 特干硬性混凝土 $t = 30 \sim 21$ s

V_2 干硬性混凝土 $t = 20 \sim 11$ s

V_3 半干硬性混凝土 $t = 10 \sim 5$ s

6.3.3　影响和易性的主要因素

1. 水泥浆用量

在混凝土拌合物中，水泥浆除填充骨料的空隙外，还须有一定的富余以包裹骨料颗粒，形成润滑层。所以当水灰比不变时，单位体积混凝土拌合物的水泥浆用量大，富余的用于润滑的水泥浆就多，混凝土的流动性好。若水泥浆过多，则会出现流浆现象，混凝土拌合物的黏聚性、保水性就变差。所以水泥浆的用量应以满足流动性要求，不宜过多，水泥浆用量过多还会使水泥用量增加。

水泥浆用量对拌合物流动性的影响，实际上是指用水量的影响，用水量多，拌合物就稀。但在工程中，为使混凝土拌合物的流动性变好而增加水泥浆用量时，应保持水灰比不变，同时增加水和水泥的用量。若只增加用水量，将使水灰比变大而影响混凝土的强度和耐久性。故水灰比大小应根据混凝土强度和耐久性要求合理选用，取值范围在 0.40～0.75 之间。

大量试验证明，当水灰比在一定范围(0.40～0.80)内而其他条件不变时，混凝土拌合物的流动性只与单位用水量(每立方米混凝土拌合物的拌合水量)有关，这一现象称为"恒定用水量法则"，即粗细骨料在比例一定的情况下，适当增减水泥用量(不超过 50～100 kg)，只要用水量不变，混凝土拌合物和易性基本不变。它为混凝土配合比设计中单位用水量的确定提供了一种简单的方法，即单位用水量可主要由流动性来确定。

当水灰比在 0.4～0.8 范围内时，水灰比对混凝土拌合物的流动性的影响非常不敏感，这是"恒定用水量法则"的又一体现，为混凝土配合比设计中水灰比的确定提供了一条捷径，即在确定的流动性要求下，灰水比(水灰比的倒数)与混凝土的试配强度间呈简单的线性关系。

2. 水泥浆的稠度

水泥浆的稠度取决于水灰比的大小，水灰比是混凝土拌合物中用水量与水泥用量之比。水灰比小时，水泥浆较稠，拌合物的黏聚性、保水性好，但流动性差。水灰比过小时，拌合物过稠，将无法施工。水灰比大时，水泥浆稀，拌合物流动性好，但黏聚性、保水性变差。

3. 砂率

砂率是拌合物中，砂的质量占砂石总量的百分数。砂率大，砂子的相对用量较多，砂石的总表面积及空隙率较大。若水泥浆用量一定，水泥浆除填充砂石空隙外，用以包裹砂石并对砂石进行润滑的水泥浆量相对较少，拌合物显得干涩，流动性差。若砂率过小，砂浆量太少，不足以包裹石子表面，并不能填满石子间的空隙，不仅流动性差，黏聚性、保水性也会很差。

当水灰比及水泥浆用量一定，拌合物的粘聚性、保水性符合要求时，将获得最大流动性时的砂率；或将流动性及水灰比一定，黏聚性、保水性符合要求，水泥用量最少时的砂率称为最优砂率。如图 6.9 和图 6.10 所示。为了使混凝土拌合物的和易性符合要求，又能节约水泥，混凝土时，应尽量采用最优砂率。

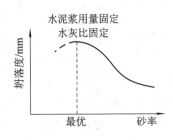

图 6.9　砂率与坍落度的关系

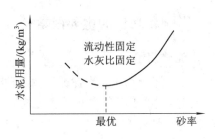

图 6.10　砂率与水泥用量的关系

4. 其他因素

除上述因素外，水泥品种，骨料种类、粒径、粒形及级配，是否使用外加剂等都对混凝土拌合物的和易性有影响。一般来说，在相同的条件下，需水量小的水泥拌的混凝土流动性好；骨料最大粒径大、粒形圆、级配好的，拌合物流动性好；在拌合物中掺入某些外加剂，也能显著改善其流动性。

6.3.4　流动性指标的选择

一般来说，坍落度小的混凝土拌合物水泥用量较少，所以在保证混凝土施工质量的前提下，应尽量选用较小的坍落度。

坍落度应根据结构特点、钢筋的疏密程度、混凝土振捣的方法及气温来选择。表 6-14 为《混凝土结构工程施工及验收规范》(GB 50204—2002)中推荐的混凝土浇筑时的坍落度。

表 6-14　混凝土混筑时的坍落度

结构种类	塌落度/mm
基础或地面等的垫层、无配筋的大体积结构(挡土墙、基础等)或配筋稀疏的结构	10~30
板、梁和大型及中型截面的柱子等	30~50
配筋密列的结构(薄壁、斗仓、筒仓、细柱等)	50~70
配筋特密的结构	70~90

注：(1) 本表系采用机械振捣混凝土时的坍落度，当采用人工捣实混凝土时其值可适当增大；

(2) 当需要配制大坍落度混凝土时，应掺用外加剂；

(3) 曲面或斜面结构混凝土的坍落度应根据实际需要另行选定；

(4) 轻骨料混凝土的坍落度，宜比表中数值减少 10~20 mm。

6.4 硬化混凝土的强度

6.4.1 混凝土的抗压强度

1. 混凝土立方体抗压强度(f_{cu})

根据国家标准《普通混凝土力学性能试验方法标准》(GB/T 50081—2002)的规定,将混凝土拌合物制成边长为 150 mm 的立方体试件,在标准条件(温度 20℃±3℃,相对湿度 90％以上)下养护至 28 d 龄期,测得的抗压强度值为混凝土立方体试件抗压强度(即立方体抗压强度)。

根据粗骨料的最大粒径,按表 6-15 选择立方体试件的尺寸,为非标准试件时,测得的抗压强度应乘以换算系数,以换算成相当于标准试件的试验结果。选用边长为 100 mm 的立方体试件时,换算系数为 0.95;选用边长为 200 mm 的立方体试件时,换算系数为 1.05。

表 6-15 立方体试件尺寸选用

试件尺寸/mm×mm×mm	骨料最大粒径/mm
100×100×100	30
150×150×150	40
200×200×200	60

采用标准条件养护的目的是为了使试验结果有可比性,但当工地现场的养护条件与标准养护条件有较大差异时,试件应在与工程相同的条件下养护,并按所需的龄期进行试验,将测得的立方体抗压强度值作为工地混凝土质量控制的依据。

2. 混凝土立方体抗压标准强度($f_{cu,k}$)

混凝土立方体抗压标准强度(或称为立方体抗压强度标准值),是具有 95％保证率的立方体试件抗压强度。抗压标准强度是用数理统计的方法计算得到的达到规定保证率的某一强度数值,并非实测的立方体试件的抗压强度。

3. 混凝土的强度等级

混凝土强度等级是按混凝土立方体抗压标准强度来确定的。我国现行《混凝土结构设计规范》(GB 50010—2010)规定,普通混凝土按立方体抗压强度标准值划分为 C15、C20、C25、C30、C35、C40、C45、C50、C55、C60、C65、C70、C75、C80 等 14 个强度等级,其数字表示该等级混凝土的立方体抗压强度标准值(MPa)。

6.4.2 混凝土的轴心抗压强度

混凝土的强度等级是采用立方体试件来确定的,但在实际工程中,钢筋混凝土构件大部分是棱柱体或圆柱体。为了符合实际情况,在结构设计中混凝土受压构件的计算常采用混凝土的轴心抗压强度。

根据 GB/T 50081—2002 规定,混凝土轴心抗压强度采用 150 mm×150 mm×300 mm 的棱柱体为标准试件,也可采用非标准尺寸的棱柱体试件,但其高宽比应在 2~3 的范围内。轴心抗压强度比同截面的立方体抗压强度值小，棱柱体试件随着高宽比的增大，轴心抗压强度变小，但当高宽比达到一定值后，强度不再降低。试验表明，在立方体抗压强度 $f_{cu,k}$ 为 $10\sim55$ MPa 的范围内，轴心抗压强度 f_{ck} 为 $0.76\sim0.82f_{cu,k}$。

6.4.3 混凝土的抗拉强度(f_t)

混凝土的抗拉强度很低，一般为抗压强度的 $1/10\sim1/20$，混凝土强度等级越高，此比值越小。所以，混凝土的抗拉强度一般不予考虑。但是，混凝土的抗拉强度对抗裂有重要的意义，有抗裂要求的结构，除需对混凝土提出抗压强度要求外，还需对抗拉强度提出要求。

测定混凝土抗拉强度的方法有轴心抗拉试验及劈裂抗拉试验两种。前者用"8"字形试件或棱柱形试件，由于试验时，试件的轴线很难与力的作用线一致，而稍有偏心将影响试验结果的准确性，而且夹具附近混凝土很容易产生局部破坏，也影响试验的结果。按标准（GB/T 50081—2010）规定，我国测定混凝土的抗拉强度采用劈裂法间接测定。劈裂抗拉试验方法详见混凝土试验部分。

6.4.4 影响混凝土强度的因素

除施工方法及施工质量影响混凝土强度外，水泥强度及水灰比、骨料种类及级配、养护条件及龄期对混凝土强度的影响较大。

1. 水泥强度及水灰比

观察由于受力而破坏的混凝土时，可以发现破坏主要发生于水泥石与骨料的界面及水泥石本身，很少见到骨料破坏而导致混凝土破坏的现象。进一步观察发现，混凝土在受力前，由于水泥凝结硬化时产生的收缩受到骨料的约束，水泥石产生拉应力，在水泥石与骨料的界面上及水泥石本身就已经存在微细的裂缝。同时，由于水泥泌水，在振捣过程中上升的水分受到骨料阻止后，会在骨料底部形成水隙或裂缝。混凝土受力后，这些微细裂缝逐渐开展、延长并连通，最后使混凝土失去连续性而破坏，如图 6.11 所示。由此得出结论：混凝土的强度主要取决于水泥石的强度及水泥石与骨料的胶结强度。

图 6.11　混凝土受压破坏裂缝

水泥的强度反映了水泥胶结能力的大小，所以水泥石及水泥石与骨料的胶结强度与水泥强度有关。水泥强度越高，混凝土的强度也越高。当水泥强度等级相同时，随着水灰比的增大，混凝土强度会有规律地降低。

水泥水化所需的水量（即转化为水化物的化学结合水），一般只占水泥质量的 25％左右，但为了获得必要的流动性，拌混凝土时要加较多的水（一般塑性混凝土的水灰比为 0.4～0.7）。多余的水分形成水泡或蒸发后成为气孔，减小了混凝土承受荷载的有效截面，而且在小孔周围产生应力集中。水灰比大，泌水多，水泥石的收缩也大，骨料底部聚集的水分也多，这些都是造成混凝土中微细裂缝的原因。因此在一定范围内，水灰比越大，混凝土强度越低。

试验证明，在其他条件相同的情况下，混凝土拌合物在被充分振捣密实时，混凝土的强度随水灰比的增大而有规律地降低；而灰水比（水灰比的倒数）增大时，强度随之提高，二者呈直线关系，如图 6.12 所示。但若水灰比过小，水泥浆过于干稠，在一定的振捣条件下，混凝土无法振实，强度反而降低，如图 6.12(a) 中虚线所示。

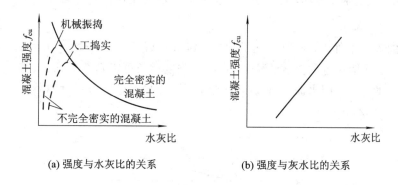

(a) 强度与水灰比的关系　　　(b) 强度与灰水比的关系

图 6.12　混凝土强度与水灰比的关系

根据大量的试验可以得到，混凝土强度与水泥强度及水灰比关系的经验公式（又称鲍罗米公式）：

$$f_{cu} = \alpha_a f_{ce} \left(\frac{c}{w} - \alpha_b \right) \tag{6-3}$$

式中：f_{cu}——混凝土 28 d 龄期的抗压强度（MPa）；

f_{ce}——水泥 28 d 抗压强度实测值，当无实测资料时，在水泥的有效期（3 个月）内，可按 $f_{ce} = \gamma_c f_{ce,g}$ 计算，$f_{ce,g}$ 为水泥的强度等级值，γ_c 为水泥强度等级值的富裕系数，可按实际统计资料确定；

$\frac{c}{w}$——灰水比；

α_a、α_b——经验系数，与骨料种类、水泥品种等有关。有条件时可以通过试验测定，无试验条件时，可采用以下数值：碎石混凝土，$\alpha_a = 0.46$、$\alpha_b = 0.07$；卵石混凝土，$\alpha_a = 0.48$、$\alpha_b = 0.33$（根据《普通混凝土配合比设计规程》(JGJ 55—2000)）。

利用以上经验公式可以解决两类问题，一是已知水泥强度等级及水灰比，推算混凝土的 28 d 抗压强度；二是已知水泥强度等级及要求的混凝土强度等级来估算应采用的水灰比。

2. 骨料种类及级配

碎石表面粗糙，有棱角，与水泥的胶结力较强，而且相互间有嵌固作用，所以在其他条件相同时，碎石混凝土的强度高于卵石混凝土。当骨料中有害杂质含量过多且质量较差时，会使混凝土的强度降低。

骨料级配良好、砂率适中时，空隙率小，组成的骨架较密实，混凝土的强度也就较高。

3. 养护条件

混凝土养护条件主要是指养护的温度与湿度，它们对混凝土强度的发展有较大的影响。水泥水化需要一定的水分，在干燥环境下，混凝土强度的发展会减缓甚至完全停止。同时会有较大的干缩，以致产生干缩裂缝，影响混凝土的强度。所以，在混凝土硬化初期，一定要使其表面保持潮湿状态。

在一定的湿度下，养护温度高，水泥水化速度快，强度发展也快，所以用蒸汽养护可加速混凝土硬化。温度低，混凝土硬化慢。当温度低于 0℃ 时，混凝土硬化停止，低于 −3℃ 时，还会发生冰冻破坏。冬季施工时，要注意混凝土保温，使混凝土能正常硬化。

4. 龄期

在正常的养护条件下，混凝土在最初 7～14 d 内强度发展较快，以后逐渐变慢，28 d 后更慢，但只要保持一定的温度、湿度，混凝土强度增长可以延续十几年，甚至几十年。混凝土强度增长的速度，因水泥品种及养护条件不同而异。混凝土强度与龄期、保湿时间的关系如图 6.13 所示。

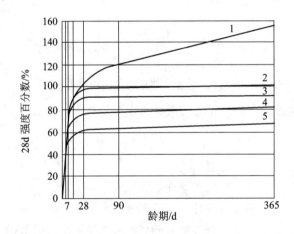

1—长期保持潮湿；2—保持潮湿 14 d；3—保持潮湿 7 d；
4—保持潮湿 3 d；5—保持潮湿 1 d
图 6.13　混凝土强度与龄期、保湿时间的关系

一般的工程都是以 28 d 龄期的混凝土强度作为设计强度的。但有些工程工期较长，承受荷载较晚，为充分利用混凝土强度以节省水泥，也可选用 60 d、90 d 或 180 d 龄期的混凝土强度作为设计强度。为了保证混凝土在早期能承受一定的荷载和在温度应力作用下不致产生裂缝，早期强度不能太低，也须对 28 d 龄期的强度提出要求。施工中混凝土质量应控制在 28 d。

5. 试验条件对混凝土强度测定值的影响

试验条件是指试件的尺寸、形状、表面状态及加荷速度等。试验条件不同，会影响混凝土强度的试验值。

1) 试件尺寸

相同配合比的混凝土，试件的尺寸越小，测得的强度越高。试件尺寸影响强度的主要原因是试件尺寸大时，内部孔隙、缺陷等出现的几率也大，导致有效受力面积的减小及应力集中，从而引起强度的降低。我国标准规定采用 150 mm×150 mm×150 mm 的立方体试件作为标准试件，当采用非标准的其他尺寸试件时，所测得的抗压强度应乘以表 6-16 中的换算系数。

表 6-16 混凝土试件不同尺寸的强度换算系数

骨料最大粒径/mm	试件尺寸/mm	换算系数
30	100×100×100	0.95
40	150×150×150	1
60	200×200×200	1.05

2) 试件的形状

当试件受压面积($a×a$)相同而高度(h)不同时，高宽比(h/a)越大，抗压强度越小。这是由于试件受压时，试件受压面与试件承压板之间的摩擦力，对试件相对于承压板的横向膨胀起着约束作用，该约束有利于试件强度的提高，见图 6.14(a)。越接近试件的端面，这种约束作用就越大，在距端面大约于 $\frac{\sqrt{3}}{2}a$ 范围以外，约束作用才消失。试件破坏后，其上下部分各呈现一个较完整的棱锥体，这一现象就是这种约束作用的结果，见图 6.14(b)，通常称这种作用为环箍效应。

3) 表面状态

混凝土试件承压面的状态也是影响混凝土强度的重要因素。当试件受压面上有油脂类润滑剂时，试件受压时的外箍效应大大减小，试件将出现直裂破坏，见图 6.14(c)，测出的强度值也较低。

试件的承压面必须平整且与试件的轴线垂直。一般试件承压面总是凹凸不平的，容易形成局部受压，引起应力集中，使强度降低。

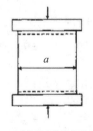 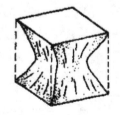 

(a) 压力机压板对试件 　　(b) 试件破坏后残存的 　　(c) 不受压板约束时试件的
　　的约束作用 　　　　　　棱锥体 　　　　　　　　破坏情况

图 6.14 混凝土受压实验

4) 加荷速度

加荷速度越快，测得的混凝土强度值也越大，当加荷速度超过 1.0 MPa/s 时，这种趋势更加显著。因此，我国标准规定混凝土抗压强度的加载速度力为 0.3～0.8 MPa/s，且应连续均匀地进行加荷。

6.4.5 提高混凝土强度的措施

根据上述影响混凝土强度的因素分析，提高混凝土强度可从以下几方面采取措施：

（1）采用高标号水泥。

（2）尽可能降低水灰比，或采用干硬性混凝土。

（3）采用优质砂石骨料，选择合理砂率。

（4）采用机械搅拌合机械振捣，确保搅拌均匀性和振捣密实性，加强施工管理。

（5）改善养护条件，保证一定的温度和湿度条件，必要时可采用湿热处理，提高早期强度。特别对掺混合材料的混凝土或用粉煤灰水泥、矿渣水泥、火山灰水泥配制的混凝土，湿热处理的增强效果更加显著，不仅能提高早期强度，后期强度也能提高。

（6）掺入减水剂或早强剂，提高混凝土的强度或早期强度。

6.5 混凝土的耐久性

所谓混凝土材料的耐久性，是指混凝土材料应具有长期抵抗环境介质作用并保持其良好的使用性能的能力。混凝土除应具有设计要求的强度，以保证其能安全地承受设计荷载外，还应具有经久耐用的性能，混凝土耐久性主要包括以下内容。

6.5.1 混凝土的抗渗性

抗渗性是指混凝土抵抗压力水、油等液体渗透的能力。环境中各种侵蚀介质均要通过渗透才能进入混凝土内部，所以抗渗性对混凝土的耐久性起着重要作用。抗渗透性主要与混凝土的密实度及内部孔隙特征（大小、构造）有关。混凝土中相互连通的孔隙越多、孔径越大，其抗渗透性就越差。

工程上用抗渗等级来表示混凝土的抗渗性，依据《普通混凝土长期性能和耐久性能试验方法》（GB/T 50082—2009），采用标准养护 28 d 的标准试件，按规定的方法进行试验。抗渗等级分为 P4 、P6、P8、P10 和 P12 五级，相应表示混凝土能抵抗 0.4 MPa、0.6 MPa、8 MPa、1.0 MPa 及 1.2 MPa 的水压力而不漏水。

提高混凝土抗渗性的主要措施有降低水灰比，掺引气剂，采用减水剂，防止离析、泌水的发生，加强施工过程振捣及充分养护等。

6.5.2 混凝土的抗冻性

混凝土的抗冻性是指混凝土在水饱和状态下，能经受多次冻融循环作用而不破坏，同时强度不严重降低，外观能保持完整的性能。

混凝土的抗冻性主要取决于混凝土中孔隙的数量、特征、充水程度、环境温湿度与经历冻融的次数等。由于充水介质成分复杂，混凝土冻融破坏机理略有差别，应分别对待。

混凝土冻融破坏的原因是混凝土内孔隙水结冰后体积膨胀造成的静水压力以及因冻水蒸气压的差别推动未冻水向冻结区的迁移造成的渗透压力。当这两种压力所产生的内应力超过混凝土抗拉强度时，混凝土就会产生裂缝，反复冻融使裂缝不断扩展直至破坏。

另外，因渗透压增大导致混凝土内部孔隙饱和吸水度提高，盐的结晶压力增大，盐的浓度梯度使渗透压力因分层结冰产生应力差，使混凝土表面产生剥蚀破坏。

混凝土的抗冻性以抗冻等级来表示，分为 D10、D15、D25、D50、D100、D150、D200、D250 和 D300 九个等级，其中数字表示混凝土能承受的最大冻融次数。混凝土抗冻等级按 (GB/T 50082—2009)的规定方法测定。《普通混凝土配合比设计规范》(JGJ/T 55—2009) 中规定，抗冻等级不小于 D50 的混凝土称为抗冻混凝土。

6.5.3 混凝土的抗侵蚀性

混凝土抵抗周围环境介质侵蚀的能力称为抗侵蚀性。环境介质对混凝土的侵蚀主要有淡水侵蚀、硫酸盐侵蚀、海水侵蚀等。当所处环境的介质对混凝土有侵蚀性时，会对混凝土提出抗侵蚀性要求。混凝土抗侵蚀性取决于水泥的品种和混凝土的密实度。密实度高、连通孔隙少，混凝土的抗侵蚀性就好。合理地选择水泥品种亦可提高混凝土的抗侵蚀性，水泥品种的选择可参看上一章内容。

6.5.4 混凝土的抗碳化性

混凝土长期在空气中时，水泥石中的水化产物与空气中的二氧化碳在有水的条件下发生化学反应，生成碳酸钙和水，此反应过程称为碳化过程。碳化对混凝土的影响主要表现在混凝土的碱度降低，未经碳化的混凝土 pH 值为 12～13，碳化后 pH 值为 8.5～10，接近中性。碱度降低将导致混凝土中钢筋锈蚀。另外，由于碳化后水化产物生成碳酸钙，导致混凝土表面收缩增加，引起混凝土开裂。

碳化过程是二氧化碳由表及里向混凝土内部逐渐扩散的过程。

影响混凝土碳化的主要因素有外部环境和内部因素。

1. 外部环境

外部环境包括二氧化碳的浓度和环境湿度。一般地说，二氧化碳浓度越高，碳化速度进行得就越快。近年来，工业排放二氧化碳量持续上升，城市混凝土建筑的碳化速度有加快趋势。另外，水分是碳化反应进行的必要条件，所以环境湿度的影响是关键。试验表明，相对湿度在 25% 以下或混凝土处于完全干燥条件下，由于缺乏使二氧化碳与氢氧化钙反应所需的水分，碳化停止；相对湿度在 80% 以上或处于水中的混凝土，由于水阻止了二氧化碳与混凝土接触，混凝土也不能被碳化(水中溶有二氧化碳除外)；当相对湿度在 50%～75% 之间，二氧化碳浓度较高时，碳化速度最快。

2. 内部因素

(1) 水泥品种。掺有混合材料的水泥碳化比不掺混合材料的普通水泥快，这是因为在混凝土中，随着胶凝材料体系中硅酸盐水泥熟料成分的减少，本身碱度较低，在同样的外部环境条件下，碱度降低幅度较大，抗碳化能力低于不掺混合材料的水泥。

(2) 水灰比。水灰比大的混凝土碳化快，因其孔隙较多，所以二氧化碳易于进入混凝土内部，降低抗碳化能力。

（3）施工质量、养护措施、骨料质量及混凝土表面是否有涂层等都对混凝土抗碳化性有一定影响。掺入外加剂可改善混凝土结构，防止二氧化碳进入或降低扩散速率。

6.5.5　混凝土抗钢筋锈蚀性

混凝土孔隙中的孔溶液通常含有大量的 Na^+、K^+、OH^- 及少量 Ca^+ 等离子，一般情况下，为保持离子电中性，OH^- 浓度较高，即 pH 值较大，在这样的碱性环境中，钢筋表面生成一层 $2\sim6\ mm$ 厚的致密钝化膜，使钢材难以进行电化学反应，即电化学腐蚀难以进行。

然而，一旦这层钝化膜遭到破坏，钢筋的周围又有水分和氧时，混凝土中的钢筋就会锈蚀。钢筋锈蚀会减小受力钢筋面积，降低钢筋混凝土结构材料的承载能力。由于钢筋锈蚀过程随着时间延长而加剧，故严重影响混凝土的耐久性。

6.5.6　混凝土抗碱-骨料反应

碱-骨料反应是指混凝土中所含的碱性氧化物（Na_2O 或 K_2O）与骨料中的活性二氧化硅在有水条件下发生化学反应，其反应生成物（碱-硅酸凝胶）在骨料界面处吸水膨胀，从而导致混凝土开裂而破坏。

碱-骨料反应是影响混凝土耐久性的一个重要方面，由于其反应速度慢且发生于混凝土内部，由此引起的膨胀破坏往往在几年后才能发现，因此对于混凝土结构工程应采取阻止碱-骨料反应发生的预防措施，避免或减少该反应的发生。

预防并抑制碱-骨料反应的主要措施如下：

（1）控制水泥含碱量和控制混凝土总碱量。

（2）控制使用活性骨集料。

（3）掺用掺和料。在含有硅酸质活性集料的混凝土中掺入掺和料可对碱-骨料反应起到有效的抑制作用，常用的掺和料有粉煤灰、水淬矿渣和硅粉。

（4）掺用引气剂。掺用引气剂使混凝土保持 $4\%\sim5\%$ 的含气量，可容纳一定数量的反应产物，从而缓解碱-骨料反应的膨胀压力。

（5）尽量隔绝水，使混凝土处于干燥状态。

6.5.7　提高混凝土耐久性的措施

1. 严格控制水灰比与水泥用量

水灰比是决定混凝土密实度的主要因素，也是影响集料与水泥界面的关键，不但影响混凝土的强度，而且也严重影响其耐久性，因此在混凝土配合比设计中必须适当控制水灰比。保证足够的水泥用量，也是保证混凝土密实性、提高耐久性的一个重要方面。《普通混凝土配合比设计规程（JGJ 55—2000）对工业与民用建筑工程所用混凝土的最大水灰比及最小用水量作了明确规定。

2. 选择适当品种的水泥

根据混凝土工程的特点和环境条件，参照有关水泥在工程中的应用原则选用适当品种的水泥。

3. 选用质量好的骨料

级配、粒形、质量良好的砂、石骨料，是保证混凝土密实度和适宜水泥胶凝材料用量的必备前提，同时也是保证混凝土耐久性的重要条件。

4. 掺用引气剂或减水剂

掺用引气剂，引入微小封闭气泡，对提高抗渗、抗冻性等有良好的作用。掺用减水剂，可明显提高混凝土强度和抗化学侵蚀能力。

5. 加强混凝土质量的生产控制

在混凝土施工中，做好每一个环节(计量、搅拌、运输、浇灌、振捣、养护)的质量管理和质量控制是防患于未然的关键，也是使混凝土有良好耐久性的必要基础。

6.6　硬化混凝土的变形性

混凝土的变形包括非荷载作用下的变形和荷载作用下的变形。非荷载作用下的变形又包括化学收缩、塑性收缩、干缩湿胀、温度变形；荷载作用下的变形包括短期变形和长期变形。

6.6.1　混凝土在非荷载作用下的变形

1. 化学收缩

在硬化过程中，由于水泥水化产物的体积小于反应物(水和水泥)的体积，会引起混凝土产生收缩，称为化学收缩。其收缩量随混凝土龄期的延长而增加，大致与时间的对数成正比。一般在混凝土成型后 40 d 内收缩量增加较快，以后逐渐趋向稳定。这种收缩不可恢复，化学收缩值很小，对混凝土结构没有破坏作用，但在混凝土内部可能产生微细裂缝。

2. 塑性收缩

混凝土成型后尚未凝结硬化时属于塑性阶段，在此阶段往往由于表面失水而产生收缩，称塑性收缩。新拌混凝土若表面失水速率超过内部水分向表面迁移的速率，会造成毛细管内部产生负压，因而使浆体中固体粒子间产生一定的引力，便产生了收缩。如果引力不均匀作用于混凝土表面，则表面将产生裂纹。预防塑性收缩的方法是降低混凝土表面失水速率、采取防风、降温等措施。最有效的方法是凝结硬化前保持表面的润湿，如在表面覆盖塑料膜、喷洒养护剂等。

3. 干缩湿胀

混凝土的干缩湿胀主要取决于周围环境湿度的变化。处于空气中的混凝土当水分散失时，会引气体积收缩，简称干缩；但受潮后体积又会膨胀，即为湿胀(见图 6.15)。干缩对混凝土影响很大，应予以特别注意。

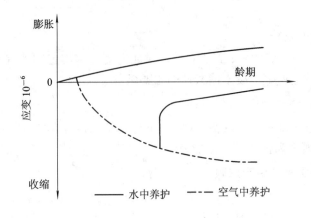

图 6.15　混凝土的干缩湿胀

混凝土处于干燥环境时，首先发生毛细管的游离水蒸发，使毛细管内形成负压。随着空气湿度的降低，负压随之增加，产生收缩力，导致混凝土整体收缩。当毛细管内水蒸发完后，若继续干燥，还会使吸附在胶体颗粒上的水蒸发。由于分子引力的作用，粒子间距离小，引起胶体收缩，称这种收缩为干燥收缩。混凝土干缩变形是由表及里逐渐进行的，因而会产生表面收缩大，内部收缩小，导致混凝土表面受到拉力作用。当拉应力超过混凝土的抗拉强度时，混凝土表面就会产生裂缝。此外，混凝土在干缩过程中，骨料并不产生收缩，因而在骨料与水泥石界面上也会产生微裂纹，裂纹的存在，会对混凝土的强度、耐久性产生有害作用。

　　影响因素：水泥用量、品种、细度；水灰比；骨料的质量；养护条件等；

　　水泥品种：P.P 和 P.S 水泥干燥收缩大；

　　水泥细度：水泥细度越大，干燥收缩越大；

　　水泥用量：用量越大，干燥收缩越大；

　　水灰比：w/c 越大，干缩大，但水灰比过小，自收缩大；

　　骨料质量：级配好，杂质含量，针片状颗粒含量少，干缩小；

　　养护条件：湿度越高，湿养时间越长，干缩小。

4. 温度变形

热胀冷缩的性质称为温度变形。混凝土温度变形系数一般为 1.0×10^{-5} mm/℃。温度变形对大体积混凝土工程极为不利，这是因为在混凝土硬化初期，由于水泥水化放出较多的热量，混凝土又是热的不良导体，散热速度慢，聚集在混凝土内部的热量使温度升高，有时可达到 $50 \sim 70$℃。造成内部膨胀和外部收缩互相制约，混凝土表面将产生很大的拉应力，严重时使混凝土产生开裂，所以大体积混凝土施工时，必须尽量设法减少内外温度差。一方面可采用低热水泥减少水泥用量，降低内部发热量；另一方面，加强外部混凝土保温措施，使降温不至于过快，当内部温度开始下降时，又要注意及时调整外部降温速度，可洒水散热。

在纵长的钢筋混凝土结构物中，每隔一段长度，应设置温度伸缩缝及温度钢筋，以减少温度变形造成的危害。

大体积混凝土温度应力裂缝的控制方法：

从配合比设计角度：适当选用较粗骨料；低热水泥或加掺合料；降低水泥用量（高效减水剂）；加膨胀剂；加缓凝剂。

从施工养护角度：控制入模温度；必要时内部降温（使内外温差小于 25～30℃）；外部保温保湿。

6.6.2　混凝土在荷载作用下的变形

1. 短期荷载作用下的变形

1）破坏特征

破坏特征共分为四个阶段，如图 6.16 所示。

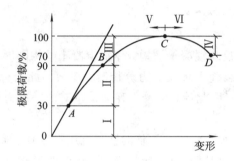

Ⅰ—界面裂缝无明显变化；Ⅱ—界面裂缝增长；Ⅲ—出现砂浆裂缝和连续裂缝；
Ⅳ—连续裂缝迅速发展；Ⅴ—裂缝缓慢增长；Ⅵ—裂缝迅速增长
图 6.16　混凝土受压变形曲线

第一阶段：裂缝无明显变化阶段（收缩裂缝阶段）。当荷载达到"比例极限"（约为极限荷载 30%）以前，裂缝无明显变化，并稍有收缩。混凝土处于弹性工作阶段，荷载与变形是直线关系。

第二阶段：裂缝引发阶段。荷载介于比例极限（30%极限荷载）和临界荷载（70%极限荷载）之间，界面的裂缝数量、长度、宽度逐渐增大，界面借摩擦阻力继续承担荷载，但尚无明显砂浆裂缝。此时变形增大的速度已超过荷载增大的速度。

第三阶段：稳定的裂缝增长阶段。荷载超过临界荷载后，随着荷载增大，裂缝继续扩大，并将和相邻界面裂缝连接汇合，此时变形明显进一步加快，荷载与变形曲线弯向变形轴方向，为极限荷载的 70%～90%，但荷载保持一定不变时，裂缝也停止。

第四阶段：不稳定的裂缝扩展阶段。荷载达到极限荷载之后，荷载不变，裂缝不断扩展。随后应力降低回落，变形继续增大，直至破坏。

2）混凝土的弹塑性变形

混凝土是一种由水泥石、砂、石、孔隙等组成的不匀质的三相复合材料。它既不是一个完全弹性体，也不是一个完全塑性体，而是一个弹塑性体（如图 6.17 所示）。受力时既产生弹性变形，又产生塑性变形，其应力与应变的关系不是直线，而是曲线（如图 6.18 所示）。

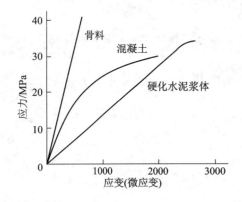

图 6.17 混凝土、骨料、硬化水泥浆体
应力-应变关系

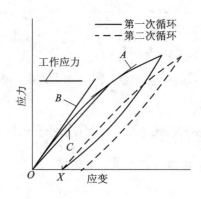

图 6.18 混凝土在加/卸载循环时
应力-应变关系

3）混凝土的弹性模量

混凝土的弹性模量是反映混凝土结构或钢筋混凝土结构刚度大小的重要指标。在计算钢筋混凝土结构的变形，裂缝出现及受力分析时，都须用此指标。但在整个受力过程中，混凝土并非完全弹性变形，因此计算混凝土弹性模量对应的应力 σ 与应变 ε 比值成为一个变量，不能简单加以确定。

实验证明，当静压应力取 0.3～0.5 倍的轴心抗压强度时，随重复施力的进行，每次卸载都残留一部分塑性变形，但随着重复次数增加，塑性变形残留逐渐减少，而此时应力应变的比值趋向于恒定，即得到混凝土静弹性模量，也称割线模量（如图 6.19 所示）。

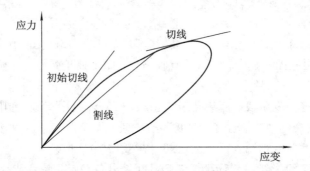

图 6.19 混凝土静弹性模量

当混凝土强度等级从 C10 升至 C60 时，其弹性模量由 1.75×10^4 MPa 增至 3.60×10^4 MPa。影响混凝土弹性模量的因素如下：

（1）水泥用量少，水灰比小，粗细骨料用量较多，弹性模量大。

（2）骨料弹性模量大，混凝土弹性模量大；骨料质量好，级配良好，弹性模量大。

在相同强度的情况下，早期养护温度较低的混凝土具有较大的弹性模量，蒸汽养护混凝土弹性模量较具有相同强度的在标准养护下混凝土的小。

2. 在长期荷载作用下的变形

混凝土在长期荷载作用下，沿着作用力方向的变形会随时间不断增长，即荷载不变，而变形随时间延长不断增长，一般可持续 2～3 年才趋于稳定，这种现象称为徐变（如图 6.20 所示）。

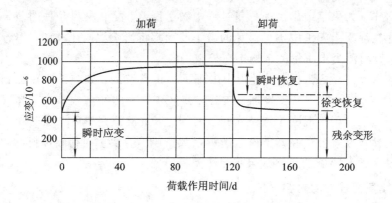

图 6.20　混凝土徐变曲线

混凝土徐变主要是水泥石的徐变引起的,是由于水泥石中的凝胶体在长期荷载作用下的黏性流动,并向毛细孔中流动,同时吸附在凝胶粒子上的吸附水因荷载应力而向毛细孔渗透的结果。

在混凝土的较早龄期加荷,水泥尚未充分水化,所含凝胶体较多,且水泥石中毛细孔较多,凝胶体易流动,所以徐变发展较快;在晚龄期,水泥继续硬化,凝胶体含量相对减少,毛细孔亦少,徐变发展愈慢。

影响混凝土徐变的因素如下:

(1) 水灰比:混凝土的水灰比较小或在水中养护时,徐变较小;

(2) 水泥用量:水灰比相同的混凝土,其水泥用量愈多,徐变愈大;

(3) 骨料的性质:混凝土所用骨料的弹性模量较大时,徐变较小;

(4) 荷载:所受应力越大,徐变越大。

6.7　混凝土的质量控制与强度评定

6.7.1　混凝土质量控制

混凝土的质量控制是实现混凝土施工作业科学管理的重要环节。为生产出高质量的混凝土,应和易性、强度、耐久性以及经济性四个方面入手,通过一定的改善性能的技术措施,调整配合比设计,获得所需的满足混凝土保证率、满足设计要求的混凝土。混凝土质量控制主要涵盖以下三个过程:

(1) 生产前的初步控制:施工人员的配备及培训、施工设备的调试工作、组成材料的检验、配合比的准确性调整等。

(2) 生产过程中的控制:原材料的计量搅拌、运输、振捣、成型、养护等;强度及必要时检验其抗冻性、抗渗性等。

(3) 生产后的合格性控制:硬化后的强度及其他性能指标检测评定。

若干改善措施在实施中必须考虑到混凝土施工环节的独特性的影响。

1. 混凝土施工过程中的影响因素

(1) 正常因素:众所周知,混凝土的制备完成需经过计量、搅拌、运输、振捣、成型、养护等诸多环节，如果其中出现如称量过程中微量误差、配制材料品种的差异等某几个环节波动，这些在混凝土施工中不可避免的微小波动都将影响混凝土质量，但若波动在允许误差范围内，则对混凝土质量的影响不在控制之内。

（2）异常因素：当混凝土施工过程中出现了不正常波动，如施工人员的临时调换，出现搅拌过程随意加水，使水灰比增加；施工人员单纯的考虑经济成本，选取强度等级低的水泥等材料；施工过程中混凝土浇筑时间歇时间过长；浇筑完毕后未及时加以覆盖和浇水养护等。这些异常因素会对混凝土质量造成极大影响，需慎重对待；否则，混凝土配合比定量计算及相关改善措施的最终效果将无法完整呈现。

2. 混凝土质量控制的内容

针对混凝土质量要求的本质而言，可以分为以下两大类：

（1）外观质量。制备完成后的混凝土，如果在其表面出现麻面、蜂窝、露筋等现象，则被视为外观质量不好，尽管这种现象并不会对混凝土性能产生大的影响，但亦应尽量避免，如通过对施工程序加强管理、严格制定保护措施等来规避。

（2）内在质量。混凝土作为重要的结构材料，在其质量管理中，考虑到混凝土的强度与其他性能有较强的相关性，一方面，强度指标反映了混凝土制备、施工完成后其性能的变化状况；另一方面，通过强度控制将混凝土拌合物和易性和混凝土耐久性联系起来，保证了混凝土质量。

6.7.2　混凝土质量强度的评定

1. 混凝土强度的波动规律

混凝土正常生产的情况下，影响因素是随机的，同样混凝土的强度亦会受这些因素的影响，出现随机变化。为寻求及掌握混凝土强度波动的规律，对同一强度要求的混凝土进行随机取样，制作若干组试件，测定其 28 d 龄期的抗压强度，当以抗压强度作为横坐标，以混凝土强度出现的频率为纵坐标，绘制抗压强度频率分布曲线，测试结果表明其强度概率分布曲线趋近于正态分布曲线（见图 6.21）。

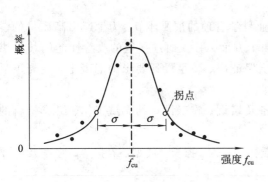

图 6.21　强度正态分布曲线

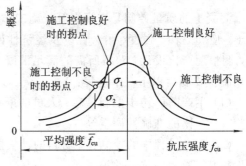

图 6.22　离散程度不同的两条强度分布曲线

混凝土强度正态分布曲线的特点如下：

（1）正态分布曲线呈两边对称，曲线高峰所对应的横坐标为强度平均值，曲线对称轴是强度平均值。这说明混凝土强度离强度平均值越近，出现的概率越大，越远离对称轴，强度出现的概率越小，并缓慢趋于零。曲线与横坐标所组成的面积为概率的总和，即100%。

（2）对称轴两侧的曲线上各有一个拐点，两拐点之间曲线呈向上凸弯，而拐点以外曲线则向下凸弯。

（3）当强度分布曲线高而窄时（见图 6.22），说明混凝土强度测定值相对集中，强度波动较小，反映出混凝土施工过程中质量控制较好，质量均匀，性能较佳；反之，当强度分布曲线低而宽时（见图 6.22），说明混凝土强度测定值较为离散，其波动较大，反映出混凝土施工过程质量控制较差，导致混凝土质量均匀性差。

2. 混凝土强度的特征值

混凝土质量的指标主要包括正常生产控制条件下，混凝土强度的平均值、标准差、变异系数、强度保证率等。

1）强度的平均值 $\overline{f_{cu}}$

强度平均值 $\overline{f_{cu}}$（MPa）为

$$\overline{f_{cu}} = \frac{1}{n}\sum_{i=1}^{n} f_{cu,i} \tag{6-4}$$

式中：n——试件组数；

$f_{cu,i}$——第 i 组混凝土试件的立方体抗压强度值（MPa）。

混凝土的强度平均值对应强度分布曲线中的对称轴，仅表明混凝土强度总体的平均水平，无法说明强度的波动情况，为了更简捷地反映混凝土强度与施工状态的关系，需引入标准差。

2）混凝土强度标准差 σ

混凝土强度标准差 σ（MPa）为

$$\sigma = \sqrt{\frac{\sum_{i=1}^{n} f_{cu,i}^2 - n \cdot \overline{f_{cu}^2}}{n-1}} \tag{6-5}$$

标准差又可称为均方差，其几何意义是强度分布曲线的拐点和强度平均值（对称轴）之间的垂直距离。如图 6.18 所示，强度平均值相同但标准差不同的两条强度分布曲线，图中标准差越大，则混凝土强度离散程度愈大，即说明混凝土均匀性性差，质量不够稳定。可见标准差是评定质量均匀性的一个重要指标。

3）变异系数 C_V

变异系数 C_V 为

$$C_V = \frac{\sigma}{f_{cu}} \tag{6-6}$$

变异系数 C_V 又可称为离散系数或标准差系数，可作为混凝土质量均匀性评定指标之一。考虑到在相同的管理水平下，混凝土标准差会随着强度平均水平的提高而变大，因此无法对强度平均水平不同的混凝土之间进行稳定性比较，但可采用变异系数来进行比较。此时变异系数 C_V 值越小，表明混凝土质量稳定性好，变异系数 C_V 值越大，表明混凝土质量越不稳定。

4) 强度保证率 P

强度保证率 P 为

$$P = \frac{N_0}{N} \tag{6-7}$$

式中：N_0——统计周期内同批混凝土试件强度大于或等于规定强度等级的组数；

N——统计周期内同批混凝土试件总组数，$N \geqslant 25$。

强度保证率 P 是指统计周期内混凝土强度大于或等于要求强度等级值的百分率。强度保证率 P 越高，混凝土质量越稳定，混凝土生产的质量水平越高。

《混凝土强度检验评定标准》GB/T 50107—2010 规定，根据统计周期内混凝土强度的标准差及保证率，将混凝土生产的质量水平划分为优良、一般、差三个等级，见表 6-17。

表 6-17　混凝土生产的质量水平

评定指标	生产单位	生产质量水平					
		优良		一般		差	
混凝土强度标准差 σ/MPa	预拌混凝土厂和预制混凝土构件厂	<C20	≥C20	<C20	≥C20	<C20	≥C20
		≤3.0	≤3.5	≤4.0	≤5.0	≤4.0	≤5.0
	集中搅拌混凝土的施工现场	≤3.5	≤4.0	≤4.5	≤5.5	≤4.5	≤5.5
强度等于或大于混凝土强度等级值的百分率 P/%	预拌混凝土厂、预制混凝土构件厂及集中搅拌混凝土的施工现场	≥95		>85		≤85	

混凝土强度的检验评定应分批进行。根据《混凝土强度检验评定标准》GB/T 50107—2010 中规定方法，混凝土强度评定有统计方法及非统计方法两种，对于大批量、连续生产混凝土的强度应采用统计方法评定。对小批量或零星生产混凝土的强度应按照非统计方法评定。

1. 用统计方法评定

当混凝土的生产条件不同时，其强度的稳定性也不同。统计方法评定有以下几种：

1) 标准差已知方案

连续生产的混凝土，生产条件在较长时间内保持一致，且同一品种、同一强度等级混凝土的强度变异性保持稳定时，每批的强度标准差(σ)可按常数考虑。

强度评定应由连续的 3 组试件组成一个验收批，其强度应同时满足下列规定：

$$\overline{f_{cu}} \geqslant f_{cu.k} + 0.7\sigma \tag{6-8}$$

$$f_{cu.min} \geqslant f_{cu.k} - 0.7\sigma \tag{6-9}$$

当混凝土强度等级不高于 C20 时，其强度的最小值尚应满足下式要求：

$$f_{cu.min} \geqslant 0.85 f_{cu.k} \tag{6-10}$$

当混凝土强度等级高于 C20 时，其强度的最小值尚应满足下式要求：

$$f_{cu,min} \geqslant 0.90 f_{cu,k} \tag{6-11}$$

式中：$f_{cu,k}$——混凝土立方体抗压强度标准值(MPa)；

$f_{cu,min}$——同一验收批混凝土立方体抗压强度的最小值(MPa)；

σ_0——验收批混凝土立方体抗压强度的标准差(MPa)。

根据前一个检验期内同一品种混凝土试件的强度数据，按式(6-12)可计算出验收批混凝土立方体抗压强度的标准差：

$$\sigma_0 = \frac{0.59}{m} \sum_{i=1}^{m} \Delta f_{cu,i} \tag{6-12}$$

式中：$\Delta f_{cu,i}$——第 i 批试件立方体抗压强度最大值与最小值之差；

m——用以确定验收批混凝土立方体抗压强度标注差 σ_0 的数据总批数。

注意：检验期不能超过 3 个月，且该期间内强度数据的总批数应不少于 15。若检验结果满足要求，则该批混凝土强度合格。

2) 标准差未知方案

若较长时间内，混凝土的生产条件、混凝土强度变异性不能维持稳定，或之前检验期内的同一品种混凝土没有足够的数据，则应由不少于 10 组的试件组成一个验收批，且该试件组混凝土强度应符合下列要求：

$$\overline{f_{cu}} - \lambda_1 \cdot \sigma_0 \geqslant 0.9 f_{cu,k} \tag{6-13}$$

$$f_{cu,min} \geqslant \lambda_2 \cdot f_{cu,k} \tag{6-14}$$

式中：λ_1、λ_2——合格判定系数，按表 6-18 取用。

$$\sigma_0 = \sqrt{\frac{\sum_{i=1}^{n} f_{cu,i}^2 - n \cdot \overline{f_{cu}^2}}{n-1}} \tag{6-15}$$

式中：n——同一检验批混凝土试件的组数。

表 6-18 混凝土强度的合格判定系数

混凝土强度等级	10~14	15~19	≥20
λ_1	1.15	1.05	0.95
λ_2	0.9	0.85	0.85

当检验结果满足规定条件时，判定该批混凝土的强度合格。

2. 非统计方法评定

按非统计方法评定混凝土强度，且其强度同时满足下列要求时，该验收批混凝土强度为合格：

$$\overline{f_{cu}} \geqslant \lambda_3 f_{cu,k} \tag{6-16}$$

$$f_{cu,min} \geqslant \lambda_4 f_{cu,k} \tag{6-17}$$

式中：λ_3、λ_4——合格判定系数，按表 6-19 取用。

表 6-19　混凝土强度的非统计法合格判定系数

合格判定系数 n	<C60	≥C60
λ_3	1.15	1.10
λ_4	0.95	0.95

注：验收批的试件组数为 2～9 组。若验收批的混凝土试件仅有一组，则该组试件强度值应不低于强度标准值的 35%。

若混凝土强度不能满足上述要求，则该验收批的混凝土强度为不合格，对于用不合格批混凝土制成的结构或构件应进行鉴定并及时按相关规定进行处理。

6.8　普通混凝土的配合比设计

为了制备满足工程需求的混凝土，不仅要知道如何选择原材料，更需懂得如何进行混凝土配比计算，它将在很大程度上影响生产成本及硬化后的性能。

混凝土配合比设计是指在了解材料的技术性能、工程结构形式、施工条件的前提下，配制混凝土所需的各组成材料数量之间的比例关系。

混凝土配合比常用的表示方法有两种。一种是以 1 m³混凝土中各组成材料的质量表示，如水泥 300 kg、砂 750 kg、石子 1200 kg、水 180 kg；另一种表示方法是以各组成材料相互间的质量比来表示（常以水泥质量为 1），如将上例换算成以下比例：

水泥：砂：石子：水＝1：2.5：4：0.6

6.8.1　混凝土配合比设计的基本要求

确定混凝土配合比的工作，称为配合比设计，混凝土配合比设计优劣将直接影响后期的性能。因此设计确定水泥、水、砂和石子四种材料的用量比例关系时，应满足以下要求：

(1) 满足施工要求的混凝土拌合物的和易性；

(2) 满足结构设计要求的强度等级；

(3) 满足环境与使用条件相适应的耐久性；

(4) 在满足上述要求时，做到成本低廉，符合经济性原则（尽量节约水泥）。

6.8.2　混凝土配合比设计的基本参数

水灰比、单位用水量和砂率是混凝土配合比设计的三个重要参数。

1. 水灰比

水灰比（w/c）是混凝土中水与水泥质量的比值，是影响混凝土强度和耐久性的主要因素。其确定原则是在满足强度和耐久性的前提下，尽量选择较大值，以节约水泥。

2. 砂率

砂率（β_s）是指砂子质量占砂石总质量的百分率。砂率是影响混凝土拌合物和易性的重要指标，特别是对混凝土拌合物的黏聚性和保水性有很大的影响。砂率的确定原则是在保证混凝土拌合物黏聚性和保水性要求的前提下，尽量取较小值。

3. 单位用水量

单位用水量是指 1 m³ 混凝土的用水量，在水灰比确定的情况下，反映混凝土中水泥浆与骨料之间的比例关系。在混凝土拌合物中，水泥浆的多少显著影响混凝土的和易性，同时也影响强度和耐久性。其确定原则是在达到流动性要求的前提下取较小值。

6.8.3 混凝土配合比设计过程

1. 混凝土配合比设计前的准备工作

混凝土配合比设计前必须详尽地了解必要消息，包括以下几方面：

（1）工程性质及要求。每个工程都会对混凝土有不同的要求，混凝土配合比设计应根据工程的实际状况，掌握构件或结构的断面尺寸及配筋情况，了解混凝土的使用环境条件，从而合理地选择混凝土应满足的和易性，由此确定骨料的最大粒径、配制强度，保证设计强度等级，确定设计中的最大水灰比与最小水泥用量，以保证使用耐久性。

（2）原材料的情况。在混凝土配合比设计前，还应掌握水泥的品种、强度等级、密度等基本性能；掌握粗、细骨料的品种、粒径、表观密度、级配、含水率及杂质含量等；掌握水质情况；掌握外加剂与掺和料的品种、性能等。注意原材料必须经过质量检验，符合标准时方可进行设计。

（3）施工质量水平。施工质量的好坏直接影响混凝土配合比是否能达到各项技术要求，设计时诸多参数的最终确定与施工质量水平有关，并产生不容忽视的经济效果。

2. 确定试验配合比

1）确定混凝土配制强度 $f_{cu,0}$

根据设计强度标准值和强度保证率为 95% 的要求，混凝土配制强度按下式计算：

$$f_{cu,0} \geqslant f_{cu,k} + 1.645\sigma \tag{6-18}$$

式中：$f_{cu,0}$——混凝土立方体配制强度（MPa）。

混凝土土强度标准差应按下列规定确定：

（1）当施工单位具有近 1~3 个月的同一品种、同一强度等级混凝土的抗压强度资料时，混凝土强度标准差 σ 应按式（6-9）计算。对于强度等级不大于 C30 的混凝土，当计算值 $\sigma \geqslant 3.0$ MPa 时，σ 取实际计算值，当计算值 $\sigma < 3.0$ MPa 时，σ 取 3.0 MPa。强度等级高于 C30 且不大于 C60 的混凝土，当计算值 $\sigma \geqslant 4.0$ MPa 时，σ 取实际计算值，当计算值 $\sigma < 4.0$ MPa 时，σ 取 4.0 MPa。

（2）当施工单位近期不具有同一品种、同一强度等级混凝土强度资料时，其强度标准差可按表 6-20 规定的值取用。但同时也要结合施工单位实际情况（尤其是生产质量管理水平），适当调整确定。

表 6-20 混凝土强度标准差

混凝土强度等级	<C20	C20~C45	C50~C55
混凝土强度标准差 σ/MPa	4.0	5.0	6.0

2）初步确定水灰比（w/c）

根据已确定的混凝土配制强度，水泥的实际强度及石子类型，按混凝土强度经验公式计算水灰比：

$$f_{cu.0} = \alpha_a \cdot f_{ce} \cdot \left(\frac{w}{c} - \alpha_b \right) \tag{6-19}$$

式中：α_a、α_b——粗骨料回归系数，《普通混凝土配合比设计规程》(JGJ 55－2011)规定对于碎石混凝土，$\alpha_a = 0.53$，$\alpha_b = 0.20$；对于卵石混凝土，$\alpha_a = 0.49$，$\alpha_b = 0.13$；

$\dfrac{w}{c}$——水灰比；

f_{ce}——水泥 28 d 抗压强度实测值(MPa)。

再根据混凝土的实际使用环境条件(参考《普通混凝土配合比设计规程》JGJ 55－2011)，由表 6-21 查出相应的最大水灰比限值。最终在由强度和耐久性所得的水灰比中，选取较小值为所求水灰比。

表 6-21　混凝土最大水灰比和最小水泥用量限值

环境条件		结构物类别	最大水灰比			最小水泥用量/(kg/m³)		
			素混凝土	钢筋混凝土	预应力混凝土	素混凝土	钢筋混凝土	预应力混凝土
干燥环境		正常的居住或办公用房内	/	0.65	0.60	200	240	300
潮湿环境	无冻害	高湿度的室内；室外部件；在非侵蚀性土或水中的部件	0.70	0.60	0.60	225	280	300
	有冻害	经受冻害的室外部件；在非侵蚀性土和(或)水中且经受冻害的部件；高湿度且经受冻害的室内部件	0.55	0.55	0.55	250	280	300
有冻害和除冰剂的潮湿环境		经受冻害和除冰剂作用的室内和室外部件	0.50	0.50	0.50	300	300	300

3）确定 1 m³ 混凝土的用水量

根据具体工程的施工要求的坍落度值和已选用的粗骨料的种类及最大粒径，参照混凝土的单位用水量选用表(见表 6-22)选取单位用水量。

对流动性和大流动性混凝土的用水量的确定，按下列步骤进行：

(1) 根据混凝土的单位用水量选用表(见表 6-22)中坍落度为 90 mm 的用水量为基础，按坍落度每增大 20 mm，用水量增加 5 kg，计算出未掺外加剂时的混凝土的用水量。

(2) 掺外加剂时的混凝土用水量可按下式计算：

$$m_{wa} = m_{w0}(1 - \beta) \tag{6-20}$$

式中：m_{wa}——掺外加剂混凝土每立方米的用水量(kg)；

m_{w0}——未掺外加剂混凝土每立方米的用水量(kg)；

β——外加剂的减水率(%)，应经试验确定。

（3）确定 1 m³ 混凝土的水泥用量。

根据已确定的用水量和水灰比，通过下式计算水泥用量：

$$m_{c0} = m_{w0} \times \frac{w}{c} \qquad (6-21)$$

式中：m_{c0}——每立方米混凝土的水泥用量（kg）。

为了保证混凝土的耐久性需求，式（6-21）所求的水泥用量，还应满足表 6-21 中规定的最小水泥用量的要求，若计算所得小于规定的最小水泥用量值，则应取表 6-21 中规定的最小水泥用量。

表 6-22　混凝土的单位用水量选用　　　　　　　　　　　　kg/m³

项目	指标	卵石最大粒径/mm				碎石最大粒径/mm			
		10	20	31.5	40	16	20	31.5	40
坍落度 /mm	10～30	190	170	160	150	200	185	175	165
	35～50	200	180	170	160	210	195	185	175
	55～70	210	190	180	170	220	205	195	185
	75～90	215	195	185	175	230	215	205	195
维勃稠度 /s	16～20	175	160	—	145	180	170	—	155
	10～15	180	165	—	150	185	175	—	160
	5～10	185	170	—	155	190	180	—	165

注：① 本表用水量系采用中砂时的平均取值，采用粗砂/细砂时，1 m³ 混凝土用水量可适当增/减 5～10 kg。

② 掺用各种外加剂或外掺材料时，用水量应相应调整。

③ 本表不适用于水灰比小于 0.4 或大于 0.8 的混凝土以及特殊成型工艺的混凝土。

4）选取合理砂率

合理砂率应使所制备的混凝土拌合物具有良好的和易性（尤其是黏聚性和保水性），一般可根据试验找到合理砂率，若无经验也可根据已知的粗骨料的种类及最大粒径、已确定的混凝土水灰比，按表 6-23 选用合理的砂率值。

表 6-23　混凝土砂率选用　　　　　　　　　　　　　　　%

水灰比（w/c）	卵石最大粒径/mm			碎石最大粒径/mm		
	10	20	40	16	20	40
0.40	26～32	25～31	24～30	30～35	29～34	27～32
0.50	30～35	29～34	28～33	33～38	32～37	30～35
0.60	33～38	32～37	31～36	36～41	35～40	33～38
0.70	36～41	35～40	34～39	39～44	38～43	36～41

注：(1) 表中数值系中砂选用的砂率，对细砂或者粗砂，可相应地减少或增大砂率；

(2) 只用一个单粒级粗骨料配置混凝土时，砂率应适当增大；

(3) 对薄壁构件砂率取偏大值；

(4) 本表中的砂率系指砂与骨料总量的重量比。

5）确定 1 m³ 混凝土的砂、石用量

计算砂、石用量有体积法和质量法。

（1）体积法：假设各组成原材料绝对体积及混凝土拌合物中所含空气体积之和即为 1 m³ 混凝土拌合物的体积。列出以下联立式，求得砂、石用量：

$$\begin{cases} \dfrac{m_{c0}}{\rho_c} + \dfrac{m_{s0}}{\rho_s} + \dfrac{m_{g0}}{\rho_g} + \dfrac{m_{w0}}{\rho_w} + 0.01\alpha = 1 \\[2mm] \dfrac{m_{s0}}{m_{s0} + m_{g0}} = \beta_s \end{cases} \qquad (6-22)$$

式中：m_{c0}、m_{s0}、m_{g0}、m_{w0}——每立方米混凝土的水泥、砂、石和水的用量（kg）；

　　　ρ_c——水泥密度（kg/m³）；

　　　ρ_g——石子（粗骨料）的表观密度（kg/m³）；

　　　ρ_s——砂（细骨料）的表观密度（kg/m³）；

　　　ρ_w——水的密度（可取 1000 kg/m³）；

　　　α——混凝土的含气量百分比数（在不使用引气型外加剂时，可取 1）；

　　　β_s——砂率（%）。

（2）质量法：假定所配置的混凝土拌合物湿表观密度值（可根据本单位累计的试验资料确定，在无资料时可按 2350～2450 kg/m³ 范围内选定），根据组成原材料之间的质量关系，计算各材料的用量。按下列联立式求砂、石各自的用量：

$$\begin{cases} m_{c0} + m_{s0} + m_{g0} + m_{w0} = m_{cp} \\[2mm] \dfrac{m_{s0}}{m_{s0} + m_{g0}} = \beta_s \end{cases} \qquad (6-23)$$

式中：m_{cp}——每立方米混凝土拌合物的假定质量。其他符号意义同体积法。

经上述计算，即可取得初步配合比，也就是 1 m³ 混凝土各组成材料用量 m_{c0}、m_{s0}、m_{g0}、m_{w0}。也可求出水泥用量为 1 时的各材料的比值：

$$m_{c0} : m_{s0} : m_{g0} : m_{w0} = 1 : \dfrac{m_{s0}}{m_{c0}} : \dfrac{m_{g0}}{m_{c0}} : \dfrac{m_{w0}}{m_{c0}} \qquad (6-24)$$

以上混凝土配合比计算公式和表格，均以干燥状态下的骨料（指含水率小于 0.5% 的细骨料或含水率小于 0.2% 的粗骨料）为基准。若以饱和面干骨料为基准进行计算，则需适当调整。

3. 确定基准配合比

上述求得的初步配合比的各材料用量是借助于经验公式、图表算出或查得的，还需要通过试验及试配调整来验证其能否满足设计要求。试拌制混凝土的数量，应结合骨料的最大粒径及搅拌机容量、混凝土检验项目等来确定。试拌制混凝土拌合物的数量见表 6-24。

表 6-24　混凝土试配拌合物的数量

骨料最大粒径/mm	拌合物数量
31.5 以下	15
40	25

按初步配合比称取实际工程中使用的原材料进行试拌,搅拌均匀,并测定其坍落度,同时观察其黏聚性和保水性。

若坍落度大于(或小于)设计要求值,可保持水灰比不变,相应地减少(或增加)水泥浆用量。一般而言,普通混凝土每增加或减少 10 mm 坍落度,需增加或减少 5% 的水泥浆。当坍落度比要求稍大时,除以上方法,还可在维持砂率不变的情况下,增加骨料用量。若拌合物黏聚性、保水性差,则可维持砂率不变,增加骨料用量 5%。这样重复测试,直至符合要求为止。

然后测出混凝土拌合物实测湿表观密度,并计算出 1 m³ 混凝土中的实际用量,得出和易性已满足要求的供检验混凝土强度用的基准配合比,即 $m_{c0}:m_{s0}:m_{g0}:m_{w0}$。

$$m_{ca}:m_{sa}:m_{ga}:m_{wa}=1:\frac{m_{sa}}{m_{ca}}:\frac{m_{ga}}{m_{ca}}:\frac{m_{wa}}{m_{ca}} \tag{6-25}$$

混凝土配合比除和易性满足要求外,还要进行强度复核。复核检验时至少采用 3 个不同水灰比的配合比,其中一个为基准配合比,另两个配合比在基准配合比的水灰比的基础上分别增加和减少 0.05,其用水量应与基准配合比相同,但砂率值可略作调整(增加和减少 1%)。混凝土拌合物均应满足和易性要求,并测定各自的湿表观密度。

各配合比的混凝土拌合物分别制成两组强度试块,标准养护 28 d 后测其立方体抗压强度值。

4. 确定设计配合比(又称试验室配合比)

(1) 根据试验得出的混凝土强度与对应的水灰比,用作图法(不同水灰比值的立方体抗压强度标在以强度为纵轴、水灰比为横轴的坐标上,就可得到强度-水灰比的线性关系)或计算法求出混凝土配制强度($f_{cu,0}$)相对应的水灰比值,即设计所需的水灰比值。按强度检验结果修正配合比,求得各材料用量。

① 用水量:在基准配合比中的用水量基础上根据制作强度试块时测得的坍落度值加以适当调整。

② 水泥用量:取用水量乘以选定的水灰比(由强度-水灰比关系直线上定出的为达到试配强度 $f_{cu,0}$ 所确定的水灰比)求得。

③ 砂石用量:在基准配合比中的砂石用量的基础上,按选定的水灰比进行调整后确定。

(2) 以拌合物实测湿表观密度值对配合比进行修正,并按下式进行校正:

$$\delta=\frac{\rho_{c,t}}{m'_{ca}+m'_{sa}+m'_{ga}+m'_{wa}}=\frac{\rho_{c,t}}{\rho_{c,c}} \tag{6-26}$$

式中:δ——湿表观密度校正系数;

m'_{ca}、m'_{sa}、m'_{ga}、m'_{wa}——修正配合比每立方米混凝土中水泥、砂、石、水的用量(kg);

$\rho_{c,t}$——混凝土拌合物湿表观密度实测值(kg/m³);

$\rho_{c,c}$——混凝土拌合物湿表观密度计算值(kg/m³)。

注:当湿表观密度实测值与计算值之差的绝对值不超过计算值的 2% 时,可不进行表观密度修正。

将混凝土配合比中的各材料用量均乘以修正系数 δ,得到最终确定的设计配合比:

水泥用量　　　$m_{cb} = \delta m_{ca}'$

水用量　　　　$m_{wb} = \delta m_{wa}'$

砂用量　　　　$m_{sb} = \delta m_{sa}'$

石子用量　　　$m_{gb} = \delta m_{ga}'$

式中：m_{cb}、m_{sb}、m_{gb}、m_{wb}——设计配合比每立方米混凝土中水泥、砂、石、水的用量（kg）。

5. 确定施工配合比

上述设计配合比中材料是假定原材料在干燥状态下计算的，但施工现场的砂、石一般为非干燥状态，且施工现场的砂、石的含水率随空气的干湿状态发生变化。为保证混凝土质量，应根据现场砂、石含水率对试验配合比进行修正。修正后的混凝土配合比称为施工配合比。

假定施工现场实测砂含水率为 $a\%$，石子含水率为 $b\%$，则 1 m³ 的混凝土的施工配合比为

$$m_c = m_{cb}$$
$$m_s = m_{sb}(1 + a\%)$$
$$m_g = m_{gb}(1 + b\%)$$
$$m_w = m_{wb} - (m_{sb} \times a\% + m_{gb} \times b\%)$$

即

$$m_c : m_s : m_g : m_w = 1 : \frac{m_s}{m_c} : \frac{m_g}{m_c} : \frac{m_w}{m_c}$$

6.8.4　混凝土配合比设计举例

某室内现浇钢筋混凝土梁，要求混凝土的强度等级为 C25，不受风雪影响，施工采用机械搅拌合机械振捣，要求坍落度为 30～50 mm，施工单位无近期混凝土强度统计资料，施工单位生产质量水平优良 $\sigma = 5.0$ MPa。所用原材料如下：

水泥：普通硅酸盐水泥，密度为 3100 kg/m³，实测强度为 48 MPa；

砂：中砂，级配合格，表观密度为 2650 kg/m³；

石子：碎石，最大粒径为 20 mm，级配合格，表观密度为 2700 kg/m³；

水：自来水，不掺外加剂。

假设施工现场砂含水率为 2%，碎石为 1%，试设计混凝土配合比。

解：（1）确定混凝土配置强度。

当混凝土强度等级为 C25 时，取 $\sigma = 5.0$ MPa。

$$f_{cu,0} = f_{cu,k} + 1.645\sigma = 25 \text{ MPa} + 1.645 \times 2.5 \text{ MPa} = 33.2 \text{ MPa}$$

（2）确定水灰比。

碎石：$\sigma_a = 0.53$，$\sigma_b = 0.20$。

$$\frac{w}{c} = \frac{\alpha_a f_{ce}}{f_{cu,0} + \alpha_a \alpha_b f_{ce}} = \frac{0.53 \times 48 \text{ MPa}}{33.2 \text{ MPa} + 0.53 \times 0.20 \times 48 \text{ MPa}} = 0.66$$

查表 6-21 可知，不受风雪影响的干燥环境中钢筋钢筋混凝土最大水灰比为 0.65，故取 0.65。

（3）确定单位用水量。

查表 6-22 可知：$m_{w0}=195$ kg/m^3。

（4）确定水泥用量。

$$m_{c0}=\frac{195}{0.65}\ \text{kg/m}^3=300\ \text{kg/m}^3$$

查表 6-21 可知，对应最小水泥用量，故取 300 kg/m^3。

（5）确定砂率。

查表 6-24 可知，取砂率 $\beta_s=36\%$。

（6）计算砂、石用量。

① 采用质量法计算：

$$300\ \text{kg/m}^3+m_{s0}+m_{g0}+195\ \text{kg/m}^3=2400\ \text{kg/m}^3$$

$$\frac{m_{s0}}{m_{s0}+m_{g0}}\times100\%=36\%$$

解得

$$m_{s0}=686\ \text{kg/m3},\ m_{g0}=1219\ \text{kg/m}^3$$

② 采用体积法计算：

$$\frac{300\ \text{kg/m}^3}{3100\ \text{kg/m}^3}+\frac{m_{s0}}{2650\ \text{kg/m}^3}+\frac{m_{g0}}{2700\ \text{kg/m}^3}+\frac{195\ \text{kg/m}^3}{1000\ \text{kg/m}^3}+0.01=1$$

$$\frac{m_{s0}}{m_{s0}+m_{g0}}\times100\%=36\%$$

解得

$$m_{s0}=677\ \text{kg/m}^3,\ m_{g0}=1204\ \text{kg/m}^3$$

（7）确定初步配合比。

根据上述计算结果，得出 1 m^3 混凝土的初步配合比：

$$m_{c0}:m_{s0}:m_{g0}:m_{w0}=1:\frac{m_{s0}}{m_{c0}}:\frac{m_{g0}}{m_{c0}}:\frac{m_{w0}}{m_{c0}}$$
$$=300:686:1219:195$$
$$=1:2.29:4.06:0.65$$

（8）确定试验室配合比。

① 试配用量确定。

石子 $D_{max}=20$ mm，取 15 L 拌合物所需材料：

水泥：300 kg/m^3×0.015 m^3=4.5 g

砂子：10.29 kg

石子：18.28 kg

水：2.92 kg

② 和易性评定与调整。

经试验测得坍落度值小于 30 mm，故保持 $w/c=0.65$ 不变，增加水泥浆数量 4%。

调整后的材料用量为

水泥：4.68 kg

砂子：10.29 kg

石子：18.28 kg

水：3.04 kg

总质量：36.29 kg

经搅拌后，测得坍落度为 40 mm，满足坍落度要求，观察其黏聚性、保水性均良好。实测混凝土拌合物表观密度为 2415 kg/m³，则 1 m³ 混凝土各材料用量为

$$\text{水泥：} \frac{4.68 \text{ kg}}{36.29 \text{ kg}} \times 2415 \text{ kg/m}^3 \times 1 \text{ m}^3 = 311 \text{ kg}$$

$$\text{水：} \frac{3.04 \text{ kg}}{36.29 \text{ kg}} \times 2415 \text{ kg/m}^3 \times 1 \text{ m}^3 = 202 \text{ kg}$$

$$\text{砂子：} \frac{10.29 \text{ kg}}{36.29 \text{ kg}} \times 2415 \text{ kg/m}^3 \times 1 \text{ m}^3 = 685 \text{ kg}$$

$$\text{石子：} \frac{18.28 \text{ kg}}{36.29 \text{ kg}} \times 2415 \text{ kg/m}^3 \times 1 \text{ m}^3 = 1217 \text{ kg}$$

基准配合比为

$$\text{水泥：砂：石：水} = 311 : 685 : 1217 : 202$$
$$= 1 : 2.02 : 3.91 : 0.65$$

③ 强度复核。

在基准配合比的基础上，拌制 3 组不同水灰比（一组是基准配合比的水灰比 0.65，另外 2 组为 0.60 和 0.70）的混凝土。经试拌后，均满足混凝土和易性的要求，无需再调整骨料用量。测其实际湿表观密度，水灰比 0.60 的混凝土测得 2420 kg/m³，水灰比 0.70 的混凝土测得 2400 kg/m³。制作 3 组混凝土立方体试件，经 28 d 标准养护后测得抗压强度值如下：

水灰比 w/c	0.60	0.65	0.70
抗压强度/MPa	25.8	24.3	23.5

根据 3 组试件抗压强度试验结果可知，水灰比为 0.65 的基准配合比的混凝土强度满足并接近配置强度要求，可定为实验室配合比。

（9）确定施工配合比。

将设计配合比换算成现场施工配合比，用水量应扣除砂、石所含的水量，而砂、石用量应增加扣除的部分，所以施工配合比为

$$m_c' = 311 \text{ kg}$$

$$m_s' = 685 \text{ kg} \times (1 + 2\%) = 699 \text{ kg}$$

$$m_c' = 1217 \text{ kg} \times (1 + 1\%) = 1229 \text{ kg}$$

$$m_w' = 202 \text{ kg} - 685 \text{ kg} \times 2\% - 1217 \text{ kg} \times 1\% = 176 \text{ kg}$$

6.9　其他混凝土

普通混凝土虽已广泛用于各类建筑工程，但随着科学技术不断发展及满足不同工程的需要，开发了不同种类、不同功能性的混凝土，如轻混凝土、高强混凝土、抗渗混凝土、聚合物混凝土等。这些新品种混凝土都有其特殊的性能及施工方法，相比于普通混凝土更适用于某些特殊领域。

6.9.1　轻混凝土

轻混凝土是指干表观密度小于 $1950\ kg/m^3$ 的混凝土，包括轻骨料混凝土、多孔混凝土和大孔混凝土。

1. 轻骨料混凝土

用轻粗骨料、轻细骨料或普通砂和水泥配制成的混凝土称为轻骨料混凝土。

考虑到轻骨料的种类较多，故轻骨料混凝土常用轻骨料的种类命名，如粉煤灰陶粒混凝土、浮石混凝土等。

轻骨料一般指多孔的人造轻骨料（以地方材料为原料，经加工而成的轻骨料，如黏土陶粒、页岩陶粒及其轻砂，以及膨胀珍珠岩）、工业废料轻骨料（以工业废料为原料，经加工而成的轻骨料，如粉煤灰陶粒、膨胀矿渣、白燃煤矸石及轻砂）、天然轻骨料（为天然的多孔岩石，如浮石、火山渣及其轻砂）。

鉴于轻骨料大多具有微小的气孔，较低的表观密度，因而所制备的轻骨料混凝土自重轻、弹性模量一般比同强度等级的普通混凝土低 20%～50%。在各种应力的作用下，轻骨料混凝土的结构变形超过同样情况下普通混凝土结构变形的 1.5～2 倍。改善了建筑物的抗震性能及抵抗动荷载的能力，相对普通混凝土，其减震效果好。

轻骨料混凝土的导热系数低，保温性能好。表观密度为 $600～1900\ kg/m^3$ 的轻骨料混凝土，其导热系数为 $0.23～0.52\ W/(m \cdot K)$，可用于建筑物的围护结构或承重构件。

轻骨料混凝土中水泥水化充分，水泥石毛细孔少，与同强度等级的普通混凝土相比，抗渗性及抗冻性大为改善，抗渗等级可达 P25，抗冻等级可达 F150。因轻骨料能与水泥石中的氢氧化钙反应，减少水泥石中的氢氧化钙的含量，从而提高了轻骨料混凝土的抗化学侵蚀能力。

随着水泥标号及用量的改变，轻骨料混凝土的强度和表观密度也会有较大的变化。轻骨料混凝土的强度等级划分为 LC5.0、LC7.5、LC10、LC15、LC20、LC25、LC30、LC35、LC40、LC45、LC50。轻骨料混凝土按其干表观密度（单位 kg/m^3）分为自 800 至 1900 等 14 个密度等级。

结合轻骨料混凝土的强度等级和表观密度，可将其按用途分为三大类，如表 6 - 25 所示。

表 6-25 轻骨料混凝土按用途分类

类别名称	混凝土强度等级的合理范围	混凝土密度等级的合理范围	用途
保温轻骨料混凝土	LC5.0	800	主要用于保温的围护结构或热工的构筑物
结构保温轻骨料混凝土	LC5.0 LC7.5 LC10 LC15	800~1400	主要用于既承重又保温的围护结构
结构轻骨料混凝土	LC15 LC20 LC25 LC30 LC35 LC40 LC45 LC50	1400~1900	主要用于承重构件、预应力构件或构筑物

2. 多孔混凝土

多孔混凝土是指在水泥浆中均匀分布大量封闭的细小气孔或开口毛细孔而无粗骨料的轻混凝土。多孔混凝土孔隙率大，表观密度小，导热系数小，有承重及保温功能，可制成薄板、砌块和绝热制品等。多孔混凝土制品便于切割、锯解和钉钉，在工业和民用建筑中应用较广，应用较多的是加气混凝土和泡沫混凝土。

加气混凝土是由含硅材料(石英砂、粉煤灰、矿渣、页岩等)、含钙材料(水泥、石灰)、发气剂(铝粉)加水制备而成的。搅拌均匀时铝粉与氢氧化钙反应释放氢气，形成气泡，经蒸压或蒸养制备生成多孔结构。加气混凝土可制备配筋板，用于屋面和墙体构件，可用作楼板，也可用于制备砌块、保温管套等。

泡沫混凝土是将水泥与泡沫剂拌合后硬化而成的一种多孔混凝土。常用的泡沫剂有松香皂泡沫剂，由松香溶入碱溶液中，再与胶液搅拌而成的泡沫剂。将泡沫剂用水稀释，使用机械搅拌，形成大量的稳定泡沫，再将泡沫拌入水泥浆中搅拌均匀，浇筑成型，采用蒸汽或蒸压养护制成泡沫混凝土。在泡沫混凝土中掺入粉煤灰、石英粉、矿渣等硅质材料可以代替部分水泥，有的也可以完全不用水泥，如蒸压泡沫硅酸盐制品就是用粉煤灰、石灰和石膏作为胶凝材料，经蒸压处理而成的一种泡沫混凝土。泡沫混凝土可作为楼板或墙板的保温绝热层。

3. 大孔混凝土

大孔混凝土是由粒径相近的粗骨料、水泥和水配制而成的轻混凝土。无砂大孔混凝土指的是配制过程完全不含砂；少砂大孔混凝土在配制过程中仅含少量砂。

无砂大孔混凝土中不含细骨料,且水泥用量少,一般为 100~250 kg/m³,水泥浆仅包裹石子表面,将石子胶结在一起。混凝土中含大量较大的孔洞,孔洞大小与粗骨料粒径相近。无砂大孔混凝土导热性低,透水性较好,可用作绝热材料及滤水材料,常用作排水暗管、井壁滤管;鉴于混凝土表面有大量孔洞,使抹灰工程施工方便。

无砂大孔混凝土的抗压强度、抗拉强度比普通混凝土低,适当掺入一定量的砂子可提高强度,但表观密度也随之增加。

6.9.2　高强混凝土

高强混凝土是指强度等级为 C60 及 C60 以上的混凝土,目前主要用于桥梁、轨枕、高层建筑的基础和柱等构件。

高强混凝土具有以下特点:抗压强度高,大幅度提升了钢筋混凝土受压构件的承载能力;在同等受力条件下,能减小受压构件的体积,降低成本;其结构致密坚硬,抗渗性、耐蚀性、抗冻性、抗冲击性均优于普通混凝土;能适应现代工程结构向大跨度、重载、高耸发展和承受恶劣环境条件的需要,获得明显的工程效益和经济效益。掺入高效减水剂及超细掺和料,使普通施工条件下制得高强混凝土成为可能。高强混凝土的脆性比普通混凝土高,尽管拉压、抗剪强度随抗压强度的提高有所增加,但拉压比和剪压比却随之降低。

配制高强混凝土时,应注意以下几点:

(1)优质原材料:选用强度等级不低于 42.5 级的硅酸盐水泥或普通硅酸盐水泥,水泥用量应小于 550 kg/m³;选用坚硬致密、级配良好的骨料,对强度等级为 C60 的混凝土,其粗骨料的最大粒径不应大于 31.5 mm,高于 C60 的混凝土,其粗骨料的最大粒径不应大于 25 mm;掺用高效减水剂或缓凝高效减水剂;掺用优质或超细矿物掺和料,且宜复合使用矿物掺和料。混凝土的水泥和矿物掺和料的总量不应大于 600 kg/m³。

(2)优化混凝土配合比:按《普通混凝土配合比设计规程》JGJ 55－2011 的有关规定进行,并试配优化后确定。

(3)加强生产质量管理,严格控制每个生产细节。

6.9.3　高性能混凝土

高强混凝土在工程中的应用越来越广泛,但大量的工程实践也表明,当混凝土强度等级提高时,其拉压比降低,混凝土的韧性下降、脆性增大。同时,由于配制过程中水泥用量较多,混凝土的水化热增大,自收缩变大,干缩现象较为严重,易产生裂缝。因此,混凝土研究领域开始了高性能混凝土的研究和开发。

高性能混凝土应具有高抗渗性、高体积稳定性(低徐变、低干缩、高弹性模量和低温度应变率)、适当高的抗压强度、良好的施工性(高黏聚性、高流动性、达到自密实)。

高性能混凝土非等同于高强混凝土。高性能混凝土比高强度混凝土具有更为有利于工程长期安全使用与便于施工的优异性能,具有比高强混凝土有更为广阔的应用前景。

配制高性能混凝土过程中应注意以下几点:

(1)应掺入与所用水泥相容的高效减水剂,降低水灰比,提高强度。

(2)应掺入一定量的活性的矿物掺和料,如磨细矿渣、硅灰、优质粉煤灰等,利用其微粒效应和火山灰活性,增加混凝土的密实性,提高强度。

（3）选用合适的骨料，注意配制所用的粗骨料的强度、针、片状颗粒的质量分数、最大粒径等参数选择，应选择粗骨料粒径不宜过大，在配制 60～100 MPa 的高性能混凝土时，粗骨料最大粒径可取 20 mm 左右；配制 100 MPa 以上的高性能混凝土，粗骨料的最大粒径应不大于 10～12 mm。

随着土木工程技术的发展，高性能混凝土将会得到广泛的推广和应用。

6.9.4　抗渗混凝土

抗渗等级不小于 P4 级的混凝土简称抗渗混凝土。

通过改善骨料的颗粒级配，粗骨料最大粒径不宜大于 40 mm，含泥量不得大于 1.0%，泥块含量不得大于 0.5%；细骨料的含泥量不得大于 3.0%，泥块含量不得大于 1.0%；适当的提升水泥用量，并添加适当的外加剂（防水剂、膨胀剂、引气剂、减水剂或引气减水剂），掺用一定的矿物掺和料，可提升混凝土的均匀程度及密实性。

抗渗混凝土配合比设计，应符合以下规定：每立方米混凝土中水泥和矿物掺和料总量不宜小于 320 kg；砂率宜为 35%～45%。掺用引气剂的抗渗混凝土，其含气量宜控制在 3%～5%。

进行抗渗混凝土配合比设计时，应增加抗渗性能试验，试配要求的抗渗水压值应比设计值提高 0.2 MPa。

6.9.5　纤维混凝土

纤维混凝土是以普通混凝土为基材，掺入短而细的分散性纤维材料制备而成。常见的纤维材料有尼龙纤维、聚乙烯纤维、聚丙烯纤维、钢纤维、碳纤维、玻璃纤维等。纤维材料均匀地分布在混凝土中，能够有效降低混凝土的脆性，同时提高抗拉、抗弯抗裂及抗冲击等性能。

纤维混凝土目前已在路面、桥面、飞机跑道、管道、屋面板等多方面得以实践，并取得较好的应用效果，以后将会在土木工程建设中得到更广泛的实践。

6.9.6　大体积混凝土

大体积混凝土是指混凝土结构物实体的最小尺寸不小于 1 m，或因水泥水化热引起混凝土的内外温差过大而导致裂缝的混凝土。

大体积混凝土配合比的计算和试配步骤应按《普通混凝土配合比设计规程》JGJ 55－2011 的规定进行，并在配合比确定后进行水化热的验算或测定。譬如桥墩、大型水坝、高层建筑的基础等工程所使用的混凝土，都应按大体积混凝土设计和施工。

为了减少因水化热引起的温度应力，在选择原材料时，应选用水化热低和凝结时间长的水泥（低热硅酸盐水泥、粉煤灰硅酸盐水泥、低热矿渣硅酸盐水泥、矿渣硅酸盐水泥、火山灰质硅酸盐水泥等）；当采用硅酸盐水泥或普通硅酸盐水泥时，可掺用缓凝剂、减水剂和能减少水泥水化热的掺和料，用以延缓水化热的释放。

6.9.7　聚合物混凝土

聚合物混凝土是由有机聚合物、无机胶凝材料和骨料结合而成的一种新型混凝土，聚合物混凝土按其组合及制作工艺可分以下三种。

1. 聚合物水泥混凝土(PCC)

聚合物水泥混凝土是指水溶性聚合物与水泥共同作为胶凝材料,并掺入砂或其他骨料制成的混凝土。通过聚酯乙烯、橡胶乳胶、甲基纤维素等水溶性有机胶凝材料代替部分水泥,聚合物的硬化和水泥的水化同时进行,聚合物能均匀分布于混凝土内,并填充水泥水化物和骨料之间的空隙,与水泥水化物结合成一个整体,从而改善混凝土的抗渗性、耐蚀性、耐磨性及抗冲击性,并可提高抗拉及抗折强度。由于其制作简便,成本较低,故实际应用较多,目前主要用于现场浇筑无缝地面、耐腐蚀性地面及修补混凝土路面、机场跑道面层和做防水层等。

2. 聚合物浸渍混凝土(PIC)

聚合物浸渍混凝土是以混凝土为基材,通过浸渍的方法将聚合物有机单体渗入混凝土中,再用加热或放射线照射的方法使其进入到空隙中的单体聚合,从而使混凝土与聚合物形成一个整体。

单体可采用甲基丙烯酸甲酯、苯乙烯、醋酸乙烯、乙烯、丙烯酯、聚酯一苯乙烯等。此外,还需加入催化剂和交联剂等。

在聚合物浸渍混凝土中,聚合物填充了混凝土的内部空隙和微裂缝,形成了连续、相互穿插的空间网络,构成了完整的结构,提升了混凝土的密实度。因此,聚合物浸渍混凝土具有高强度(抗压强度可达 200 MPa 以上,抗拉强度可达 10 MPa 以上)、高防水性以及抗冻性、抗冲击性、耐蚀性和耐磨性均有显著提高,适用于要求高强度、高耐久性的特殊构件,尤其是储运液体的有筋管、无筋管、坑道等;但其造价高、工艺复杂,目前主要用于海上采油平台、隧道衬砌、海洋构筑物等。

3. 聚合物胶结混凝土(PC)

聚合物胶结混凝土是一种将合成树脂作为胶结材料的一种聚合物混凝土,又可称为树脂混凝土。利用环氧树脂、不饱和聚酯树脂等热固性树脂取代水泥。

相比普通混凝土,聚合物胶结混凝土有较高的强度、良好的抗渗性、抗冻性、耐蚀性、耐磨性、很强的黏结力等优点,但其硬化时收缩大,耐火性差,成本较高,限制了在工程中的实际应用,目前主要用于机场跑道面层、耐腐蚀的化工结构、混凝土构件的修补等。

复习思考题

1. 普通混凝土是由哪些材料组成的?它们在硬化前后各起什么作用?

2. 简述砂颗粒级配、细度模数的概念及测试和计算方法。

3. 简述石子最大粒径、针片状、压碎指标的概念及测试和计算方法。

4. 简述粗骨料最大粒径的限制条件。

5. 简述减水剂的作用机理和使用效果。

6. 从技术经济及工程特点考虑,针对大体积混凝土、高强混凝土、普通现浇混凝土、混凝土预制构件、喷射混凝土和泵送混凝土工程或制品,选用合适的外加剂品种,并简要说明理由。

7. 混凝土拌合物和易性的含义是什么？如何评定？影响和易性的因素有哪些？

8. 在测定混凝土拌合物和易性时，可能会出现以下四种情况：① 流动性比要求的小；② 流动性比要求的大；③ 流动性比要求的小，而且黏聚性较差，④ 流动性比要求的大，且黏聚性、保水性也较差。试问对这四种情况应分别采取哪些措施来调整？

9. 何谓"恒定用水量法则"？混凝土拌合物用水量根据什么来确定？

10. 什么是合理砂率？采用合理砂率有何技术及经济意义？

11. 简述混凝土立方体抗压强度、棱柱体抗压强度、抗拉强度和劈裂抗拉强度的概念及相互关系。

12. 影响混凝土强度的主要因素及提高强度的主要措施有哪些？

13. 影响混凝土干缩值大小的主要因素有哪些？

14. 简述温度变形对混凝土结构的危害。

15. 何谓混凝土干缩变形和徐变？它们受哪些因素影响？

16. 影响混凝土耐久性的主要因素及提高耐久性的措施有哪些？

17. 混凝土质量控制主要涵盖哪三个过程？

18. 除普通混凝土外，其他新品种混凝土有什么特点？主要适用于哪些工程？

19. 混凝土的设计强度等级为 C25，要求保证率 95%，当以碎石、42.5 普通水泥、河砂配制混凝土时，若实测混凝土 7 d 抗压强度为 20 MPa，则混凝土的实际水灰比为多少？能否达到设计强度的要求？（水泥实际强度为 43 MPa）

20. 已知混凝土试拌调整合格后各材料用量：水泥为 5.72 kg，砂子为 9.0 kg，石子为 18.4 kg，水为 4.3 kg，并测得拌合物表观密度为 2400 kg/m³，试求其基准配合比（以 1 m³ 混凝土中各材料用量表示）。若采用实测强度为 45 MPa 的普通水泥、河砂、卵石来配制，试估算该混凝土的 28 天强度。

21. 混凝土的初步配合比为 1∶2.10∶4.20∶0.60，在试拌调整时增加了 10% 的水泥浆后和易性合格，求其基准配合比。

22. 某室内现浇钢筋混凝土梁，要求混凝土的强度等级为 C30，施工采用机械搅拌，要求塌落度为 30～50 mm，施工单位无近期混凝土强度统计资料，所用原材料如下：普通硅酸盐水泥，密度为 3.1 g/cm³，实测强度为 38.0 MPa；中砂，表观密度为 2.60 g/cm³；碎石，最大粒级为 40 mm，表观密度为 2.65 g/cm³；自来水，无添加剂。试确定初步配合比。

第 7 章　砂　　浆

　　建筑砂浆也称细骨料混凝土，是由胶凝材料、细骨料、掺和料、纤维、外加剂和水按一定比例配合，经搅拌硬化而成，也称无粗骨料混凝土。

　　建筑砂浆按胶凝材料不同可分为水泥砂浆、水泥石灰混合砂浆、石灰砂浆、水玻璃砂浆和聚合物砂浆等，按用途不同可分为砌筑砂浆、抹面砂浆、装饰砂浆、保温砂浆、防水砂浆、耐酸砂浆、抗裂砂浆等，按生产方式不同可分为现场搅拌砂浆和预拌砂浆。

　　本章介绍两种主要的建筑砂浆：砌筑砂浆和抹面砂浆。

7.1　砌 筑 砂 浆

　　砌筑砂浆主要用于砌筑块体材料（如砖、石、砌块等），与其构成砖石砌体结构或墙体，承担传递荷载或保温隔热作用。砌筑砂浆在砌筑工程中用量很大，其质量好坏直接影响砌体结构的安全与耐久性。

7.1.1　砌筑砂浆的组成材料及要求

1. 水泥

　　水泥是砌筑砂浆中的主要胶凝材料，选用水泥时应满足下面的要求：

　　（1）水泥的品种。应优先选用通用水泥中的品种，同时尽量不要混用不同品种的水泥，因为每一个品种水泥有其自身的特性，避免造成水泥性能的降低。

　　（2）水泥的强度等级。砌筑砂浆用水泥的强度等级应根据设计要求进行选择。一般情况下，水泥砂浆采用的水泥强度等级不宜大于 32.5 级，水泥混合砂浆采用的水泥强度等级不宜大于 42.5 级。

　　为了保证砂浆必要的和易性，《砌筑砂浆配合比设计规程》(JGJ 98—2000)中规定，水泥砂浆中水泥用量不应小于 200 kg/m³，水泥混合砂浆中水泥与掺加料总量宜为 300～350 kg/m³。

2. 石灰

　　为了改善砂浆的某些性能，常常在水泥砂浆中掺入适量的石灰，配制成水泥石灰混合砂浆。石灰通常是以石灰膏的形式掺入，石灰膏是生石灰块经熟化后陈伏 14 d 沉淀下的膏状体，主要是含过量水的 $Ca(OH)_2$，消石灰粉不得直接掺用。

3. 砂

　　砌筑砂浆的用砂应符合混凝土用砂的质量标准，且对砂的最大粒径有一定的要求，同时对砂的含泥量有严格规定。

4. 塑化材料

　　粉煤灰是砂浆中较为理想的塑化材料，掺入砂浆后可提高或改善砂浆的保水性、塑性，同时又可节约水泥，降低工程成本。

微沫剂是砂浆中另一类塑化材料，是以普通型减水剂中木质素磺酸钙为主，可以达到增塑目的。

甲基纤维素作为增塑材料，主要作用是减少砂浆泌水，防止砂浆离析，便于施工操作。

7.1.2 砌筑砂浆的主要技术性质

1. 砂浆的和易性

为了保证砂浆硬化后的性能，砂浆须具备良好的和易性。和易性良好的砂浆易于在块体材料上均匀铺展、厚度一致、灰层饱满，达到牢固黏结上下块材的目的。砂浆和易性包括流动性和保水性两个方面：

1）流动性（稠度）

流动性是指砂浆在自重或外力作用下是否易于流动的性能。其大小用沉入度（或稠度值 mm）表示，即砂浆稠度测定仪的圆锥体沉入砂浆深度的毫米数。

砂浆稠度的选择与砌体种类有关，可参考表 7-1 选用。

表 7-1　砌筑砂浆的稠度（JGJ 98—2000）

砌 体 种 类	砂浆稠度/mm
烧结普通砖砌体	70～90
轻骨料混凝土小型空心砌体	60～90
烧结多孔砖、空心砖砌体	60～80
烧结普通砖平拱式过梁、空斗墙、筒拱、普通混凝土小型空心砌体、加气混凝土砌体	50～70
石砌体	30～50

砂浆流动性与胶凝材料品种用量、用水量、砂子粗细及级配等有关，常通过改变胶凝材料的数量与品种来控制砂浆的流动性。

2）保水性

保水性是指新拌砂浆保持水分的能力。保水性好的砂浆不易分层、泌水，保水性差的砂浆会影响胶凝材料的正常硬化，从而降低砌体质量，尤其是砂浆在存放、运输和使用中，提出保水性要求，可以避免水分流失而影响施工作业面块体材料的黏结强度。

砂浆保水性常用分层度（mm）来表示。分层度大，砂浆保水性差，易产生分层离析，不便于保证施工的质量。分层度过小，其保水性太强，在砂浆硬化过程中易发生收缩开裂影响黏结力。砂浆分层度不宜大于 20 mm，通常以 10～20 mm 为宜。

为改善砂浆保水性，常掺入石灰膏、粉煤灰或微沫剂、塑化剂等。

预拌砂浆的保水性测定可参照最新规范《预拌砂浆》（JG/T 230—2007）进行。

2. 硬化砂浆的技术性质

1）抗压强度与强度等级

按《建筑砂浆基本性能试验方法标准》（JGJ/T 70—2009），砂浆的强度是以边长为 70.7 mm 的立方体试块，按标准条件养护至 28 d 的抗压强度平均值而确定的。砂浆强度等级有 M20、M15、M10、M7.5、M5 和 M2.5 六个级别，常用 M2.5～M10 的砂浆。对特别重要的砌体和耐久性要求高的工程,宜用强度等级高于 M10 的砂浆。

影响砂浆抗压强度的因素很多,用简单的公式表示砂浆的抗压强度与其组成之间的关系很困难,因此,实际工程中对于具体的材料大多根据经验和试配确定砂浆的配合比。

用于不吸水底层材料(如致密的石材)的砂浆抗压强度,主要取决于水泥强度和灰水比,其关系式为

$$f_{mu} = \alpha \cdot f_{ce} \cdot \left(\frac{c}{w} - \beta \right) \tag{7-1}$$

式中:f_{mu}——砂浆 28 d 的抗压强度(MPa);

f_{ce}——水泥 28 d 的实测抗压强度(MPa);

$\dfrac{c}{w}$——灰水比;

α, β——砂浆的特征系数,由表 7-2 选用。

用于吸水底层材料(如砖)的砂浆,即使用水量不同,由于底层吸水且砂浆具有一定的保水性,经底层吸水后,所保留在砂浆中的水分几乎是相同的,因此砂浆的强度主要取决于水泥强度和水泥用量,而与砂浆中的灰水比基本无关。强度公式如下:

$$f_{mu} = \alpha \cdot f_{ce} \cdot \frac{Q_c}{1000} + \beta \tag{7-2}$$

式中:Q_c——1 m³ 砂浆中水泥用量(kg)。

表 7-2 砂浆特征系数

α	β
3.03	-15.09

注:各地也可使用本地区试验资料确定的 α、β 值,统计用的试验组数不得少于 30 组。

2)黏结力

由于砖石等砌体是靠砂浆黏结成整体的,因此要求砂浆与基层之间有一定的黏结力。一般情况下砂浆的抗压强度越高,则其与基层之间的黏结力越强。此外,黏结力也与基层材料的表面状态、清洁程度、润湿状况及施工养护条件等有关。

3)变形性

砂浆作为砌体的组成部分,相对块体材料而言,弹性模量较低,因此在承受荷载时,变形相对较大,易引起砌体发生沉降开裂。另外,砂浆常暴露于大气中受温度作用也易变形,因此,工程上应尽量将其变形控制在最小值。

7.1.3 砌筑砂浆的配合比设计

根据《砌筑砂浆配合比设计规程》(JGJ 98—2000)的规定,砌筑砂浆配合比可为体积比,也可为质量比。其配合比可查阅有关手册或资料选定,也可由计算得到初步配合比,再经试配进行调整。

计算砌筑砖或其他多孔材料砂浆的初步配合比步骤如下:

1. 确定砂浆的试配强度($f_{m,0}$)

$$f_{m,0} = f_2 + 0.645\sigma \tag{7-3}$$

式中:$f_{m,0}$——砂浆的试配强度,精确至 0.1 MPa;

f_2——砂浆抗压强度平均值，精确至 0.1 MPa；

σ——砂浆现场强度标准差，精确至 0.1 MPa。

砌筑砂浆现场强度标准差的确定应符合下列规定。

(1) 当有统计资料时，应按下式计算：

$$\sigma = \sqrt{\frac{\sum_{i=1}^{n} f_{m,i}^2 - n\mu_{fm}^2}{n-1}} \qquad (7-4)$$

式中：$f_{m,i}$——统计周期同一品种砂浆第 i 组试件的强度(MPa)；

μ_{fm}——统计周期同一品种砂浆 m 组试件强度的平均值(MPa)；

n——统计周期同一品种砂浆试件的总组数，$n \geqslant 25$。

(2) 当不具有近期统计资料时，砂浆现场强度标准差 σ 可按表 7-3 取用。

表 7-3　砂浆强度标准差选用值　　　　　　　MPa

施工水平	砂浆强度等级					
	M2.5	M5.0	M7.5	M10	M15	M30
优良	0.50	1.00	1.50	2.00	3.00	4.00
一般	0.62	1.25	1.88	2.50	3.75	5.00
较差	0.75	1.50	2.55	3.00	4.50	6.00

2. 计算水泥用量(Q_c)

每立方米砂浆中的水泥用量可按下式计算：

$$Q_c = \frac{1000(f_{m,0} - \beta)}{\alpha \cdot f_{ce}} \qquad (7-5)$$

式中：Q_c 精确至 1 kg/m³；$f_{m,0}$ 精确至 0.1 MPa；f_{ce} 精确至 0.1 MPa；$\alpha = 3.03$；$\beta = -15.09$。

在无法取得水泥的实测强度值时，可按下式计算 f_{ce}：

$$f_{ce} = \gamma_c \cdot f_{ce,k} \qquad (7-6)$$

式中：$f_{ce,k}$——水泥强度等级对应的强度值(MPa)；

γ_c——水泥强度等级值的富余系数，该值应按实际统计资料确定。无统计资料时 γ_c 可取 1.0。

当计算出水泥砂浆中的水泥计算用量不足 200 kg/m³ 时，应按 200 kg/m³ 采用。

水泥砂浆中的水泥用量可按表 7-4 选用。

表 7-4　每立方米水泥砂浆中的水泥用量

强度等级	水泥和量 Q_c/kg	用砂量 Q_s/kg	用水量/kg
M2.5~M5	200~230		
M7.5~M10	220~280	砂子的堆积密度数值	270~330
M15	280~340		
M20	340~400		

注：若计算出来的 $Q_c < 200$ kg/m³，应取 $Q_c = 200$ kg/m³；若计算出来的 200 kg/m³ $< Q_c <$ 350 kg/m³，为保证砂浆的和易性，需要补充一部分混合料(如石膏等)，配制成混合砂浆。

3. 确定混合材料用量(Q_D)

水泥混合砂浆中的掺和料应按下式确定：

$$Q_D = Q_A - Q_c \tag{7-7}$$

式中：Q_D——每立方米砂浆的掺加料用量，精确至 1 kg（石灰膏、黏土膏和电石膏使用时的稠度为（120±5）mm，当石灰膏为不同稠度时，其换算系数如表 7-5 所示）；

Q_c——精确至 1 kg；

Q_A——每立方米砂浆中水泥和掺加料的总量，精确至 1 kg（宜在 300～350 kg 之间）。

表 7-5 石灰膏不同稠度时的换算系数

石灰膏稠度/mm	120	110	100	90	80	70	60	50	40	30
换算系数	1.00	0.99	0.97	0.95	0.93	0.92	0.90	0.88	0.87	0.86

4. 确定砂用量 Q_s

每立方米砂浆中的砂子用量，应按干燥状态（含水率小于 0.5%）的堆积密度值作为计算值（kg/m³）。

5. 确定用水量

每立方米砂浆中用水量可根据砂浆稠度要求控制在 240～310 kg，并通过试验确定。

7.2 抹 面 砂 浆

抹面砂浆是以薄层涂抹在建筑物或构筑物表面的砂浆，又称抹灰砂浆。按其功能分为一般抹面砂浆、装饰抹面砂浆、防水抹面砂浆及其他特种抹面砂浆。按所用材料又可分为水泥砂浆、混合砂浆、石灰砂浆和水泥细石砂浆等。它们的基本功能都是黏附于基体之上，起着黏结、抹平、装饰与保护作用。

为了保证抹灰层表面平整、避免开裂脱落，抹面砂浆常进行分层作业，即分为底层、中层和面层，各层所用砂浆的材料比例及技术要求也有所不同。

底层砂浆主要起着与基层黏结牢固的作用，要求砂浆具有良好的工作性和保水性。中层砂浆主要起着抹平作用，要求具有良好的易抹性和合适的稠度。面层砂浆主要起着保护或装饰作用，要求具有良好的功能。

7.2.1 普通抹面砂浆

1. 组成材料

1）胶凝材料

通用水泥品种均可使用，底层若用石灰砂浆，则石灰膏需陈伏两周以上，面层用石灰膏需陈伏一个月以上。

2）砂

宜用中砂或中砂与粗砂混合使用，在缺乏中砂、粗砂的地区，可以使用细砂，但不能单独使用粉砂。一般底层、中层用砂的最大粒径为 2.5 mm，面层用砂的最大粒径为 1.2 mm。

3）加筋材料

加筋材料包括麻刀（用麻刀机打成的絮状麻丝、碎丝纤维）、纸筋（稻草、麦秆的加工品）、玻璃纤维（玻璃的加工品）等。加入纤维材料是为了提高砂浆的抗拉强度，有效防止抹灰层开裂。

4）胶料

为提高砂浆黏结力，增加面层的柔韧性，常常在砂浆中掺入聚合物。

2. 砂浆配比

对于抹面砂浆一般无具体强度要求，但对其流动性、保水性、黏结力要求很高，通常是选择经验配比，而不作计算。常用的抹面砂浆配合比见表 7-6。

表 7-6 常用的抹面砂浆配合比

材　　料	配合比（体积比）	应 用 范 围
石灰：砂	1：2～1：4	用于砖石墙表面（檐口、勒脚、女儿墙及潮湿房间墙除外）
石灰：黏土：砂	1：1：4～1：1：8	干燥环境的墙表面
石灰：石膏：砂	1：0.6：2～1：1.5：3	用于不潮湿的房间墙和天花板
水泥：砂	1：3～1：2.5	用于浴室、潮湿车间等墙裙、勒脚、地面基层
水泥：砂	1：2～1：1.5	用于地面、天棚、墙面面层
水泥：砂	1：0.5～1：1	用于混凝土地面随时压光

7.2.2 装饰砂浆

1. 主要组成材料

1）胶凝材料

水泥，常用的品种有普通硅酸盐水泥、白色水泥、彩色水泥和铝酸盐水泥。

2）集料

装饰砂浆是通过集料的外露、色彩、粒径来表现其装饰性，因此除普通砂外，还常用彩釉砂和着色砂、石渣等。

彩釉砂是由各种不同粒径的石英砂或白云石颗粒加颜料焙烧后再经化学处理制得的。其颜色有深黄、浅黄、象牙黄、玉绿、碧绿、赤红、天蓝等。

着色砂是在石英砂或白云石细粒表面进行人工着色而制得的。着色材料为矿物颜料。因此，人工着色的砂粒色彩鲜艳，耐久性好。

石渣也称为米石，是由天然大理石、花岗石等破碎加工而成的。按粒径可分为：大二分（20 mm）、分半（15 mm）、大八厘（8 mm）、中八厘（6 mm）、小八厘（4 mm）和米粒石（1.2 mm）。对石渣粒径的选择可根据要求而异，如表现粗犷、质感强烈的效果，选择粗石渣；趋于细腻，可选细石渣。

3）合成树脂

合成树脂可作为一种有机胶凝材料（俗称"胶料"）在灰浆、砂浆、混凝土中使用。既可单独使用，也可与水泥等无机胶凝材料混合使用，达到互补、强化。装饰砂浆中常用的合成树脂主要品种有环氧树脂、不饱和聚酯树脂、聚醋酸乙烯等。

4）颜料

装饰砂浆用于室外易受到周围环境的影响，因此，在选择颜料时注意避免褪色、变色等问题，尽量选用耐久性好的颜料，以保证饰面质量。

2. 装饰砂浆种类

装饰砂浆按其制作方法的不同分为两大类：

1）灰浆类饰面

灰浆类饰面是通过对着色的水泥砂浆表面形态的艺术加工，获得一定的线条、纹理等质感的砂浆。其主要特点是施工操作方便、造价较低廉，装饰效果好。

常用的灰浆类饰面有：

（1）拉毛。拉毛是用铁抹子，将未硬化的水泥灰浆罩面轻压后顺势拉起，反复拍拉后形成一种凹凸面层，一般的拉毛长 4～20 mm，质感丰富。拉毛抹灰多用于礼堂或家庭视听室的墙面、顶棚或外墙面上。

（2）甩云朵片。用铁抹子或胶辊压平一部分凸起浆块，产生一个个不规则又很美观的小平台面，形成类似于树皮状的砂浆，又像云朵，立体感很强。云朵片上还可给平面部分或全部墙面滚、喷涂料，变换色彩。

（3）拉条。拉条是在面层砂浆抹好后，用一凹凸状辊轴在砂浆表面滚压出线条，形成立体感强的条纹，条纹有半圆形、波纹形、梯形等多种图案，条纹粗细可分，间距可调。

（4）喷涂。喷涂是利用喷斗器或一种挤压式砂浆泵，将水泥砂浆喷涂在表面上，为了提高砂浆的喷涂效果，常掺入一些聚合物增加和易性，易于喷涂施工。由于喷涂时在表面形成了颗粒或花点状的饰面层，提高了面层的装饰效果，最后在面层上喷一层甲基硅树脂疏水剂，提高面层的耐污染性。

2）石渣类饰面

石渣类饰面是在水泥砂浆中再掺入各种彩色石渣，通过水洗、斧剁、磨平等工序除去表面浆层，半露或露出石渣，获得一定颜色、质感的砂浆。其主要特点是色泽明亮、质感丰富，不易褪色、经久耐用。

（1）水磨石。

水磨石是按设计要求在彩色水泥或普通灰水泥中加入一定规格、比例、色调的彩色石渣，加水拌匀作为面层材料，铺敷在普通水泥砂浆或混凝土基层之上，经成型、养护、硬化后，再经洒水粗磨、细磨、抛光、切边（预制板）、打蜡而成的仿石饰面。

① 水磨石饰面的特点。强度高、耐久，面光而平，石渣显现自然色之美，装修操作灵活，所以应用广泛。墙面、地面、柱面、台面、踢脚、踏步、隔断、水池等处均可使用。

② 水磨石面层用料。水泥与石渣体积之比为 1:2～1:3，石渣粒径不大于面层厚度的 2/3，水灰比控制在 0.45～0.55。拌匀后按序摊铺、滚压、拍抹整平。地面等处一般按设计要求用分格条划分方块或拼组花形。分格嵌缝条可用黄铜、铝、不锈钢或玻璃条。预先用水泥准确固定分格条，其高与水磨石面层设计厚度一致，一般是 10～15 mm。面层终凝后洒水养护 2～4 周。待强度达到设计要求的 70% 后，经试磨成功，可正式磨平、磨光。大面积的用磨石机，小面积的或局部转角、窄边的可手工磨光。全部磨光后，清洗表面，上蜡

或涂丙烯酸类树脂保护膜。

（2）水刷石。

水刷石是将水泥石渣浆涂抹在基层上，待水泥浆初凝后，用水刷洗、冲淋以洗掉凝结后的水泥浆，使石渣外露的一种石质装饰层。其石质感强，且显粗犷。为了减轻普通水泥的沉暗色调，可用彩色水泥底的水刷石，装饰效果更好。

（3）干黏石。

干黏石又称甩石子，是在水泥浆或掺入聚合物水泥砂浆黏结层上将石渣或彩色石子等黏在其上、拍平、压实。石粒的 2/3 压入黏结层内，要求黏牢、不掉粒且不露浆。其施工操作比水磨石、水刷石等简单，与水刷石相比，一般可节省水泥 30%～40%，节约石渣 50%。

（4）剁斧石。

剁斧石又称剁假石、斩假石。其与质感细腻的水磨石不同，是一种将凝固的水泥石渣面层剁琢变毛，呈现粗琢面具有天然石材质感的一种饰面。其最大特点是极像天然石材。剁斧石常用于勒脚、柱面、柱基、石阶、栏杆、花坛、矮墙等部位。

剁斧石用料为：32.5 级以上的矿渣硅酸盐水泥或白水泥，纯洁粗砂或粒径小于 2.5 mm 中砂，中八厘或小八厘石渣和石屑粉。欲获花岗石效果，须另加入适量 3～5 mm 粒径的黑色或深色小粒矿石，以及无机矿物颜料和净水。

复习思考题

1. 设计用于砌筑普通毛石砌体的水泥混合砂浆的配合比。设计强度等级为 M10，稠度为 60～70 mm。原材料主要参数：水泥，强度等级 32.5 的矿渣水泥；中砂，堆积密度为 1400 kg/m³；石灰膏，稠度 120 mm。施工水平：一般。

2. 砌筑砂浆的组成材料有哪些？对组成材料有何要求？

3. 砌筑砂浆的主要性质包括哪些？

4. 新拌砂浆的和易性包括哪两方面含义？如何测定？砂浆和易性不良对工程应用有何影响？

5. 影响砂浆的抗压强度的主要因素有哪些？

6. 抹面砂浆的技术要求包括哪几个方面？与砌筑砂浆的技术要求有何异同？

7. 常用的装饰砂浆有哪些？各有什么特性？

第8章　墙体与屋面材料

砌体结构是由块体材料通过黏结材料制成的建筑结构，担负着围护、保温、传力、隔断等多项功能。由于砌体属于两种材料的组合，因此这些功能的实现，除了与黏结材料(胶凝材料、砌筑砂浆)有关外，还取决于块体材料(砖、石、砌块)性质。

屋面是建筑物最上层的防护结构，有防水、保温隔热的作用。常用的主要有瓦材和轻型板材。

8.1　砌　墙　砖

砖砌体结构是我国建筑上历史悠久、使用量最大的一种结构形式。砖作为主要用材，在历史上素有"秦砖汉瓦"之称谓。随着社会的发展，历史上的"秦砖"在原材料、成型工艺以及尺寸规格方面都发生了一些变化，相继出现了能够替代传统的砌筑墙体的新型砌墙砖，但是，传统砌墙砖仍然是块材发展的基础。

砌墙砖按原料分为黏土砖(N)、页岩砖(Y)、煤矸石砖(M)和粉煤灰砖(F)；按工艺分为烧结砖和非烧结砖；按外形分为实心砖和多孔砖、空心砖；按用途分为承重砖和非承重砖等。

1. 烧结普通砖

烧结普通砖是孔洞或孔洞率小于15%的实心砖，包括烧结黏土砖、烧结页岩砖、烧结煤矸石砖及烧结粉煤灰砖，依次用 N、Y、M 及 F 符号表示。

1) 烧结普通砖的技术要求

《烧结普通砖》(GB 5101—2003)规定的要求有尺寸偏差、外观质量、强度和抗风化性能、泛霜、石灰爆裂以及放射性物质等。

(1) 尺寸偏差与外观质量。砖的标准尺寸为 240 mm×115 mm×53 mm，若加上砌筑灰缝厚约 10 mm，则 4 块砖长、8 块砖宽或 16 块砖厚均约 1 m，因此，每立方米砖砌体需512 块砖。砖的外观尺寸允许有一定偏差，但偏差有相应的范围要求。

砖的外观质量包括两面高度差、弯曲程度、缺棱掉角、裂缝等。产品中不允许有欠火砖、酥砖及螺纹砖。

(2) 强度等级。根据 10 块砖的抗压强度平均值及强度标准值，分为 MU30、MU25、MU20、MU15、MU10 五个强度等级，见表 8-1。

表 8 - 1　烧结普通砖强度等级

强度等级	抗压强度平均值 $\bar{f}/\mathrm{MPa}$ ≥	变异系数≤0.21, 抗压强度标准值 $f_\mathrm{K}/\mathrm{MPa}$,≥	变异系数>0.21, 单块最小抗压强度值 $f_\mathrm{min}/\mathrm{MPa}$,≥
MU30.0	30.0	22.0	25.0
MU25.0	25.0	18.0	22.0
MU20.0	20.0	14.0	16.0
MU15.0	15.0	10.0	12.0
MU10.0	10.0	6.5	7.5

（3）耐久性。烧结砖的耐久性必须符合要求。耐久性指标主要指砖的抗风化性能、泛霜程度和石灰爆裂情况。

① 抗风化性能。抗风化性能是材料耐久性的重要内容之一，是指在干湿变化、温度变化、冻融变化等物理因素作用下，材料不变质、不破坏而保持原有性质的能力。显然，地域不同，风化程度不同。我国按风化指数将各省市划分为严重风化区和非严重风化区。所谓风化指数是指日气温从正温降至负温或从负温升至正温的每年平均天数与每年从霜冻之日起至消失霜冻之日止这一期间降雨总量（以毫米计）的平均值的乘积，风化指数大于 12 700 为严重风化区，小于者为非严重风化区。砖的抗风化性能用抗冻融试验或吸水率试验来衡量。国家标准《烧结普通砖》（GB 5101—2003）规定，黑龙江、吉林、辽宁、内蒙古、新疆五省、自治区必须进行冻融试验；表 8 - 2 所示为我国风化区划分，其他地区砖的吸水率满足表 8 - 3 的要求的，可不做冻融试验。

表 8 - 2　风 化 区 划 分

严重风化区		非严重风化区		
1. 黑龙江省	8. 青海省	1. 山东省	8. 四川省	15. 海南省
2. 吉林省	9. 陕西省	2. 河南省	9. 贵州省	16. 云南省
3. 辽宁省	10. 山西省	3. 安徽省	10. 湖南省	17. 西藏自治区
4. 内蒙古自治区	11. 河北省	4. 江苏省	11. 福建省	18. 上海市
5. 新疆维吾尔自治区	12. 北京市	5. 湖北省	12. 台湾省	19. 重庆市
6. 宁夏回族自治区	13. 天津市	6. 江西省	13. 广东省	
7. 甘肃省		7. 浙江省	14. 广西壮族自治区	

表 8 - 3　烧结普通砖的抗风化性能

砖种类	严重风化区				非严重风化区			
	5 h 沸煮吸水率/%,≤		饱和系数		5 h 沸煮吸水率/%,≤		饱和系数	
	平均值	单块最大值	平均值	单块最大值	平均值	单块最大值	平均值	单块最大值
黏土砖	18	20	0.85	0.87	19	20	0.88	0.90
粉煤灰砖	21	23			23	25		
页岩砖	16	18	0.74	0.77	18	20	0.78	0.80
煤矸石砖								

② 泛霜、石灰爆裂。所谓泛霜是指在新砌筑的砖墙表面有时出现的一层白色粉状物，

其原因是若黏土中含有较多可溶性盐类,在砌筑施工中,这些盐类溶解进入砖内水中,当水分蒸发时被带到砖的表面结晶而呈白色,有损建筑物外观。当砖内夹有生石灰时,还会因使用过程中吸水而转化成氢氧化钙,导致体积膨胀,严重时甚至使砖砌体强度降低直至破坏,这种现象称为石灰爆裂。泛霜和石灰爆裂的检验结果应符合各等级产品的要求。

(4) 放射性物质。

砖的放射性物质应符合《建筑材料放射性核素限量》(GB 6566)的要求。

2) 烧结普通砖的应用

建筑工程中,烧结普通砖主要用作墙体材料,也可砌筑柱、拱、烟囱、基础,还可以与轻混凝土等隔热材料复合使用,中间填以轻质材料形成复合墙体。在砌体中配置适当钢筋或钢丝网可以替代钢筋混凝土柱过梁。

工程中不得使用欠火砖、酥砖和螺旋纹砖,这些类型的砖由于强度低,软化系数小,抗冻性差,危害性大,一定要严格加以控制,既不能混入合格品中,更不能用于砌筑工程。

2. 烧结多孔砖和烧结空心砖

烧结多孔砖与烧结空心砖是烧结空心制品的主要品种,又是烧结普通砖的换代产品,属于新型墙体材料。这两种空心制品块体较大,密度比普通砖减小 15%～40%,绝热性能提高;节土 15%～35%,节煤 10%～20%;施工效率提高 20%～50%,节约砂浆 15%～60%;可使建筑物减轻自重,改善墙体保温性能,提高使用面积系数。

1) 烧结多孔砖

烧结多孔砖是以黏土、页岩、煤矸石、粉煤灰为主要原料,经焙烧而成的孔洞率不小于 25% 且孔洞数多的矩形六面体块材。烧结多孔砖主要用于承重部位的砌体(见图 8.1)。

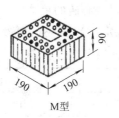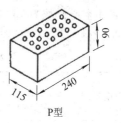

M型　　　　　　　　　　　　　P型

图 8.1　烧结多孔砖(单位:mm)

优等品和一等品的多孔砖应设矩形孔或矩形条孔,且孔洞有序地交错排列,以提高绝热性能;合格品多孔砖可以设矩形孔或其他孔形,对孔洞排列无要求。

为增强清水墙面的装饰效果,可制成具有本色、一色或多色,或带砂面、光面、压花面、磨平面等装饰面的烧结多孔装饰砖。

(1) 规格与孔洞。

烧结多孔砖的外形尺寸,按《烧结多孔砖》(GB 13544—2000)规定可为长度(l) 290 mm、240 mm、190 mm,宽度(b) 240 mm、190 mm、180 mm、175 mm、140 mm、115 mm,厚度(h) 90 mm 不同组合而成。

为方便施工,孔洞处不致漏浆太多,对单个孔洞尺寸规定:圆孔直径不大于 22 mm;非圆孔内切圆直径不大于 15 mm;手抓孔为(30～40) mm×(75～85) mm。若设矩形条孔,还应满足孔长不大于 50 mm,且孔长不小于孔宽的 3 倍。

(2) 外观要求。

多孔砖按尺寸偏差和外观质量，分为优等品（A）、一等品（B）和合格品（C）三个质量等级。尺寸允许偏差和外观要求应符合有关标准。

(3) 强度等级。

烧结多孔砖分为 MU10、MU15、MU20、MU25、MU30 五个强度等级。

2) 烧结空心砖

烧结空心砖是以黏土、页岩、煤矸石为主要原料，经焙烧而成的主要用于非承重部位的块体材料。在其长度方向设置孔洞（见图 8.2），其长度、宽度、高度尺寸应符合下列要求（mm）：长度为 390、290、240，宽度为 240、190、180(175)、140、115，高度为 90。

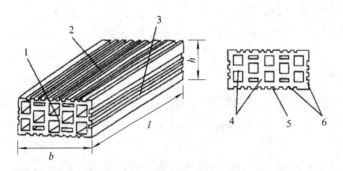

1—顶面；2—大面；3—条面；4—肋；5—凹线槽；6—外壁；l—长度；b—宽度；h—高度

图 8.2　烧结空心砖

烧结空心砖的体积密度分为 800 级、900 级、1000 级、1100 级。

《烧结空心砖和空心砌块》(GB 13545—2003)对空心砖的尺寸偏差、外观质量、强度等级、吸水率、抗风化性和物理性能指标等作出了规定。空心砖强度等级见表 8-4。

表 8-4　空心砖强度等级

等级	强度等级	大面抗压强度		条面抗压强度	
		平均值/MPa，$\geqslant$	极值/MPa，$\geqslant$	平均值/MPa，$\geqslant$	极值/MPa，$\geqslant$
优等品	MU5.0	5.0	3.7	2.4	2.3
一等品	MU3.0	3.0	2.2	2.2	1.4
合格品	MU2.0	2.0	1.4	1.6	0.9

3. 非烧结砖

蒸养（压）砖是一种非黏土原料、非烧结工艺制得的砖。这类砖是以硅质材料（粉砂、粉煤灰）和钙质材料（石灰、石膏）为主要原料，经坯料制备压制成型、湿热养护等工艺制成的。硅质材料和钙质材料在一定的高温高压条件下，发生化学反应，生成水化硅酸钙产物，故也称此砖为硅酸盐砖。

硅酸盐砖可以替代烧结砖，作为换代产品有一定的发展前景。

1) 蒸压灰砂砖（LSB）

以砂和石灰为主要原料（也可掺入颜料），经坯料制备压制成型和 0.8 MPa 以上的蒸汽养护而成的砖叫灰砂砖。一般是用88％～90％的细粉砂和10％～12％的石灰,有时还加入少量石膏,再加入混合料总量3％～10％的拌合水,拌均匀后在15～20 MPa压力下成型。

灰砂砖由抗压强度与抗折强度综合评定强度等级,见《蒸压灰砂砖》(GB 11945)的规定。

蒸压灰砂砖用于工业与民用建筑中,MU25、MU20、MU15的灰砂砖可用于基础及其他建筑,MU10的仅可用于防潮层以上的建筑。由于灰砂砖在长期高温作用下会发生破坏,故灰砂砖不得用于长期受200℃以上或受急冷急热和有酸性介质侵蚀的建筑部位,如不能砌筑炉衬或烟囱。灰砂砖表面光滑,与砂浆黏结力差,使用时应注意。

2) 粉煤灰砖(FB)

粉煤灰砖是以粉煤灰、石灰为主要原料,掺入适量石膏和炉渣,加水混合拌成坯料,经陈伏、轮碾、加压成型,再经常压(0.1 MPa蒸汽)或高压(0.8 MPa蒸汽)蒸汽养护而成的一种块材。湿热养护条件不同,又分别称为蒸养粉煤灰砖、蒸压粉煤灰砖以及自养粉煤灰砖。粉煤灰砖的规格同烧结普通砖。

《粉煤灰砖》(JC 239—2001)规定了尺寸偏差和外观质量,并按抗压强度和抗折强度将产品强度分为 MU30、MU25、MU20、MU15 和 MU10 五个等级。

砖的干燥收缩值,优等品和一等品不大于 0.65 mm/m,合格品不大于 0.75 mm/m。

粉煤灰砖多为灰色,可用于工业与民用建筑的墙体和基础,但用于基础或易受冻融和干湿交替作用的建筑部位时,必须使用 MU15 及以上强度等级的砖。不得用于长期受热(200℃以上)、受急冷急热和有酸性介质侵蚀的建筑部位。

为提高粉煤灰砖砌体的耐久性,有冻融作用的部位用砖,应选择抗冻性合格并用水泥砂浆在砌体上抹面或采取其他防护措施。

8.2　墙 用 砌 块

砌块泛指利用各种材料制成比砖尺寸大的一种制品。采用混凝土材料制作各种砌块,已成为我国迄今增长最快、产量最多、应用最广的新型墙体材料品种,其生产与应用技术也逐渐成熟。

砌块按用途可分为:结构型砌块(承重砌块、非承重砌块)、构造型砌块和装饰型砌块;按孔洞设置状况分为:空心砌块、实心砌块;按原材料分为:水泥混凝土砌块、轻骨料混凝土砌块、加气混凝土砌块;按表观密度分为:普通混凝土砌块(表观密度大于 1700 kg/m³)、轻混凝土砌块(表观密度小于 1700 kg/m³。);按砌块规格质量不大于 25 kg,长度不大于3 h,分为:小型砌块(h 为 140～380 mm)、中型砌块(h=380～980 mm)、大型砌块(h>980 mm);按孔型及规格分为:单排孔、双排孔、三排孔。

1. 普通混凝土小型空心砌块(NHB)

普通混凝土小型空心砌块是由通用水泥、砂和最大粒径为 10 mm 的石子或石屑配制的塑性混凝土砌块。

1) 规格尺寸

砌块主规格为长(l)390 mm、宽(b)190 mm、高(h)190 mm,最小外壁厚不小于

30 mm，最小肋厚不小于 25 mm，如图 8.3 所示。

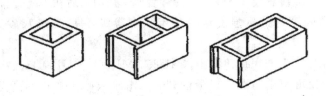

图 8.3　小型空心砌块

2）表观密度

根据孔形及排孔数（单排、双排、三排、四排等）不同，普通混凝土小型空心砌块的表观密度大约在 1200～1450 kg/m³。

3）强度等级

混凝土砌块的强度以试验的极限荷载除以砌块毛截面积计算。《普通混凝土小型空心砌块》(GB 8239—1997）按抗压强度分为 MU20、MU15、MU10、MU7.5、MU5.0 和 MU3.5 六个等级。

4）耐久性

砌块墙体的寿命取决于砌块材料的耐久性，《普通混凝土小型空心砌块》(GB 8239—1997）对其含水率、抗渗性、抗冻性规定了具体要求。

2. 蒸压加气混凝土砌块（ACB）

蒸压加气混凝土砌块是以钙质材料（水泥、石灰）和硅质材料（砂、矿渣和粉煤灰等）以及加气剂（铝粉），经配料、搅拌、浇注、发气、切割和蒸压养护而成的多孔轻质块体材料。

《蒸压加气混凝土砌块》(GB/T 10968—1997）规定：砌块长度为 600 mm，宽度为 100 mm、125 mm、150 mm、200 mm、250 mm、300 mm 或 120 mm、180 mm、240 mm，高度为 200 mm、250 mm、300 mm。按抗压强度可分为 A1.0、A2.0、A2.5、A3.5、A5.0、A7.5 和 A10.0 七个等级，如表 8-5 所示；按干表观密度分为 B03、B04、B05、B06、B07 和 B08 六个等级；按尺寸偏差、外观质量、体积密度及抗压强度分为优等品（A）、一等品（B）和合格品（C）三个等级。砌块的尺寸偏差和外观要求应符合表 8-6 的规定；砌块的强度级别、体积密度、干燥收缩、抗冻性和导热系数应符合表 8-7 的规定。

蒸压加气混凝土砌块常用品种有加气粉煤灰砌块和蒸压矿渣加气混凝土砌块，具有表观密度小，保温隔热及耐火性好，易加工，抗震性好，施工方便的特点，适用于低层建筑的承重墙，多层建筑和高层建筑的隔离墙、填充墙及工业与民用建筑的围护墙体和绝热材料。在无可靠的防护措施时，该类砌块不得用于处于水中或高湿和有侵蚀介质的环境中，也不得用于建筑物的基础和温度长期高于 80℃ 建筑部位。

表 8-5　加气混凝土砌块的抗压强度

强度等级		A1.0	A2.0	A2.5	A3.5	A5.0	A7.5	A10.0
立方体 抗压强度/MPa	平均值，≥	1.0	2.0	2.5	3.5	5.0	7.5	10.0
	单块最小值，≥	0.8	1.6	2.0	2.8	4.0	6.0	8.0

表 8 - 6　加气混凝土砌块的尺寸偏差和外观质量

项　目			指　标		
			优等品	一等品	合格品
尺寸允许偏差 /mm	长度 l		±3	±4	±5
	宽度 b		±2	±3	±4，−4
	高度 h		±2	±3	±3，−4
缺棱掉角	个数不多于(个)		0	1	2
	最大尺寸/mm	≤	0	70	70
	最小尺寸/mm	≥	0	30	30
裂纹	条数不多于		0	1	2
	任一面上裂纹长度≤裂纹方向尺寸的		0	1/3	1/2
	贯穿一棱两面的裂纹长度≤裂纹所在面的裂纹方向总和的		0	1/3	1/3
平面弯曲/mm		≤	0	3	5
表面疏松、层裂、浊污			不允许		
爆裂、黏模和损坏深度/mm		≤	10	20	30

表 8 - 7　加气混凝土砌块的强度级别、体积密度、干燥收缩、抗冻性和导热系数

干表观密度			B03	B04	B05	B06	B07	B08
强度级别	优等品				A. 35	A5.0	A7.5	A10.0
	一等品		A1.0	A2.0	A3.5	A5.0	A7.5	A10.0
	合格品				A2.5	A3.5	A5.0	A7.5
体积密度/ (kg/m³)	优等品	≤	300	400	500	600	700	800
	一等品	≤	330	430	530	630	730	830
	合格品	≤	350	450	550	650	750	850
干燥收缩值 /(mm/m) ≤	标准法		0.50					
	快速法		0.80					
抗冻性	质量损失/%		5.0					
	冻后强度/MPa ≥		0.8	1.6	2.0	2.8	4.0	6.0
导热系数			0.10	0.12	0.14	0.16	—	—

3. 粉煤灰砌块

粉煤灰砌块是以粉煤灰、石灰、石膏和骨料为原料，经配料、加水搅拌、振动成型、蒸汽养护而制成的一种密实砌块。

《粉煤灰砌块》(JC 238—1991)规定砌块的主规格尺寸大小为 880 mm×380 mm× 240 mm 和 880 mm×430 mm×240 mm；按立方体抗压强度分为 MU10、MU13 两个等级；

按外观质量和尺寸偏差分为一等品(B)和合格品(C);各等级的抗压强度、碳化后强度、抗冻性能和密度、干缩性能应符合表8-8的要求。粉煤灰砌块主要用于工业与民用建筑的墙体和基础,但不适用于有酸性侵蚀介质、密封性要求高、易受较大振动的建筑物以及受高温和受潮湿的承重墙。

表8-8 粉煤灰砌块的立方体抗压强度、碳化后强度、抗冻性能和密度、干缩性能

项 目		MU10	MU13
立方体抗压强度 /MPa	3块平均值 ≥	10.0	13.0
	单块最小值 ≥	8.0	10.5
碳化后强度/MPa ≥		6.0	7.5
干缩值/(mm/m) ≤	合格品	0.90	
	一等品	0.75	
密度		不超过设计值的10%	
抗冻性		冻融循环后无明显疏松、剥落、裂缝,强度损失不大于20%	

4. 企口空心混凝土砌块

该砌块是采用最大粒径为6 mm的小石子配制成干硬性混合料,经振动加压成型、自然养护而成。要求形状规整、企口尺寸准确,便于不用砂浆进行干砌(拼装)。在北欧、东南亚等地区采用该种无砂浆企口型混凝土空心砌块体系,如瑞士有专门设计的ESS建筑空心砌块,直接按企口搭建成房屋。企口空心混凝土砌块具有质量轻、强度较高、耐火性和耐冻性较好、制造简单、便于手工操作、组装灵活、施工迅速等优点,是一种有发展前景的砌块类型,适用于5层和5层以上的非承重墙,也可作大跨度的临时隔墙和围墙等。

8.3 墙用轻质板材

随着框架结构建筑的发展,块材作为墙体材料已不能完全满足现代建筑对材料多功能的要求,为改善墙体功能,减轻自重、能耗以及减少工程现场湿作业,加快墙体施工速度,轻质混凝土墙板、轻质条板以及薄板—龙骨组合板等得到了迅猛发展。它们被统称为轻质墙板。

轻质墙板的最大优势为在工厂或施工现场可进行预制,按照要求将尺寸做成大板、条板或薄板,板高可达一个楼层,直接现装或组装,成为一面墙体的板式墙体材料。

轻质墙板可作现代装配式建筑的内墙、外墙、隔墙;可作框架结构建筑的围护墙、隔墙;可作混合结构的隔墙;还可作其他类型建筑的特殊功能型复面板,以及无梁柱式拼装加层和活动房屋的墙体、垮面板、天棚板等。

1. 轻质墙板分类

(1) 按工艺划分,有成型类和组装类。成型类有均质材料型的(如PVC板)、纤维增强型的(如玻纤水泥板)、颗粒骨架型的(如膨胀珠岩水泥板);组装类有薄板龙骨支撑型的(如石膏板-轻钢龙骨中空板)、夹芯复合型的(如钢丝网架水泥聚苯夹芯板)、型材拼装型的(如加气混凝土拼装大板)。

(2) 按用途划分,有内墙板与外墙板,又可再分为承重的、自承重的、非承重的三种。

(3) 按板材构造划分,有轻质薄板(如纸面石膏板)、轻质条板(如空心条板)、夹芯复合板(如彩钢聚苯夹芯板)、拼装大板(如泡沫水泥格构板)以及夹芯复合墙体。

(4) 按功能划分,有内墙普通型(轻质、高强、安装方便)、防火型(耐热、不燃)、防水型(耐水、抗蚀、防霉)、外墙普通型(高强、耐久)、外墙保温型(高强、轻质、隔声、抗震)、功能覆面型(装饰、保温、吸声、防火覆面)。

2. 常用轻质墙板

1) 石膏类墙板

这类墙体是利用石膏具有质轻的特点,将通过表面装饰制成的纸面石膏板,固定在轻钢龙骨(或石膏龙骨、木龙骨)上组装而成。必要时中间可填充矿棉或岩棉。主要作轻型隔墙。

石膏板—龙骨组装隔墙,施工快捷,布置灵活,劳动强度小,不需抹面,没有现场湿作业,墙体质轻(单层石膏板的隔墙只有 120 厚砖墙质量的 1/5),抗压性好,防火,且保温、调湿。

所用石膏板是粘贴了护面纸的薄型石膏制品。按用途,石膏板分为普通型(代号 P)、耐水型(S)与耐火型(H)三种。

纸面石膏板的规格尺寸(mm):板长(l)1800、2100、2400、2700、3000、3300、3600;板宽(b)900、1200;板厚(h)9.5、12、15、18、21、25。

纸面石膏板的外观要求是:表面应平整,不得有影响使用的破损、波纹、沟槽、污痕。

对于普通隔墙,纸面石膏板可纵向安装,也可横向安装。但纵向安装效果好。纵向安装时,纸面石膏板允许的固定最大跨距为 62.5 mm。按使用性能要求(如隔热、防火性能),龙骨有单排或双排设置。如设双排龙骨,就相当于两个单排龙骨并置。石膏板也有单层或双层铺设之分。若是采用双层石膏板,则两层板缝应错开。石膏板与龙骨的连接,一般采用射钉、抽芯铆钉或自攻螺钉。

2) 水泥类墙板

为了克服水泥抗拉强度低,掺入纤维材料;为降低水泥自重,做成空心形式,这类墙板典型的是玻璃纤维增强水泥轻质多孔隔墙条板(简称 GRC 板)。

GRC 板是以低碱度水泥为胶凝材料、耐碱玻璃纤维为增强材料、膨胀珍珠岩为轻骨料,掺加适当的外加剂,按比例配合,经搅拌、浇注(或挤压)成型、养护、脱模等工序制成的轻质混凝土空心隔墙用条形板材。

GRC 板的特点是轻质、高强、保温、隔声、防火、使用方便(可锯、刨、钻、钉)、施工快捷。

3. 复合类墙板

GSJ 板是一种复合墙体板材,又称"泰柏板"。该板由预制坯板(GJ 板)安装就位后,两侧喷、抹水泥砂浆而成型。其坯板由 $\varnothing 2.0$ mm 镀锌钢丝焊接网片,通过"之"字形 $\varnothing 2.2$ mm 腹丝连接成骨架,中间夹填轻质材料——阻燃型聚苯乙烯或聚氨酯泡沫等,成为牢固的夹芯钢丝网笼。坯板上墙后,钢丝网间用细钢丝扎牢,用 1:3 水泥砂浆抹面,形成整片墙体。

GSJ 板质轻(3.9 kg/m³),安装方便,易裁剪,易拼接,施工快速,还可留洞或埋管。成型后的 GSJ 板整体性好、抗震、防水、耐火、保温、隔声、强度高,是一种新型墙体材料,如图 8.4 所示。

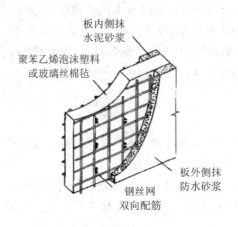

图 8.4　泰柏板示意图

4. 夹层类墙板

彩色压型钢板-发泡聚苯乙烯复合夹层板(简称 EPS 板)是由 0.5～0.8 mm 厚彩色镀锌钢板、铝合金板或不锈钢板压型后作面层板,用高强聚氨酯胶作黏结剂,与聚苯乙烯泡沫塑料层叠合后,经加热、加压、固化,再修边、开槽而成的复合板。

EPS 板的最大特点是质轻(一般为 15～25 kg/m³)、绝热,导热系数为 0.037～0.04 W/(m·K),使用温度范围广(−50～120℃)。同时,EPS 板阻燃(耐火极限0.6 h)、防水、防潮、隔声、强度较高(抗压强度 0.19～0.23 MPa),易加工(可锯、钻、钉),拆装方便,可重复使用,施工快速,板面自带装饰涂层。

EPS 板可用于建筑的外墙板、屋面板,特别适合于寒冷地区的建筑。

8.4　屋 面 材 料

8.4.1　烧结类瓦材

1. 黏土瓦

以黏土为主要原料,经成型、干燥、焙烧而成。按颜色分为红瓦和青瓦,按形状分为平瓦和脊瓦。

平瓦有三个型号,尺寸规格分别为 400 mm×240 mm、380 mm×225 mm、360 mm×220 mm,平瓦按尺寸偏差、外观质量和物理力学性能分为优等品、一等品及合格品 3 个等级。单块平瓦最小抗折荷重不得小于 680 N,15 块平瓦吸水后的质量不得超过 55 kg,经15 次冻融循环后应无分层、开裂和剥落等现象,抗渗性必须满足要求。

脊瓦用于覆盖屋脊处,截面呈 120°的,脊瓦的长度不小于 300 mm,宽度不小于 180 mm,分为一等品和合格品 2 个等级。单块脊瓦最小抗折荷重不得小于 680 N,抗冻性要求同平瓦。

黏土瓦主要用于民用建筑和农村建筑坡形屋面防水。但由于使用原料大量消耗黏土地，且能耗较大，生产和施工的生产率均不高，因此，已出现了许多替代产品。

2. 琉璃瓦

琉璃瓦是用难熔黏土制坯，经干燥、上釉后焙烧而成。这种瓦表面光滑、质地坚密、色彩美丽，常用的有黄、绿、黑、蓝、青、紫、翡翠等颜色。其造型多样，主要有板瓦、筒瓦、滴水、勾头等，有时还制成飞禽、走兽、龙飞凤舞等形象作为檐头和屋脊的装饰，是一种富有中国传统民族特色的高级屋面防水与装饰材料。琉璃瓦耐久性好，但成本高，一般只在古建筑修复、纪念性建筑及园林建筑中的厅、台、楼、阁上使用。

8.4.2 水泥类屋面瓦材

1. 混凝土瓦

混凝土瓦的标准尺寸有 400 mm×240 mm 和 385 mm×235 mm 两种，根据国家标准规定，单片瓦的抗折荷重不得低于 600 N，其抗渗性、抗冻性等均应符合规定要求。该瓦成本低、耐久性好，但自重大，在配料中加入耐碱颜料，可制成彩色瓦，其应用范围同黏土瓦。

2. 纤维增强水泥瓦

纤维增强水泥瓦是以增强纤维和水泥为主要原料，经配料、打浆、成型、养护而成。主要有石棉水泥瓦，分大波、中波、小波三种类型。该瓦具有防水、防潮、防腐、绝缘等性能。石棉瓦主要用于工业建筑，如厂房、库房、堆货棚、凉棚等。因石棉纤维可能带有致癌物，所以已开始使用其他增强材料如耐碱玻璃纤维、有机纤维代替石棉。

3. 钢丝网水泥大波瓦

钢丝网水泥大波瓦是用普通硅酸盐水泥、砂子，按一定配比加水搅拌后浇模，中间加一层低碳冷拔钢丝网加工而成。

大波瓦的规格有两种：① 1700 mm×830 mm×14 mm，波高 80 mm，每张瓦约 50 kg；② 1700 mm×830 mm×12 mm，波高 68 mm，每张瓦 39～49 kg。该瓦材适用于工厂散热车间、仓库或临时性的屋面及围护结构等处。

8.4.3 高分子类复合瓦材

1. 纤维增强塑料波形瓦

纤维增强塑料波形瓦即玻璃钢波形瓦，是采用不饱和聚酯树脂和玻璃纤维为原料经人工糊制而成。其长度为 1800～3000 mm，宽度为 700～800 mm，厚度为 0.5～1.5 mm，特点是质轻、强度高、耐冲击、耐高温、耐腐蚀、透光率高、制作简单，适用于各种建筑的遮阳、车站站台、售货亭、凉棚等屋面。

2. 聚氯乙烯波形瓦

聚氯乙烯波形瓦即塑料瓦楞板，是以聚氯乙烯树脂为主体加入其他配合剂，经塑化、挤压或压延、压波而制成的一种新型建筑瓦材。其尺寸规格为 2100 mm×(1100～1300)mm×(1.5～2)mm，具有质轻、高强、防水、耐化学腐蚀、透光率高、色彩鲜艳等特点，适用于凉棚、果棚、遮阳板和简易建筑的屋面等处，但风大时易被刮走。

3. 玻璃纤维沥青瓦

玻璃纤维沥青瓦是以玻璃纤维薄毡为胎料,以改性沥青涂敷而成的片状屋面瓦材。其表面可撒以各种彩色的矿物粒料,形成彩色沥青瓦。该瓦质量轻,互相黏结的能力强,抗风化能力好,施工方便,适用于一般民用建筑的坡形屋面。

8.4.4 屋面用轻型板材

在传统建筑中,用于大跨度结构的钢筋混凝土大板屋盖自重大且不保温,需另设防水层。彩色涂层钢板、超细玻璃纤维、自熄性泡沫塑料的出现,使轻型保温的大跨度屋盖得以迅速发展。

8.4.5 EPS 轻型板

EPS 轻型板是以 0.5~0.75 mm 厚的彩色涂层钢板为面材,自熄聚苯乙烯为芯材,用热固化胶在连续成型机内加热加压复合形成的超轻型建筑板材。其质量为混凝土屋面的 1/20~1/30,保温隔热性好,施工方便(允湿作业,不需二次装修),是集承重、保温、防水、装修于一体的新型围护结构材料。EPS 轻型板可生产成平面或曲面型板材,适合多种屋面形式,适用于大跨度屋面结构,如体育馆、展览厅、冷库等。

8.4.6 硬质聚氨酯夹芯板

硬质聚氨酯夹芯板由镀锌彩色压型钢板(面层)与硬质聚氨酯泡沫(芯材)复合而成。压型钢板厚度为 0.5 mm、0.75 mm 和 1.0 mm。彩色涂层为聚酯型、硅改性聚酯型、氟氯乙烯塑料型,这些涂层均具有极强的耐气候性。

复合板材具有质量轻、强度高、保温、隔音效果好,色彩丰富,施工简便的特点,是承重、保温、防水三合一的屋面板材,可用于大型工业厂房、仓库、公共设施等大跨度建筑和高层建筑的屋面结构。

8.4.7 植被屋面

植被屋面的构造如图 8.5 所示,即在具有防水层的钢筋混凝土屋面上增设 50~100 mm 厚的水渣或细炉渣层。该层上面再加 100~200 mm 厚蛭石或蛭石粉,然后铺 100~150 mm 厚的种植土,即可种植花草类植物。

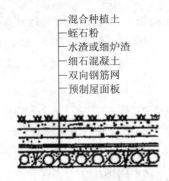

混合种植土
蛭石粉
水渣或细炉渣
细石混凝土
双向钢筋网
预制屋面板

图 8.5　植被屋面构造示意图

该类屋面有利于增强屋顶的隔热、保温性能，有利于美化和改善环境，但增加了屋面荷载，可用于与大型高层公寓型建筑或和公共建筑相连的多层停车场结构的屋面。

8.4.8　刚性蓄水屋面

刚性蓄水屋面是直接利用水泥混凝土作为防水层（刚性自防水）的蓄水屋面。其构造如图 8.6 所示，即屋顶水池结构。水池底部与池壁一次浇成，振捣密实，初凝后即逐步加水养护。蓄水深度 h 应按当地降水量和蒸发量综合考虑，以 400～600 mm 为宜。若养殖，则深度视实际情况决定。该类屋面能充分发挥水硬性胶凝材料的特点，防水抗渗性强，热工性能好，可避免混凝土的碳化风化，耐久性好，但屋面的自重加大。

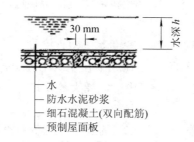

图 8.6　刚性蓄水屋面构造示意图

复 习 思 考 题

1. 如何划分烧结普通砖的质量等级？

2. 某工地备用红砖 10 万块，尚未砌筑使用，但储存两个月后，发现有部分砖自裂成碎块，断面处可见白色小块状物质。请解释这是何原因所致。

3. 一烧结普通砖，其尺寸符合标准尺寸，烘干恒定质量为 2500 g，吸水饱和质量为 2900 g，再将该砖磨细，过筛烘干后取 50 g，用密度瓶测定其体积为 18.5 cm³。试求该砖的质量吸水率、密度、表观密度及孔隙率。

4. 如何确定烧结普通砖的强度等级？某烧结普通砖的强度测定值如下表所示，试确定该批砖的强度等级。

砖编号	1	2	3	4	5	6	7	8	9	10
抗压强度/MPa	16.6	18.2	9.2	17.6	15.5	20.1	19.8	21.0	18.9	19.2

5. 简述多孔砖、空心砖与实心砖相比的优点。

6. 建筑工程中常用的非烧结砖有哪些？常用的墙用砌块有哪些？

7. 简述改革墙体材料的重大意义及发展方向。你所在的地区采用了哪些新型墙体材料？它们与烧结普通砖相比有何优越性？

8. 在墙用板材中有哪些不宜用于长期潮湿的环境？哪些不宜用于长期高热（＞200℃）的环境？

第 9 章　建　筑　钢　材

9.1　概　　述

　　建筑钢材是建筑工程中用量最大的金属材料，如型材有角钢、槽钢、工字钢等，板材有厚板、中板、薄板等，钢筋有光圆钢筋和带肋钢筋等。建筑钢材主要应用于钢结构和钢筋混凝土结构中，是重要的建筑材料之一。

　　钢材组织均匀密实、强度高、弹性模量大、塑性及韧性好、承受冲击荷载和动力荷载能力强，且便于加工和装配，因而广泛地应用在建筑工程中，尤其是大跨度及高层建筑结构中。钢材也存在易腐蚀、耐火性差、生产能耗大等缺点。本章主要介绍建筑钢材的性能、分类及维护等内容。

　　钢材的分类方法按其成分、脱氧程度、品质、用途等有以下几种。

1. 按化学成分分

　　(1) 碳素钢。碳素钢的主要化学成分是铁，其次是碳，此外还含有少量的硅、锰、磷、硫、氧、氮等微量元素。碳素钢根据含碳量的高低，分为低碳钢(含碳量小于 0.25%)、中碳钢(含碳量为 0.25%～0.60%)、高碳钢(含碳量大于 0.60%)。

　　(2) 合金钢。合金钢是在碳素钢的基础上加入一种或多种改善钢材性能的合金元素，如锰、硅、钒、钛等。合金钢根据合金元素的总含量，又分为低合金钢(合金元素总量小于 5%)、中合金钢(合金元素总量为 5%～10%)、高合金钢(合金元素总量大于 10%)。

2. 按冶炼时脱氧程度分

　　在炼钢过程中，钢水中尚含有大量以 FeO 形式存在的氧，FeO 与碳作用生成 CO 从而在凝固的钢锭内形成许多气泡，降低了钢材的性能。为了除去钢中的氧，必须加入脱氧剂锰铁、硅铁及铝锭等，使之与 FeO 反应生成 MnO、SiO_2、Al_2O_3 等钢渣而被除去，这一过程称为"脱氧"。根据脱氧程度的不同，钢可分为镇静钢、沸腾钢、半镇静钢和特殊镇静钢。

　　(1) 镇静钢。镇静钢是脱氧较完全的钢，钢液浇注后平静地冷却凝固，基本无 CO 气泡产生。镇静钢均匀密实，各种力学性能优于沸腾钢，用于承受冲击荷载或其他重要结构。其代号为"Z"。

　　(2) 沸腾钢。沸腾钢脱氧很不完全，钢液冷却凝固时有大量 CO 气体外逸，引起钢液剧烈沸腾，故称为沸腾钢，其代号为"F"。沸腾钢内部气泡和杂质较多，致密程度较差，化学成分和力学性能不均匀，因此钢的质量较差。但因其成本低、产量高，被广泛应用于一般的建筑结构中。

　　(3) 半镇静钢。半镇静钢用少量的硅进行脱氧，钢的脱氧程度和性能介于镇静钢和沸腾钢之间，其代号为"B"。

　　(4) 特殊镇静钢。比镇静钢脱氧程度更彻底的钢，称为特殊镇静钢。特殊镇静钢的质量最好,适用于特别重要的建筑工程中,其代号为"TZ"。

3．按品质(杂质含量)分

(1)普通钢。含硫量不大于 0.050%,含磷量不大于 0.045%。

(2)优质钢。含硫量不大于 0.035%,含磷量不大于 0.035%。

(3)高级优质钢。含硫量不大于 0.025%,含磷量不大于 0.025%,高级优质钢的钢号后加"高"或"A"。

(4)特级优质钢。含硫量不大于 0.015%,含磷量不大于 0.025%,特级优质钢的钢号后加"E"。

4．按用途分类

(1)结构钢。主要用于建筑构件及机械零件,一般属于低碳钢或中碳钢。

(2)工具钢。主要用于各种刀具、量具及磨具,一般属于高碳钢。

(3)特殊钢。具有特殊物理、化学或机械性能的钢,如不锈钢、耐热钢、耐磨钢等,一般为合金钢。

建筑钢材一般分为型材、板材、线材和管材等几类。型材有钢结构用的角钢、槽钢、工字钢、方钢、钢板桩等。线材包括钢筋混凝土和预应力混凝土用的钢筋、钢丝与钢绞线等。板材包括用于桥梁、房屋和建筑机械的中厚钢板以及屋面、墙面、楼板中适用的薄钢板。管材主要用于钢构架及供水、供气管线等。

建筑上常用的钢种主要是普通碳素钢中的低碳钢和普通合金钢中的低合金钢。

9.2　钢材的主要性能

9.2.1　力学性能

钢材的主要力学性能有抗拉性能、冲击韧性、耐疲劳性等。

1．抗拉性能

拉伸是建筑钢材的主要受力形式,因而抗拉性能是建筑钢材最重要的力学性能。钢材受拉时,在产生应力的同时,相应地产生应变。低碳钢拉伸时的应力-应变曲线如图 9.1 所示,低碳钢从受拉开始至断裂经历了 4 个阶段。

1)弹性阶段

曲线上的 OA 段应力应变呈线性关系,在此阶段内,若去除外力,试件恢复原状。应力应变呈比例的最高点(A 点)所对应的应力称为比例极限,用 σ_p 表示。在 OA 段应力与应变的比值为常数,即弹性模量 $E(E=\sigma/\varepsilon)$。弹性模量反映钢材抵抗弹性变形的能力,是钢材重要的力学指标。建筑工程中常用钢材的弹性模量为 $2.0\times10^5\sim2.1\times10^5$ MPa。

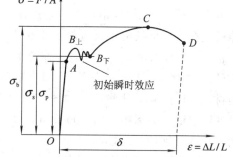

图 9.1　低碳钢拉伸应力-应变图

2）屈服阶段

应力超过弹性极限后，材料开始出现塑性变形，材料暂时失去了对变形的抵抗能力，应变增长很快而应力变化很小，这种现象称为屈服。

屈服阶段的 B_E 点、B_F 点分别称为上屈服点和下屈服点。由于下屈服点比较稳定且容易测定，因此，工程上采用下屈服点的应力作为钢材的屈服极限，用 σ_s 表示。由于钢材受力达到屈服极限后已不能满足正常使用要求，因此结构设计中以屈服强度作为钢材强度取值的依据。

3）强化阶段

过了屈服阶段材料恢复了对变形的抵抗能力，应力增加，变形增大，曲线上最高点 C 对应的应力称为强度极限，用 σ_b 表示。强度极限是钢材抵抗断裂破坏能力的一个重要指标。

屈服强度与强度极限之比称为屈强比，屈强比是评价钢材使用可靠性和强度利用率的一个参数。屈强比越小，结构的可靠性越高，但屈强比过小时，钢材强度的利用率偏低，造成浪费。建筑结构用钢的合理屈强比一般为 0.60～0.75。

4）颈缩断裂阶段

应力达到强度极限后，试件在薄弱处的断面产生"颈缩"现象，直至断裂。

如图 9.2 所示，将拉断后的试件拼合起来，测定出标距范围内的长度 L_1，试件的绝对变形 (L_1-L_0) 与原标距 L_0 之比称为伸长率，用 δ 表示：

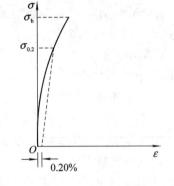

图 9.2　试件拉伸前和断裂后标距的长度

$$\delta = \frac{L_1 - L_0}{L_0} \times 100\% \qquad (9-1)$$

式中：L_0——试件原始标距长度（mm）；

　　　L_1——试件断裂拼合后标距长度（mm）。

伸长率是衡量钢材塑性的一个重要指标，δ 越大说明钢材塑性越好。钢材的塑性大，不仅便于进行各种加工，而且可将结构上的局部高峰应力重新分布，避免应力集中。钢材在塑性破坏前，有很明显的变形和较长的变形持续时间，便于人们发现和补救，从而保证钢材在建筑上的安全使用。

塑性变形在试件标距内的分布是不均匀的，颈缩处的变形最大，离颈缩部位越远其变形越小。所以，原始标距与直径之比越小，则颈缩处伸长值在整个伸长值中所占的比重越大，计算出的 δ 值越大。通常以 δ_5（$L_0=5d_0$ 时的伸长率，d_0 为钢材的直径）或 δ_{10}（$L_0=10d_0$ 时的伸长率）为基准。对同一种钢材，δ_5 小于 δ_{10}。某些钢材的伸长率是采用定标距试件测定的，如标距 $L_0=100$ mm 或 $L_0=200$ mm，则伸长率分别用 δ_{100} 或 δ_{200} 表示。

中碳钢和高碳钢的拉伸曲线与低碳钢不同，其抗拉强度高，无明显屈服阶段，伸长率小，难以测定屈服点。如图 9.3 所示，规定产生残余变形为原标距长度的 0.2% 时所对应的应力值为屈服强度，称为条件屈服强度，用 $\sigma_{0.2}$ 表示。

图 9.3　中碳钢、高碳钢的应力-应变图

2. 冲击韧性

冲击韧性是指钢材抵抗冲击荷载作用而不破坏的能力。冲击韧性指标通过冲击试验来确定，如图 9.4 所示。用试验机摆锤冲击带有"V"形缺口标准试件的背面，试件缺口处受冲击破坏后，缺口处单位面积所消耗的功(J/cm^2)即为冲击韧性指标，以 α_k 表示：

$$\alpha_k = \frac{W}{A} = \frac{P(H-h)}{A} \tag{9-2}$$

式中：W——摆锤所做的功(J)；

$\quad\quad$ P——摆锤重量(N)；

$\quad\quad$ H——冲击前摆锤扬起的高度(m)；

$\quad\quad$ h——冲击后摆锤向后摆动的高度(m)；

$\quad\quad$ A——标准试件缺口处的截面面积(cm^2)。

显然 α_k 值越大，说明钢材断裂前吸收的能量越多，钢材的冲击韧性越好，抵抗冲击作用的能力越强。

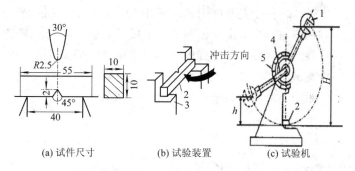

(a) 试件尺寸　　　(b) 试验装置　　　(c) 试验机

1—摆锤；2—试件；3—试验台；4—指针；5—刻度盘；

H—冲击前摆锤扬起的高度；h—冲击后摆锤向后摆动的高度

图 9.4　冲击韧性试验图(单位：mm)

影响钢材冲击韧性的因素很多。当钢材中的磷、硫含量较高时，化学成分不均匀，含有非金属夹杂物以及焊接中形成的微裂纹等都会使冲击韧性显著降低。温度对钢材冲击韧性的影响也很大。某些钢材在常温(20℃)条件下呈韧性断裂，而当温度降低到一定程度时，α_k 值急剧下降而使钢材呈脆性断裂，这一现象称为低温冷脆性，这时的温度称为脆性临界温度。脆性临界温度越低，说明钢材抗低温冲击性能越好。另外，钢材随时间的延长，强度会逐渐提高，冲击韧性下降，这种现象称为时效。时效敏感性越大的钢材，经过时效以后其冲击韧性降低越显著。为了保证安全，对于承受动荷载的重要结构，应选用时效敏感性小的钢材。

对于重要的结构以及承受动荷载作用的结构，特别是处于低温条件下的结构，应保证钢材具有一定的冲击韧性。

3. 耐疲劳性

钢材在承受交变(数值和方向都有变化的)荷载的反复作用时，在应力低于其屈服强度的情况下突然发生脆性断裂破坏的现象，称为钢材的疲劳破坏。一般把钢材在交变应力循环次数 $N = 10 \times 10^6$ 次时不破坏的最大应力定义为疲劳强度或疲劳极限。在设计承受反复荷载作用的结构时，应了解所用钢材的疲劳极限。

钢材的疲劳破坏，一般认为是由拉应力引起的。首先在局部开始形成细小裂纹，随后由于裂纹尖角处的应力集中而使裂纹迅速扩展直至钢材断裂。因此，钢材疲劳强度不仅取决于其内部组织，而且也取决于应力最大处的表面质量及内应力大小等因素。钢材的抗拉强度高，其疲劳极限也高。

9.2.2　工艺性能

建筑钢材在使用前，大多需进行一定形式的加工。良好的工艺性能可保证钢材顺利通过各种加工，而使钢材制品的质量不受影响。

1. 冷弯性能

冷弯性能是指钢材在常温下承受弯曲变形的能力。衡量钢材冷弯性能的指标有两个，一个是试件的弯曲角度(α)，另一个是弯心直径(D)与钢材的直径或厚度(a)的比值(D/a)（见图 9.5）。冷弯试验是将钢材按规定的弯曲角度和弯心直径进行弯曲，若弯曲后试件弯曲处无裂纹、起层及断裂现象，即认为冷弯性能合格，否则为不合格。试验时采用的弯曲角度越大，弯心直径与钢材的直径或厚度的比值越小，即对冷弯性能的要求越高。

建筑构件在加工和制造过程中，常要把钢筋、钢板等钢材弯曲成一定的形状，这就需要钢材有较好的冷弯性能。钢材在弯曲过程中，受弯部位产生局部不均匀塑性变形，更有助于暴露钢材的某些内在缺陷。相对伸长率而言，冷弯是对钢材延性更严格的检验，更能反映钢材内部是否存在组织不均匀、夹杂物和内应力等缺陷。

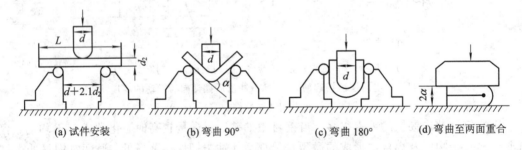

(a) 试件安装　　　　(b) 弯曲 90°　　　　(c) 弯曲 180°　　　(d) 弯曲至两面重合

图 9.5　钢筋冷弯

2. 冷加工强化及时效

钢材在常温下冷拉、冷拔和冷轧，其塑性、韧性降低，强度提高的现象称为钢材的冷加工强化。通常冷加工变形越大，则强度提高越多，而塑性和韧性下降也越大。

钢材经过冷加工后，在常温下放置 15～20 d，或加热到 100～200℃保持一段时间（2 h 左右），钢材的强度和硬度将进一步提高，塑性和韧性进一步下降，这种现象称为时效。前者称为自然时效，后者称为人工时效。通常对强度较低的钢筋采用自然时效，对强度较高的钢筋宜采用人工时效。

钢材在冷拉前后及时效处理后的性能变化规律，可在图 9.6 所示的 $\sigma - \varepsilon$ 图中得到反映。图中 $OABCD$ 为未经冷拉和时效试件的 $\sigma - \varepsilon$ 曲线。将钢筋拉伸超过屈服强度 σ_s（B 点对应的应力值）的任意一点 K，然后缓慢卸去荷载，则曲线沿 KO' 下降，其大致与 AO 平行；若卸载后重新加载，曲线将沿 $O'KCD$ 变化，屈服点由 B 点提高至 K 点；如果在 K 点卸荷后进行时效处理，然后再拉伸，则曲线将沿 $O'K_1C_1D_1$ 变化。由此表明钢筋经冷拉时效后，屈服强度和抗拉强度均得到提高，而塑性和韧性相应降低。

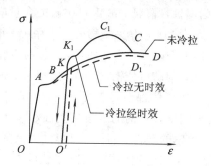

图 9.6　钢筋冷拉时效后应力-应变曲线

3. 焊接性能

焊接是各种型钢、钢板、钢筋的重要联结方式。建筑工程中的钢结构 90% 以上是焊接结构。焊接的质量取决于焊接工艺、焊接材料及钢材的焊接性能。

钢材的焊接性能（又称可焊）是指钢材在通常的焊接方法和工艺条件下获得良好焊接接头的性能。可焊性好的钢材焊接后不易形成裂纹、气孔、夹边等缺陷，焊头牢固可靠，焊缝及其附近受热影响区的性能不低于母材的力学性能，特别是强度不低于原有钢材，硬脆倾向小。

钢材的可焊性主要取决于钢材的化学成分。一般含碳量越高，可焊性越低。含碳量小于 0.25% 的低碳钢具有优良的可焊性，高碳钢的焊接性能较差。钢材中加入合金元素如硅、锰、钛等，将增大焊接硬脆性，降低可焊性。特别是当硫含量较多时，会使焊口处产生热裂纹，严重降低焊接质量。

9.2.3　钢的化学成分对钢材性能的影响

钢材中所含的元素很多，除了主要成分铁和碳外，还含有少量的硅、锰、硫、磷、氧、氮以及一些合金元素等，它们的含量决定钢材的性能和质量。

（1）碳。碳是钢材中的主要元素，是决定钢材性能的重要因素。当含碳量小于 0.8% 时，随着含碳量的增加，钢材的抗拉强度和硬度提高，而塑性和冲击韧性降低。当含碳量超过 1% 时，随着含碳量的增加，除硬度继续增加外，钢材的强度、塑性、韧性都降低。同时，含碳量增加，还将使钢的冷弯性能、耐腐蚀性和可焊性降低，冷脆性和时效敏感性增大。

（2）硅。硅是炼钢时为了脱氧而加入的元素。当钢材中含硅量在 1% 以内时，硅能增加钢材的强度、硬度、耐腐蚀性，且对钢材的塑性、韧性、可焊性无明显影响。当钢材中含硅量过高（大于 1%）时，将会显著降低钢材的塑性、韧性、可焊性，并增大冷脆性和时效敏感性。

（3）锰。锰是炼钢时为了脱氧而加入的元素，是我国低合金结构钢的主要合金元素。在炼钢过程中，锰和钢中的硫氧化合成 MnS 和 MnO，入渣排除，起到了脱氧排硫的作用。锰的作用主要是能显著提高钢材的强度和硬度，消除钢的热脆性，改善钢材的热加工性能和可焊性，几乎不降低钢材的塑性、韧性。

（4）铝、钒、铌、钛。它们都是炼钢时的强脱氧剂，也是最常用的合金元素。适量加入钢内能改善钢材的组织，细化晶粒，显著提高强度，改善韧性和可焊性。

（5）硫。硫是钢材中极有害的元素，多以 FeS 夹杂物的形式存在于钢中。由于 FeS 熔点低，易使钢材在热加工时内部产生裂痕，引起断裂，形成热脆现象。硫的存在，还会导致钢材的冲击韧性、可焊性及耐腐蚀性降低，故钢材中硫的含量应严格控制。

（6）磷。磷是钢中的有害元素，以 FeP 夹杂物的形式存在于钢中。磷会使钢材的塑性、韧性显著降低，尤其在低温下，冲击韧性下降更为明显，是钢材冷脆性增大的主要原因。磷还使钢的冷弯性能降低，可焊性变差。但磷可使钢材的强度、硬度、耐磨性、耐腐蚀性提高。

（7）氧、氮、氢。这三种有害气体都会显著降低钢材的塑性和韧性，应加以限制。氧大部分以氧化物夹杂形式存在于钢中，使钢的强度、塑性和可焊性降低，氮随着含量增加，能使钢的强度、硬度增加，但使钢的塑性、韧性、可焊性大大降低，还会加剧钢的时效敏感性、冷脆性和热脆性。钢中溶氢会引起钢的白点（圆圈状的断裂面）和内部裂纹，断口有白点的钢一般不能用于建筑结构。

9.3　建筑钢材的标准与分类

9.3.1　钢结构用钢

钢结构用钢按《钢结构设计规范》（GB 50017—2003）选用：保证承重结构承载力和防止在一定条件下出现脆性破坏，应根据结构的重要性、荷载特征、结构形式、应力状态、连接方法、钢材厚度和工作环境等因素综合考虑，选用适合的钢材牌号和材性。承重结构的钢材宜选用 Q235、Q345、Q390 和 Q420 钢，其质量应分别符合现行国家标准《碳素结构钢》（GB/T 700）和《低合金高强度结构钢》（GB/T 1591）的规定。当采用其他牌号的钢材时，应符合相应的有关标准规定和要求。

承重结构采用的钢材应具有高抗拉强度、伸长率、屈服强度和硫、磷含量的合格保证，对焊接结构还应具有含碳量的合格保证。焊接承重结构以及重要的非焊接承重结构采用的钢材还应具有冷弯试验的合格保证。需要验算疲劳的焊接结构钢材，应具有常温冲击韧性的合格保证；当结构工作温度不高于 0℃ 但高于零下 20℃ 时，Q235 和 Q345 钢应具有 0℃ 的冲击韧性的合格保证；当结构的工作温度不高于零下 20℃ 时，Q235 和 Q345 钢应具有零下 20℃ 的冲击韧性的合格保证；Q390 和 Q420 钢应具有零下 40℃ 的冲击韧性的合格保证。需要验算疲劳的非焊接结构的钢材，应具有常温冲击韧性的合格保证；当结构工作温度不高于零下 20℃ 时，Q235 和 Q345 钢应具有 0℃ 的冲击韧性的合格保证；Q390 和 Q420 钢应具有零下 20℃ 的冲击韧性的合格保证。

1. 碳素结构钢

《碳素结构钢》（GB/T 700—2006）中规定，碳素结构钢的牌号由代表屈服强度的字母、屈服强度数值、质量等级符号、脱氧方法符号四部分按顺序组成。

例如 Q345AF，其中，Q 为屈服强度的"屈"字汉语拼音首位字母；345 为屈服强度数值，A 为钢材的质量等级，碳素结构钢有 A、B、C、D 四个等级；F 为沸腾钢"沸"字汉语拼音首位字母（镇静钢用"Z"表示，特殊镇静钢用"TZ"表示，在牌号组成表示方法中，"Z"和"TZ"可以省略）。

碳素结构钢的牌号和化学成分如表 9-1 所示，力学性能如表 9-2 所示。

Q195、Q215 钢强度低，塑性和韧性好，易于冷弯加工，常用于制造钢钉、铆钉、螺栓及钢丝等。

表 9-1　碳素结构钢的化学成分（GB/T 700—2006）

牌号	等级	化学成分/%					脱氧方法
		C	Mn	Si	S	P	
					≤		
Q195	—	0.06～0.12	0.25～0.50	0.30	0.050	0.045	F, b, Z
Q215	A	0.09～0.15	0.25～0.55	0.30	0.050	0.045	F, b, Z
	B				0.045		
Q235	A	0.14～0.22	0.25～0.50	0.30	0.050	0.045	F, b, Z
	B	0.12～0.20	0.30～0.70		0.045		
	C	≤0.18	0.35～0.80		0.040	0.040	Z
	D	≤0.17			0.035	0.035	TZ
Q255	A	0.18～0.28	0.40～0.70	0.30	0.050	0.045	F, b, Z
	B				0.045		
Q195	—	0.28～0.38	0.50～0.80	0.45	0.050	0.045	b, Z

表 9-2　碳素结构钢的力学性能（GB/T 700—2006）

牌号	等级	拉伸试验													冲击试验	
		屈服点强度 σ_s/MPa						抗拉强度 σ_b/MPa	伸长率 δ/%						温度/℃	V形冲击功（纵向）/J
		钢板厚度（或直径）/mm							钢板厚度（或直径）/mm							
		≤16	>16~40	>40~60	>60~100	>100~150	>150		≤16	>16~40	>40~60	>60~100	>100~150	>150		
		≥							≥							
Q195	—	(195)	(185)	—	—	—	—	315~430	33	32						
Q215	A	215	205	195	185	175	165	335~450	31	30	29	28	27	26	—	—
	B														20	27
Q235	A	235	225	215	205	195	185	375~500	26	25	24	23	22	21	—	—
	B														20	27
	C														0	
	D														20	
Q255	A	255	245	235	225	215	205	410~550	24	23	22	21	20	19	—	—
	B														20	27
Q275	—	275	265	255	245	235	225	490~630	20	19	18	17	16	15	—	—

　　Q235 钢属于低碳钢，具有较高的强度，良好的塑性、韧性和可焊接性，能满足一般钢结构和混凝土结构用钢要求，冶炼方便，成本低，应用十分广泛。

　　Q275 钢，强度高但塑性和韧性较差，不易于冷弯加工，一般用于轧制钢筋、螺栓及配件、机械零件和工具等。

2. 优质碳素结构钢

《优质碳素结构钢》(GB/T 699—1999)规定,优质碳素结构钢的化学成分含量应符合表 9-3 要求。

表 9-3　优质碳素结构钢的化学成分(GB/T 699—1999)

牌号	化学成分/%							
	C	Si	Mn	P	S	Ni	Cr	Cu
						≤		
30Mn	0.27~0.35	0.17~0.27	0.50~0.80	0.035	0.035	0.25	0.25	0.25
35Mn	0.32~0.40	0.17~0.37	0.50~0.80	0.035	0.035	0.25	0.25	0.25
40Mn	0.37~0.45	0.17~0.37	0.50~0.80	0.035	0.035	0.25	0.25	0.25
45Mn	0.42~0.50	0.17~0.37	0.50~0.80	0.035	0.035	0.25	0.25	0.25
60Mn	0.57~0.60	0.17~0.37	0.70~1.00	0.035	0.035	0.25	0.25	0.25
65Mn	0.62~0.70	0.17~0.37	0.70~1.20	0.035	0.035	0.25	0.25	0.25

优质碳素结构钢成本高,一般用于重要结构的钢铸件及高强螺栓、预应力锚具、预应力钢丝和钢绞线等。

3. 低合金高强度结构钢

按《低合金高强度结构钢》(GB/T 1591—2008)的规定,钢的牌号由代表屈服强度的汉语拼音字母、屈服强度数值、质量等级符号三部分组成。如 Q345D,其中 Q 代表钢材的屈服强度,345 代表屈服强度的数值(MPa),D 为质量等级。当钢材需要厚度方向性能的要求时,则在规定的牌号后面加上代表厚度方向(Z 向)性能级别的符号,例如 Q345DZ15。低合金高强度结构钢的拉伸力学性能应符合表 9-4 规定。

表 9-4　低合金高强度结构钢的拉伸力学性能

牌号	质量等级	屈服点 σ_s/MPa				抗拉强度 σ_b/MPa	伸长率 δ/%	冲击功(A_{kv})(纵向)/J				180°弯曲试验 d 表示弯心直径;a 表示试件厚度(直径)	
		厚度(直径,边长)/mm						+20℃	0℃	−20℃	−40℃	钢材厚度(直径)/mm	
		≤15	>16~35	>35~50	>50~100							≤16	>16~100
		≥				≥		≥					
Q295	A	295	275	255	235	390~570	23	34	—	—	—	$d=2a$	$d=3a$
	B	295	275	255	235	390~570	23					$d=2a$	$d=3a$
Q345	A	345	325	295	275	470~630	21					$d=2a$	$d=3a$
	B	345	325	295	275	470~630	21					$d=2a$	$d=3a$
	C	345	325	295	275	470~630	22	34	34	34	27	$d=2a$	$d=3a$
	D	345	325	295	275	470~630	22					$d=2a$	$d=3a$
	E	345	325	295	275	470~630	22					$d=2a$	$d=3a$

续表

牌号	质量等级	屈服点 σ_s/MPa				抗拉强度 σ_b/MPa	伸长率 δ/%	冲击功(A_{kv})(纵向)/J				180°弯曲试验 d 表示弯心直径；a 表示试件厚度(直径)	
		厚度(直径，边长)/mm						+20℃	0℃	−20℃	−40℃	钢材厚度(直径)/mm	
		≤15	>16~35	>35~50	>50~100							≤16	>16~100
		$\geqslant$				$\geqslant$							
Q390	A	390	370	350	330	490~650	19					$d=2a$	$d=3a$
	B	390	370	350	330	490~650	19					$d=2a$	$d=3a$
	C	390	370	350	330	490~650	20	34	34	34	27	$d=2a$	$d=3a$
	D	390	370	350	330	490~650	20					$d=2a$	$d=3a$
	E	390	370	350	330	490~650	20					$d=2a$	$d=3a$
Q420	A	420	400	380	360	520~680	18					$d=2a$	$d=3a$
	B	420	400	380	360	520~680	18					$d=2a$	$d=3a$
	C	420	400	380	360	520~680	19	34	34	34	27	$d=2a$	$d=3a$
	D	420	400	380	360	520~680	19					$d=2a$	$d=3a$
	E	420	400	380	360	520~680	19					$d=2a$	$d=3a$
Q460	C	460	440	420	360	550~720	17	—	34	34	27	$d=2a$	$d=3a$
	D	460	440	420	360	550~720	17					$d=2a$	$d=3a$
	E	460	440	420	360	550~720	17					$d=2a$	$d=3a$

低合金高强度结构钢的含碳量都不超过 0.2%，多为氧气转炉、平炉或电炉冶炼的镇静钢，有害杂质少，质量稳定，具有良好的塑性、韧性和适当的可焊性。低合金高强度结构钢的力学性能优于碳素结构钢，和碳素结构钢相比，采用低合金高强度结构钢可以减少结构自重，加大结构跨度，节约钢材，经久耐用，适用于高层建筑或大跨度结构。

4. 建筑结构用钢板

建筑结构用钢板适用于制造高层建筑结构、大跨度结构及其他重要建筑结构。建筑结构用钢板的厚度为 6~100 mm，钢板的牌号由代表屈服强度的汉语拼音字母(Q)、屈服强度数值、代表高性能建筑结构用钢的汉语拼音字母(GJ)、质量等级符号(B、C、D、E)组成，如 Q345GJC；对于厚度方向性能钢板，在质量等级后面加上厚度方向性能级别(Z15、Z25 或 Z35)，如 Q345GJCZ25。

9.3.2 钢筋混凝土结构用钢

1. 热轧钢筋

1) 热轧光圆钢筋

《钢筋混凝土用钢第 1 部分：热轧光圆钢筋》(GB 1499 1—2008)由屈服强度特征值确

定为 235 级。钢筋的牌号由钢筋代号 HPB 及屈服强度数值等级构成。H 代表热轧，P 代表光圆，B 代表钢筋，其技术性能见表 9-5。

表 9-5　热轧光圆钢筋技术要求

表面形状	钢筋级别	强度等级代号	公称直径/mm	屈服点 σ_s/MPa	抗拉强度 σ_b/MPa	伸长率 δ/%	冷弯 d 表示弯心直径 a 表示钢筋公称直径
				≥			
光圆	I	HPB235	8～20	235	370	25	180°($d=a$)

2）热轧带肋钢筋

《钢筋混凝土用钢第 2 部分：带肋钢筋》(GB 1499 2—2007)中包括：普通热轧钢筋和细晶粒热轧钢筋。钢筋的牌号由钢筋代号 HRB、HRBF 及屈服强度数值等级构成。H 代表热轧，R 代表光圆，B 代表钢筋，F 代表细晶粒，其技术性能如表 9-6 所示。目前 HRB335 级的热轧带肋钢筋已被限制使用。

表 9-6　热轧带肋钢筋的分级及相应的技术要求

牌　号	公称直径/mm	σ_s(或 $\sigma_{p0.2}$)/MPa	σ_b/MPa	δ/%
		≥		
HRB335	6～25 28～50	335	490	16
HRB400	6～25 28～50	400	570	14
HRB500	6～25 28～50	500	630	12

《混凝土结构设计规范》(GB 50010—2002)提倡用 HRB400 级和 HRB335 级钢筋作为我国钢筋混凝土结构的主力钢筋，用高强度的预应力钢绞线、钢丝作为我国预应力混凝土结构的主力筋。

2. 余热处理钢筋

余热处理钢筋是指钢筋热轧后立即穿水，进行表面控制冷却，利用芯部余热自身完成回火处理所得到的成品钢筋。钢筋的形状通常为月牙肋（横肋的纵截面呈月牙形，且与纵肋不相交）。《钢筋混凝土用余热处理钢筋》(GB 13014—91)中余热处理的钢筋级别为Ⅲ，强度等级代号为 KL400。

3. 冷轧带肋钢筋

冷轧带肋钢筋是将热轧圆盘条冷轧成表面上沿长度方向均匀分布三面或两面横肋的钢筋。《冷轧带肋钢筋》(GB 13788—2008)的牌号由 CRB 和钢筋抗拉强度最小值构成，冷轧带肋钢筋分为 CRB550、CRB650、CRB800、CRB970 四个牌号。CRB550 为普通混凝土用钢筋，其他牌号为预应力混凝土用钢筋。冷轧带肋钢筋力学性能和工艺性能见表 9-7。

表 9 - 7　冷轧带肋钢筋的力学性能和工艺性能

牌号	抗拉强度 σ_b/MPa	伸长率/%		180°弯曲试验 D(弯心直径) d(钢筋公称直径)	反复弯曲次数	松弛率/% 初始应力 $\sigma=0.7\sigma_b$	
		δ_{10}	δ_{100}			1000 h	10 h
GRB500	≥550	8.0		$D=3d$		—	
GRB650	≥650	—	4.0		3	≤8	≤5
GRB800	≥800	—	4.0		3	≤8	≤5
GRB970	≥970	—	4.0		3	≤8	≤5
GRB1170	≥1170	—	4.0		3	≤8	≤5

4. 预应力混凝土用钢丝和钢绞线

预应力混凝土用钢丝为高强度钢丝，采用优质碳素结构钢经过冷拔或再回火等工艺处理制成。根据《预应力混凝土用钢丝》(GB/T 5223—2002)，该种钢丝按加工状态分为冷拉钢丝(代号 WCD)和消除应力钢丝两类。消除应力钢丝按松弛性能又分为低松弛级钢丝(代号 WLR)和普通松弛级钢丝(代号 WNR)。钢丝按外形可分为光圆(P)、螺旋肋(H)、刻痕(I)3 种。

经低温回火消除应力后钢丝的塑性比冷拉钢丝要高，刻痕钢丝是经压痕轧制而成，刻痕后与混凝土握裹力大，可减少混凝土裂缝。上述钢丝力学性能见表 9 - 8、表 9 - 9。

表 9 - 8　预应力混凝土用冷拉钢丝的力学性能

名称代号	公称直径/mm	抗拉强度 σ_b/MPa	屈服强度 $\sigma_{0.2}$/MPa	伸长率 δ ($L_0=200$ mm) /%	弯曲试验		断面收缩率 ψ/%	应力松弛性能	1000 h 后应力松弛率/%
					弯曲次数/180°	弯曲半径 R/mm		初始应力 $(X\sigma_b)$	
		≥			≥		≥		≤
WCD	3.00	1470	1100	1.5	4	7.5	35	0.7	8
	4.00	1570	1180		4	10			
		1670	1250						
	5.00	1770	1330		4	15			
	6.00	1470	1100		5	15			
	7.00	1570	1180		5	20	30		
		1670	1250						
	8.00	1770	1330		5	20			

按《预应力混凝土用钢丝》(GB/T 5223—2002)标准交货的钢丝产品标记应包含下列内容：预应力钢丝、公称直径、抗拉强度等级、加工状态代号、外形代号、标准号。例如直径为 7.00 mm，抗拉强度为 1570 MPa 低松弛的螺旋肋钢丝，其标记为：预应力钢丝 7.00 — 1570 — WLR — H — GB/T 5223 — 10D2。

预应力混凝土用钢绞线由 2 根、3 根或 7 根高强碳素钢丝经绞捻后消除内应力而制成。根据《预应力混凝土用钢绞线》(GB/T 5224—2003)，钢绞线按结构分为 5 类，其代号见表 9 - 10。

表 9 - 9　预应力混凝土用消除应力钢丝的力学性能

名称代号	公称直径/mm	抗拉强度 σ_b/MPa	屈服强度 $\sigma_{0.2}$/MPa		伸长率 δ ($L_0=200$ mm)/%	弯曲试验 弯曲次数/180°	弯曲半径 R/mm	应力松弛性能 初始应力 ($X\sigma_b$)	1000 h 后应力松弛率/%≤	
			WLR	WNR					WLR	WNR
		≥	≥	≥	≥					
P，H	4.00	1470	1100	1250		3	10			
		1570	1180	1330		3	10			
	4.80	1670	1250	1410		4	15			
	5.00	1770	1330	1500		4	15			
		1860	1640	1580		4	15			
	6.00	1470	1290	1250			15	0.6	1.0	4.5
	6.25	1570	1380	1330	3.5	4	20			
	7.00	1670	1470	1410		4	20	0.7	2.0	8
		1770	1560	1500			20			
	8.00	1470	1290	1250		4	20	0.8	4.5	12
	9.00	1570	1380	1330		4	25			
	10.00	1470	1290	1250		4	25			
	12.00					4	30			
I	≤5.00	1470	1290	1250						
		1570	1380	1330						
		1670	1470	1410			15	0.6	1.5	4.5
		1770	1560	1500				0.7	2.5	8
		1860	1640	1580	3.5	3		0.8	4.5	12
	>5.00	1470	1290	1250						
		1570	1380	1330			20			
		1670	1470	1410						
		1770	1560	1500						

表 9 - 10　钢绞线按结构分类

代　　号	钢绞线的结构
1X2	用两根钢丝捻制的钢绞线
1X3	用三根钢丝捻制的钢绞线
1X31	用三根刻痕钢丝捻制的钢绞线
1X7	用七根钢丝捻制的标准型钢绞线
(1X7)C	用七根钢丝捻制又经模拨钢绞线

　　预应力混凝土钢丝与钢绞线具有强度高、柔性好、无接头等优点，且质量稳定，安全可靠，施工时不需冷拉及焊接，主要用于大跨度桥梁、屋架、吊车梁、电杆、轨枕等预应力钢筋混凝土结构。

5. 预应力混凝土用热处理钢筋

　　预应力混凝土用热处理钢筋是用热轧螺纹钢筋经淬火和回火调制热处理而成，代号为RB150，按其螺纹外形分为有纵肋和无纵肋两种。根据《预应力混凝土用热处理钢筋》(GB/T 463—84)的规定，其力学性能的要求为屈服强度 $\sigma_{0.2} \geqslant 1325$ MPa，抗拉强度 $\sigma_b \geqslant 1470$ MPa，伸长率 $\sigma_{10} \geqslant 6\%$，1000 h 的松弛值不大于 3.5%，有 40Si2Mn、48Si2Mn 和

45Si2Cr 三个牌号。

预应力混凝土用热处理钢筋不能冷拉和焊接，且对应力腐蚀及缺陷敏感性较强。这种钢筋特点是塑性降低不大，强度提高很多，因此，可以代替高强钢丝使用。另外又因其锚固性好，预应力值稳定，所以主要用于预应力混凝土梁、预应力混凝土轨枕或其他各种预应力混凝土结构。

9.4 钢材的锈蚀与维护

9.4.1 钢材锈蚀的种类及原因

钢材表面与周围介质发生化学反应遭到破坏的现象称为钢材的锈蚀。钢材锈蚀的现象普遍存在，特别是当周围环境有侵蚀性介质或湿度较大时，锈蚀情况就更为严重。锈蚀不仅会使钢材有效截面面积减小，浪费钢材，而且会形成程度不等的锈坑、锈斑，造成应力集中，加速结构破坏，还会显著降低钢材的强度、塑性、韧性等力学性能。

根据钢材表面与周围介质的作用原理，锈蚀可分为化学锈蚀和电化学锈蚀。

(1) 化学锈蚀。化学锈蚀是指钢材表面直接与周围介质发生化学反应而产生的锈蚀。这种锈蚀多数是氧化作用，使钢材表面形成疏松的氧化物 FeO。FeO 钝化能力很弱，易破裂，有害介质可进一步进入而发生反应，造成锈蚀。在干燥环境下，化学锈蚀的速度缓慢。但在温度和湿度较高的环境条件下，化学锈蚀的速度大大加快。

(2) 电化学锈蚀。电化学锈蚀是由于金属表面形成了原电池而产生的锈蚀。钢材本身含有铁、碳等多种成分，由于这些成分的电极电位不同，形成许多微电池。在潮湿空气中，钢材表面吸附是极薄的水膜。在阳极区，铁被氧化成 Fe^{2+} 进入水膜，因为水中溶有氧，故在阴极区氧被还原成 OH^-，两者结合成不溶于水的 $Fe(OH)_2$，并进一步氧化成疏松易剥落的红棕色的铁锈 $Fe(OH)_3$。

钢材在大气中的锈蚀，是化学锈蚀和电化学锈蚀共同作用所致，以电化学锈蚀为主。

9.4.2 钢材的防锈

为了防止钢材生锈，确保钢材的良好性能和延长建筑物的使用寿命，工程中必须对钢材做防锈处理。建筑工程中常用的防锈措施如下：

(1) 在钢材表面施加保护层。在钢材表面施加保护层，使钢材与周围介质隔离，从而防止钢材锈蚀。保护层可分为金属保护层和非金属保护层。

金属保护层是用耐腐蚀性较好的金属，以电镀或喷镀的方法覆盖在钢材表面，从而提高钢材的耐锈蚀能力。常用的金属保护层有镀锌、镀锡、镀铬、镀铜等。

非金属保护层是用无机或有机物质做保护层。常用的是在钢材表面涂刷各种防锈涂料。防锈涂料通常分底漆和面漆两种。底漆要牢固地附着在钢材表面，隔断其与外界空气的接触，防止生锈；面漆保护底漆不受损伤或侵蚀。也可采用塑料保护层、沥青保护层、搪瓷保护层等。

(2) 制成耐候钢。耐候钢是在碳素钢和低合金钢中加入铬、铜、钛、镍等合金元素而制成的，如在低合金钢中加入铬可制成不锈钢。耐候钢在大气作用下，能在表面形成致密的防腐保护层，从而起到耐腐蚀作用。

对于钢筋混凝土中钢筋的防锈，可采取保证混凝土的密实度及足够的混凝土保护层厚度、限制原材料中氯的含量等措施，也可掺入防锈剂。

复习思考题

1. 镇静钢、沸腾钢有何优缺点？适用范围如何？

2. 低碳钢试件拉伸时经历了哪几个阶段？何谓比例极限 σ_p、屈服强度 σ_s 和强度极限 σ_b，说明屈强比 σ_s/σ_b 的实用意义。

3. 什么是钢材的冷弯性能和冲击韧性？有何实际意义？

4. 什么是钢材的冷加工和时效处理？它们对钢材性质有何影响？工程中如何利用？

5. 影响钢材可焊性的主要因素是什么？

6. 钢材的化学成分对其性能有什么影响？

7. 说明这些钢材牌号的含义：(1) Q195—F；(2) Q215—A—Z；(3) Q255—B。

8. 低合金高强度结构钢的牌号如何表示？为什么工程中广泛使用低合金高强度结构钢？

9. 混凝土结构工程中常用的钢筋、钢丝、钢绞线有哪些种类？如何使用？

10. 热扎带肋钢筋牌号如何表示？某热轧带肋钢筋的牌号为 HRB335，按规定抽取两根试件作拉伸试验。钢筋直径为 16 mm，原标距长 80 mm，达到屈服点时的荷载分别为 72.4 kN、72.2 kN，达到极限抗拉强度时的荷载分别为 105.6 kN、107.4 kN。拉断后测得标距部分长分别为 95.8 mm、94.7 mm。根据以上试验数据，判断该批钢筋的拉伸试验项目是否合格。

11. 钢筋锈蚀的原因有哪些？如何防锈？

第 10 章 木 材

木材应用于建筑，历史悠久。我国在木材建筑技术和木材装饰艺术上都有很高的水平和独特风格，如北京故宫、天津蓟县独乐寺、山西应县木塔等都著称于世。时至今日，尽管现代建筑材料迅速发展，研究和生产了很多新型建筑材料，但由于木材有其独特的性质，在建筑工程上仍得到广泛的应用。桁架、屋架、梁柱、模板、门窗、地板、家具、装饰等都要用到木材。

木材具有以下优点：

(1) 轻质高强。木材的表观密度小但强度高(顺纹抗拉强度可达 50～150 MPa)，比强度大；

(2) 具有良好的弹性和韧性，抵抗冲击和振动荷载作用的能力比较强；

(3) 良好的加工性能，可锯、刨、钉、钻；

(4) 在干燥环境或水中有良好的耐久性；

(5) 绝缘性能好；

(6) 保温性能好；

(7) 有美丽的天然纹理。

木材的组成和构造是由树木生长的需要而决定的，因此人们在使用时必然会受到木材自然属性的限制，主要有以下几个方面：

(1) 构造不均匀，呈各向异性；

(2) 天然缺陷多(如木节、斜纹、裂缝等)，易腐朽、虫害等；

(3) 具有湿胀干缩的特点，易干裂、翘曲等；

(4) 养护不当，易腐朽、霉烂和虫蛀等；

(5) 耐火性差，易燃烧等。

木材是一种天然资源，其生长受环境等多种因素的影响，过度采伐树木，会直接破坏生态环境。因此，应尽量节约木材的使用并注意综合利用。

10.1 木材的构造

10.1.1 树木的分类

建筑工程中的木材是由树木加工而成的，树木的种类很多，一般按树叶可分为针叶树和阔叶树两大类。

针叶树树叶细长呈针状，多为常绿树，树干通直高大，易得大材，其纹理顺直，材质均匀，木质较软，易于加工，常称为软木材；针叶树材强度较高，表观密度小，胀缩变形小，耐腐蚀性较强，包括松树、杉树和柏树等树种。针叶树是建筑工程中主要应用的木材品种，主要用作结构材料，如梁、柱、桩、屋架、门窗等。

阔叶树树叶宽大呈片状，多为落叶树，树干通直部分较短，不易得大材，其木质较硬，加工较困难，常称为硬木材；阔叶树材强度高，表观密度较大，胀缩变形大，易翘曲开裂，包括樟木、榉木、柚木、水曲柳、柞木、桦木、檀木等众多树种。由于阔叶树大部分具有美丽的天然纹理，故特别适于室内装修或制造家具及胶合板、拼花地板等装饰材料。

10.1.2　木材的构造

由于树木的生长受自然环境的影响，因而木材的构造差异很大，而木材的构造是决定木材性质的主要因素。因此，对木材的构造的研究是掌握木材性能的主要依据。木材的构造可从宏观和微观两方面研究。

1. 木材的宏观构造

宏观构造是用眼睛和放大镜观察到的木材的构造。通常通过三个不同的锯切面来进行分析，即横切面(垂直于树轴的面)、径切面(通过树轴的纵切面)和弦切面(平行于树轴的纵切面)。

从横切面上观察，木材由树皮、木质部和髓心三个部分组成(见图10.1)，其中木质部是木材的主体。木质部颜色不均一，一般而言，靠近树皮的色浅部分称为边材；靠近髓心的色深部分称为芯材。边材含水量较多，易翘曲变形，耐腐蚀性较差；芯材含水量较少，不易翘曲变形，耐腐蚀性较强。一般芯材比边材利用价值要大一些。

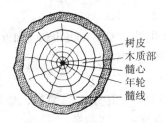

图10.1　木材横切面图

从横切面上可看到木质部有深浅相间的同心圆，称为年轮，即树木一年中生长的部分。在同一年轮中，春季生长的部分，色较浅，材质较软，称为春材(或早材)；夏秋季生长的部分，色较深，材质较硬，称为夏材(或晚材)。

从横切面上还可看到从髓心向四周辐射的线条，称为髓线。树种不同，髓线宽细不同，髓线宽大的树种易沿髓线产生干裂。

2. 木材的微观构造

在显微镜下观察到的木材组织称为微观构造。

从显微镜下观察，可看到木材是由无数的管状细胞组成，大多数细胞为纵向排列，少数横向排列(如髓线)。每个细胞又由细胞壁和细胞腔两部分组成。细胞壁由细纤维组成，细胞壁的厚薄对木材的表观密度、强度、变形都有影响。细胞壁愈厚，木材的表观密度愈大、强度愈高，湿胀干缩变形也愈大。

一般阔叶树细胞壁比针叶树厚，夏材比春材厚。

木材细胞的种类有管胞、导管、树脂道、木纤维等。髓线由联系很弱的薄壁细胞所组成。针叶树主要由管胞和木纤维组成，阔叶树主要由导管、木纤维及髓线组成。

10.2　木材的主要技术性质

10.2.1　木材的含水率

1. 含水率

木材的含水量用含水率表示，指木材所含水的质量占木材干燥质量的百分比。

木材吸水的能力很强，其含水量随所处环境的湿度变化而异，所含水分由自由水、吸附水、结合水三部分组成。吸附水存在于细胞壁中，自由水存在于细胞腔和细胞间隙中，结合水存在于化学成分中。自由水的变化只与木材的表观密度、保水性、干燥性等有关，而吸附水的变化是影响木材强度和胀缩变形的主要因素，结合水在常温下不变化，故其对木材性质无影响。

2. 含水率指标

影响木材物理力学性质和应用的最主要的含水率指标是纤维饱和点和平衡含水率。

纤维饱和点是木材仅细胞壁中的吸附水达到饱和而细胞腔和细胞间隙中无自由水存在时的含水率，是木材物理力学性质变化的转折点，一般在 25%～35%之间。

平衡含水率是指木材中的水分与周围空气中的水分达到吸收与挥发动态平衡时的含水率。平衡含水率因地域而异，我国西北和东北约为 8%，华北约为 12%，长江流域约为 18%，南方约为 21%。

10.2.2　木材的湿胀干缩与变形

木材的干湿变形较大，木材的细胞壁吸收或蒸发水分使木材产生湿胀或干缩。木材的湿胀干缩与纤维饱和点有关，当木材中的含水率大于纤维饱和点、只是自由水增减变化时，木材的体积无变化；当含水率小于纤维饱和点时，含水率降低，木材体积收缩；含水率提高，木材体积膨胀。因此，从微观上讲，木材的胀缩实际上是细胞壁的胀缩。

木材的干湿变形是各向异性的，顺纹方向胀缩最小，约为 0.1%～0.2%；径向次之，约为 3%～6%；弦向最大，约 6%～12%，木材弦向变形最大，是因管胞横向排列而成的髓线与周围联结较差所致；径向因受髓线制约而变形较小。一般阔叶树变形大于针叶树；夏材因细胞壁较厚，故胀缩变形比春材大。

湿胀干缩将影响木材的使用。干缩会使木材翘曲、开裂、接榫松动、拼缝不严。湿胀可造成表面鼓凸，所以木材在加工或使用前应预先进行干燥，使其接近于与环境湿度相适应的平衡含水率。

10.2.3　木材的强度

木材的强度可分为抗压、抗拉、抗剪、抗弯强度等，木材强度具有明显的方向性且差别很大。

抗压强度、抗拉强度、抗剪强度有顺纹和横纹之分（所谓顺纹是指作用力方向与纤维方向平行，横纹是指作用力方向与纤维方向垂直），而抗弯强度无顺纹和横纹之分。其中顺纹抗拉强度最大,可达 50~150 MPa,横纹抗拉强度最小。若以顺纹抗压强度为 1,则木材各强度之间的关系见表 10-1。

表 10-1 木材各强度之间关系

抗压		抗拉		抗弯	抗剪	
顺纹	横纹	顺纹	横纹		顺纹	横纹切断
1	1/10~1/3	2~3	1/20~1/3	1.5~2.0	1/7~1/3	0.5~1

注:以顺纹抗压为 1。

木材的强度除取决于本身的组织构造外,还与下列因素有关。

1. 含水率

木材的强度受含水率的影响很大,其规律是:当木材的含水率在纤维饱和点以下时,其强度随含水率降低而升高,即吸附水减少,细胞壁趋于紧密,木材强度增大,反之,吸附水增加,木材的强度就降低;当木材含水率在纤维饱和点以上变化时,木材强度不改变。含水率大小对木材的各种强度影响不同,如含水率对顺纹抗压及抗弯强度影响较大,而对顺纹抗拉和顺纹抗剪强度影响较小。

根据现行标准 GB 1938—1991 规定,木材的强度以含水率为 12% 时的测定值 f_{12} 为标准值,其他含水率为 w% 时测得的强度 f_w,可按下式换算成 f_{12}:

$$f_{12} = f_w \cdot [1 + \alpha(\omega - 12)] \tag{10-1}$$

式中:f_{12}——含水率为 12% 时的强度值;

f_w——含水率为 w% 时的实测强度值;

ω——含水率;

α——含水率校正系数,其中

顺纹抗压 $\alpha = 0.05$;

横纹抗压 $\alpha = 0.045$;

顺纹抗拉 $\alpha = 0.015$,针叶树 $\alpha = 0$;

顺纹抗剪 $\alpha = 0.03$;

抗弯 $\alpha = 0.04$。

2. 荷载作用时间

荷载作用持续时间越长,木材抵抗破坏的强度越低。木材的持久强度(长期荷载作用下不引起破坏的最大强度)一般仅为极限强度的 50%~60%。

3. 疵病

木材中存在的缺陷,如腐朽、木节(死节、漏节、活节)、斜纹、乱纹、干裂、虫蛀等都会导致木材的强度降低。

4. 温度

木材不宜用于长期受较高温度作用的环境中,因为随温度升高,木材中的有机胶质会软化。实验表明,温度从 25℃ 升到 50℃ 时,木材抗压强度降低 20%~40%,抗拉和抗剪强度降低 12%~20%;若长期处于 40~60℃ 的环境中,会引起木材缓慢碳化;若超过 100℃,则导致木质分解,使木材强度降低。

10.3　木材的应用及防护

10.3.1　木材的种类与分等

建筑用木材根据材种(按制材规定可提供的木材商品种类及加工程度)可分为原条、原木、锯材、枕木四种形式。

原条是指已去除根、皮、梢，但尚未按一定尺寸加工成规定尺寸的木料，主要用于建筑工程的脚手架、建筑用材和家具等。

原木是指去除根、皮、梢，并按一定尺寸规格和直径要求锯切和分类的圆木段。原木可分为加工用原木、直接用原木和特级原木，主要用于建筑工程的屋架、檩条、椽木等，也可用作桩木、电杆、坑木等。

锯材是指原木经纵向锯解加工成材的木料；凡宽度为厚度的 3 倍或 3 倍以上的木料称为板材，凡宽度不足厚度 3 倍的木料称为枋材。锯材主要用于建筑工程、桥梁、家具、车辆、包装箱板等。

枕木是指按枕木断面和长度加工而成的材料，主要用于铁道工程。

根据现行标准规定：加工用原木与普通锯材根据各种缺陷的容许限度分为一等、二等和三等。

建筑上承重结构用木材，按受力要求分成Ⅰ级、Ⅱ级和Ⅲ级三级。Ⅰ级用于受拉或受弯构件，Ⅱ级用于受弯或受压弯的构件，Ⅲ级用于受压构件及次要受弯构件。

10.3.2　人造板材

天然木材的生长受到自然条件的制约，木材的物理力学性质也受到很多因素的影响。与天然木材不同，人造板材具有很多特点：可以节约优质木材，消除木材各向异性的缺点，能消除木材疵病对木材的影响，不易变形，小直径原木可制得宽幅板材等。因此，人造板材在建筑工程中(尤其是装饰工程中)得到广泛的应用。

1. 胶合板

胶合板亦称层压板。由蒸煮软化的原木旋切成大张薄片，然后将各层纤维方向相互垂直放置，用耐水性好的合成树脂胶黏结，再经加压、干燥、锯边、表面修整而成的板材。其层数成奇数，一般为 3～13 层，分别称为三合板、五合板等。胶合板大大提高了木材的利用率，其主要特点是：由小直径的原木就能制得宽幅的板材；因其各层单板的纤维互相垂直，故能消除各向异性，得到纵横一样的均匀强度；干湿变形小；没有木节和裂纹等缺陷，而且表面平整，有美丽花纹，极富装饰性。胶合板广泛用作建筑室内隔墙板、天花板、门框、门面板以及各种家具及室内装修等。用来制作胶合板的树种有椴木、桦木、水曲柳、榉木、色木、柳桉木等。

依胶合质量和使用胶料不同，分为四类。其名称、特性和用途见表 10-2。

胶合板的尺寸规格(单位为 mm)：阔叶树材胶合板的厚度为 2.5、2.7、3.0、3.5、4、5、6、…、24，自 4 mm 起，按 1 mm 递增；针叶树材胶合板的厚度为 3、3.5、4、5、6……自 4 mm 起，按 1 mm 递增；宽度有 915、1220、1525 三种规格；长度有 915、1525、1830、

2135、2440 五种规格。常用的规格为 1220 mm×2440 mm×(3~3.5)mm。

表 10 - 2　胶合板分类、特性及适用范围

种类	分类	名称	胶种	特性	适用范围
阔叶材普通胶合板	I 类	NFQ（耐气候、耐沸水胶合板）	酚醛树脂胶或其他性能相当的胶	耐久、耐煮沸或蒸汽处理、耐干热、抗菌	室外工程
	II 类	NS（耐水胶合板）	脲醛树脂胶或其他性能相当的胶	耐冷水浸泡及短时间热水浸泡、抗菌、不耐煮沸	室外工程
	III 类	NC（耐潮胶合板）	血胶、带有多量填料的脲醛树脂胶或其他性能相当的胶	耐短期冷水浸泡	室内工程（一般常态下使用）
	IV 类	BNS（不耐水胶合板）	豆胶或其他性能相当的胶	有一定胶合强度但不耐水	室内工程（一般常态下使用）
松木普通胶合板	I 类	I 类胶合板	酚醛树脂胶或其他性能相当的合成树脂胶	耐水、耐热、抗真菌	室外工程
	II 类	II 类胶合板	脱水脲醛树脂胶，改性脲醛树脂胶或其他性能相当的胶	耐水、抗真菌	潮湿环境下使用的工程
	III 类	III 类胶合板	血胶和加少量填料的脲醛树脂胶	耐湿	室外工程
	IV 类	IV 类胶合板	豆胶和加多量填料的脲醛树脂胶	不耐水湿	室内工程（干燥环境下使用）

2. 纤维板

纤维板是将树皮、刨花、树枝等废料经破碎、浸泡、研磨成木浆，再经加压成型、干燥处理而制成的板材。根据成型时温度与压力不同，可分为硬质纤维板、半硬质纤维板和软质纤维板三种。纤维板构造均匀，完全克服了木材的各种缺陷，不易变形、翘曲和开裂，各向同性，力学性质均匀，隔声、隔热、电绝缘性能较好，无疵病，加工性能好。硬质纤维板密度大，强度高，可用于建筑物的室内装修、车船装修和制作家具，也可用于制造活动房屋及包装箱。半硬质纤维板可作为其他复合板材的基材及复合地板。软质纤维板密度低，吸湿性大，但其保温、吸声、绝缘性能好，故可用于建筑物的吸声、保温及装修。

纤维板的常用规格见表 10 - 3。

表 10 - 3　纤维板常用规格　　　　　　　　　　　　mm

	硬质纤维板	软质纤维板
长	1830, 2000, 2135, 2440, 3050, 5490	1220, 1835, 2130, 2330
宽	610, 915, 1000, 1220	610, 915
厚	3, 4, 5, 8, 10, 12, 16, 20	10, 12, 13, 15, 19, 25

3. 细木工板

细木工板是利用木材加工过程中产生的边角废料，经整形、刨光施胶、拼接、贴面而制成的一种人造复合板材。细木工板是由上下二层为夹板、中间为小块木条压挤连接作芯材复合而成。板芯一般采用充分干燥的短小木条，板面采用单层薄木或胶合板。细木工板不仅是一种综合利用木材的有效措施，而且这样制得的板材构造均匀、尺寸稳定、幅面较大、厚度较大。除可用作表面装饰外，也可直接兼作构造材料。

细木工板按制作方法可分为热压和冷压两种。冷压是芯材和夹板胶合，只经过重压，所以表面夹板易翘起；热压是芯材和夹板经过高温、重压、胶合等工序制作而成，板材不易脱胶，比较牢固。

细木工板按面板材质和加工工艺质量，分为一、二、三 3 个等级，其常用尺寸为 2440 mm×1220 mm×16 mm。

细木工板具有较大的硬度和强度，质轻，耐久且易加工，适用于制作家具底材或饰面板，也是装修木作工程的主要材料。但若采用质量较差的细木工板，则空隙太大，费工较多，容易变形。因此，使用时应谨慎选用。

4. 刨花板

刨花板是将木材加工后的木屑、木刨花或木质纤维料等，经切碎、筛选后拌入胶料、硬化剂、防水剂等经成型、热压而成的一种人造板材。

刨花板具有板面平整挺实、材质均匀、密度小、强度高、板幅大、质轻、保温、较经济、加工性能好等特点。如经过特殊处理后，还可制得防火、防霉、隔声等不同性能的板材。

刨花板常用规格为 2440 mm×1220 mm×(6、8、10、13、16、19、22、25、30、…)mm 等。

刨花板适用于保温、吸声或室内装饰及制作各种木器、家具等，使用时不宜用钉子钉，因刨花板中木屑、木片、木块结合疏松，易使钉孔松动。因此，在通常情况下，应采用木螺丝或小螺栓固定。

5. 木丝板

木丝板是将木材碎料刨锯成木丝，经化学处理，用水泥、水玻璃胶结压制而成，表面木丝纤维清晰，有凹凸，呈灰色。

木丝板具有质轻、隔热、吸声、隔音、韧性强、美观、可任意粉刷、喷漆、调配色彩、耐用度高，不易变质腐烂，防火性能好，施工简便，价低等特点。

木丝板规格尺寸为：长 1800～3600 mm，宽 600～1200 mm，厚 4 mm、6 mm、8 mm、10 mm、12 mm、16 mm……，自 12 mm 起，按 4 mm 递增。

木丝板主要用于天花板、壁板、隔断、门板内材、家具装饰侧板、广告或浮雕底板等。

6. 中密度纤维板(MDF)

中密度纤维板是以木质粒片在高温蒸汽热力下研化为木纤维，再加入合成树脂，经加压、表面砂光而制得的一种人造板材。

中密度纤维板具有密度均匀、结构强、耐水性高等特点。规格有：2440 mm×1220 mm，

1830 mm×1220 mm，2135 mm×1220 mm，2135 mm×915 mm，1830 mm×915 mm 等；厚度有 3.6 mm、6 mm、9 mm、10 mm、12 mm、15 mm、16 mm、18 mm、19 mm、25 mm。

中密度纤维板主要用于隔断、天花板、门扇、浮雕板、踢脚板、家具、壁板等，还可用作复合木地板的基材。

10.3.3　木材的防护

木材具有很多优点，但也存在两大缺点：一是易腐，二是易燃。因此在建筑工程中应用木材时，必须考虑木材的防腐和防火问题。

1. 腐朽与防腐

木材在适合的条件下，有良好的耐久性，但处于干湿交替环境中，木材会产生腐朽。俗语说："干千年，湿千年，干干湿湿两三年。"这就说明环境条件对木材的影响很大。木材的腐朽是由于真菌腐蚀所致，影响木材的真菌有霉菌和腐朽菌。霉菌以细胞腔内物质为养料，对木材无影响；腐朽菌则以细胞壁为养料，是造成木材腐朽的主要原因。腐朽菌在木材中生存和繁殖必须具备三个条件，即水分、适宜的温度和空气中的氧。所以木材完全干燥和完全浸入水中（缺氧）都不易腐朽。当木材处于含水率 15％～50％、温度为 25～30℃，又有足够空气的条件下，腐朽菌最易生存和繁殖，木材也最易腐朽。

木材防腐的途径是破坏腐朽菌生存和繁殖条件。通常防止木材腐朽的措施有以下两种：

（1）破坏真菌生存的条件。最常用的办法是：使木结构、木制品和储存的木材处于经常保持通风干燥的状态，并对木结构和木制品表面进行油漆处理，油漆涂层即使木材隔绝了空气，又隔绝了水分。

（2）采用化学防腐法。将木材用化学防腐剂涂刷或浸渍，使真菌无法寄生，从而起到防腐、防虫的目的。化学防腐法常用的防腐剂有水溶性和油溶性两类。水溶性防腐剂有氟化钠、硼铬合剂、氯化锌及铜铬合剂等；油溶性防腐剂有林丹、五氯酚合剂等。

2. 阻燃与防火

木材属木质纤维材料，易燃烧，其燃点很低，仅为 220℃，是具有火灾危险性的有机可燃物。木材在燃烧过程中，木质纤维燃烧并炭化（固相燃烧），同时受热分解，形成大量含高能活化基的可燃气体，活化基的燃烧又产生新的活化基（气相燃烧），燃烧温度可高达 800～1300℃，形成气固相燃烧链。因此，对木材进行阻燃及防火处理是个相当重要的问题。对木材进行阻燃处理，是通过抑制热分解、热传递、隔断可燃气体和空气的接触等途径，从而达到阻滞木材的固相燃烧和气相燃烧的目的。木材的防火处理是对木材表面进行涂刷或浸注防火涂料，在高温或火中产生膨胀，或者形成海绵状的隔热层，或者形成大量灭火性气体，以达到遇小火能自熄、遇大火能延缓或阻滞燃烧蔓延的目的，从而赢得扑救的时间，防范火灾事故的发生。

常用木材防火处理方法是在木材表面涂刷或覆盖难燃材料和用防火剂浸注木材。常用的阻燃剂和防火剂有磷酸铵、硼酸、氯化铵、溴化铵、氢氧化镁、含水氧化铝、CT－01－03 微珠防火涂料、A60－1 型改性氨基膨胀防火涂料、B60－1 膨胀型丙烯酸水性防火涂料等。

复习思考题

1. 木材的主要优缺点有哪些?
2. 木材的构造可分为哪几个方面?
3. 影响木材强度的因素有哪些?
4. 简述木材腐朽的原因及防腐方法。
5. 人造板材有哪些品种? 与天然板材相比,它们有何特点?

第11章 防 水 材 料

防水材料是指能防止雨水、地下水和其他水分渗透作用的材料，广泛应用于建筑物的屋面、地下室、卫生间、墙面、地面以及水利、桥梁、道路、隧道等工程。建筑防水工程按所用材料不同分为刚性防水和柔性防水，刚性防水常采用涂抹防水砂浆、浇筑掺外加剂的混凝土等做法，柔性防水常采用铺设防水卷材、涂敷防水涂料等做法。

防水材料品种多，有沥青基防水材料、高聚物改性沥青防水材料、树脂基防水材料、合成高分子防水材料等。防水卷材的胎体由纸胎向玻璃纤维胎或化纤胎方向发展；密封材料和防水涂料由低塑性的产品向高弹性、高耐久性的产品方向发展；施工方法由热熔法向冷黏法发展；防水设计也由多层向单层防水发展，由单一材料向复合型多功能材料发展。

11.1 沥 青

沥青是一种憎水性有机胶凝材料，在常温下呈黑色或黑褐色的固态、半固态和黏稠状液态，能溶于四氯化碳、二硫化碳、苯及其他有机溶剂。沥青具有良好的黏结性、不透水性、电绝缘性和耐腐蚀性，能抵抗一般酸、碱、盐等侵蚀性物质的侵蚀。

沥青是应用最广泛的防水材料，也是目前建筑防水材料的主体。沥青按产源不同分为地沥青(石油沥青、天然沥青)和焦油沥青(煤沥青、页岩沥青等)。建筑工程中主要应用石油沥青，也使用少量的煤沥青和天然沥青。

11.1.1 石油沥青

石油沥青是石油原油提炼出汽油、煤油、柴油和润滑油以后的残留物，或将残留物再加工而得到的产品。

1. 石油沥青的组分与结构

1) 组分

石油沥青是由许多高分子碳氢化合物及其衍生物组成的复杂混合物，主要组成是碳和氢。由于石油沥青的化学组成比较复杂，常将石油沥青中化学成分及物理、力学性质相近的物质划分为若干组，称为"组分"。石油沥青中各组分含量的多少，与沥青的性质有直接关系。沥青中各组分的主要特性如下：

(1) 油分。油分是石油沥青中最轻的组分，密度为 $0.7 \sim 1$ g/cm^3，常温下为淡黄色液体，能溶于有机溶剂(如丙酮、苯、三氯甲烷等)，但不溶于酒精。油分在石油沥青中的含量为 $40\% \sim 60\%$，赋予石油沥青流动性。

(2) 树脂。树脂为密度大于 1 g/cm^3 的黄色至黑褐色黏稠状半固体，能溶于汽油。树脂在石油沥青中的含量为 $15\% \sim 30\%$，赋予沥青塑性和流动性。

(3) 地沥青质。地沥青质是石油沥青中最重的组分，密度大于 1 g/cm^3，常温下为深褐色至黑色的固体粉末，能溶于二硫化碳和三氯甲烷，但不溶于汽油和酒精。地沥青质在石油沥青中的含量约为 $10\% \sim 30\%$，其含量越多，石油沥青的温度敏感性越小，黏性越大，也愈脆硬。

此外石油沥青中还含有一定量的固体石蜡，它会降低沥青的黏性和塑性，同时对温度特别敏感（即温度敏感性大），是石油沥青中的有害成分。

石油沥青中各组分是不稳定的。在阳光、热、氧气、水等外界因素作用下，密度小的组分会逐渐转化为密度大的组分，油分、树脂的含量会逐渐减少，地沥青质的含量逐渐增多，这一过程称为沥青的老化。沥青老化后流动性、塑性降低，脆性增加，易发生脆裂甚至松散，使沥青失去防水、防腐作用。

2) 石油沥青的结构

胶体理论认为油分、树脂和地沥青质是石油沥青的三大主要组分。油分和树脂可以互相溶解，树脂能浸润地沥青质，而在地沥青质的超细颗粒表面形成树脂膜。所以，石油沥青的结构是以地沥青质为核心，周围吸附部分树脂和油分，形成胶团，无数胶团分散在油分中形成胶体结构。在沥青胶体中，从地沥青质到油分是均匀逐步递变的，并无明显界面。

根据石油沥青中各组分的相对含量，其胶体结构可分为三种类型：溶胶型结构、凝胶型结构和溶-凝胶型结构。

(1) 溶胶型结构。当油分和树脂较多时，胶团外膜较厚，胶团之间相对运动较自由，这种胶体结构的石油沥青称为溶胶型石油沥青。溶胶型石油沥青的特点是：流动性和塑性较好，开裂后自行愈合能力较强，但对温度的稳定性较差，温度过高会流淌。

(2) 凝胶型结构。当油分和树脂含量较少时，胶团外膜较薄，胶团靠近聚集，相互吸引力增大，胶团间相互移动比较困难，这种胶体结构的石油沥青称为凝胶型石油沥青。凝胶型石油沥青的特点是：弹性和黏性较高，温度敏感性较小，开裂后自行愈合能力较差，流动性和塑性较低。

(3) 溶-凝胶型结构。当地沥青质不如凝胶型石油沥青中的多，而胶团间靠得又较近，相互间有一定的吸引力，形成一种介于溶胶型和凝胶型两者之间的结构，即溶-凝胶型结构。溶-凝胶型结构石油沥青的性质也介于溶胶型和凝胶型二者之间。这类沥青在高温时具有较低的感温性，低温时又具有较好的变形能力，大多数优质的石油沥青都属于这种结构类型。

2. 石油沥青的技术性质

1) 黏滞性（黏性）

黏滞性指石油沥青在外力作用下抵抗变形的能力，反映沥青材料内部阻碍其相对流动的一种特性。黏滞性大小与温度、石油沥青各组分含量有关。在一定的温度范围内，温度升高，黏滞性降低；反之，则黏滞性提高。石油沥青中地沥青质含量较多，同时有适量的树脂，而油分含量较少时，其黏滞性较大。

液态石油沥青的黏滞性用黏度表示，以液态石油沥青在一定的温度条件下，经过规定直径的孔漏下 50 mL 所需的时间(s)表示。黏度越大，沥青流出时间越长，则黏滞性越大。

固态或半固态石油沥青的黏滞性用针入度表示。针入度是指在 $25℃$ 的条件下，以质量为 100 g 的标准针，经 5 s 的时间沉入沥青中的深度，每深入 1/10 mm 定为 1 度。针入度越大，石油沥青的流动性越大，黏滞性越小。针入度是划分石油沥青牌号的主要依据。

2）塑性

塑性是指石油沥青在外力的作用下产生变形不破坏，外力去掉后仍能保持变形后的形状的性质。塑性是沥青性质的重要指标之一，石油沥青之所以能被制造成性能良好的柔性防水材料，在很大程度上取决于它的塑性。

石油沥青塑性大小与温度及各组分含量有关，温度升高，塑性增大，反之塑性降低。当石油沥青中树脂含量较多，同时有适量的油分和地沥青质存在时，塑性越大。塑性反映了石油沥青开裂后的自愈能力及受机械应力作用产生变形而不破坏的能力。在常温下，塑性较好的沥青产生裂缝时，也可能由于特有的黏塑性而自行愈合。

石油沥青的塑性用延度（延伸度）表示。延度是石油沥青被拉断时拉伸的长度，以 cm 为单位。延度越大，石油沥青的塑性越好。

3）温度敏感性

温度敏感性是指石油沥青的黏滞性和塑性随温度的升降而变化的性能，是沥青性质的重要指标之一。变化程度越小，表示沥青的温度敏感性越小；反之，温度敏感性越大。温度敏感性大的沥青，温度降低时，很快变成脆硬的物体，在外力作用下非常容易产生裂缝以致破坏；而当温度升高时即成为液体流淌，失去防水能力。因此，用于防水工程的石油沥青，要求具有较小的温度敏感性，以免出现低温时脆裂、高温时流淌的现象。

石油沥青中地沥青质含量较多，在一定程度上能减少其温度敏感性。沥青中含蜡量较多时，则会增大其温度敏感性。在实际使用时往往加入滑石粉、石灰石粉、橡胶或其他矿物填料来减小其温度敏感性。

石油沥青的温度敏感性用软化点表示。软化点是指石油沥青材料由固体状态转变为具有一定流动性的黏稠液体状态时的温度。软化点越高，沥青的温度敏感性越小。

4）大气稳定性

大气稳定性是指石油沥青在热、阳光、氧气和潮湿等因素的长期综合作用下抵抗老化的性能，也称为石油沥青材料的耐久性。在自然气候作用下，沥青的化学组分和性能都会发生变化，油分和树脂逐渐减少，地沥青质逐渐增多，使沥青的流动性和塑性逐渐减少，硬脆性逐渐增大，甚至脆裂。

石油沥青的大气稳定性以加热蒸发损失率和蒸发后针入度比来评定。其测定方法是：先测定沥青试样的质量和针入度，然后将试样置于加热损失专用烘箱内，在 163℃ 条件下蒸发 5 h，待冷却后再测定其质量和针入度。沥青的蒸发损失率和蒸发后针入度比可分别按下式计算：

$$蒸发损失率 = \frac{蒸发前沥青质量 - 蒸发后残留物质量}{蒸发前沥青质量} \times 100\% \qquad (11-1)$$

$$蒸发后针入度比 = \frac{蒸发后残留物针入度}{蒸发前沥青试样针入度} \times 100\% \qquad (11-2)$$

沥青的蒸发损失率越小，蒸发后针入度比越大，表示大气稳定性越好，老化越慢，耐久性越高。

5）安全性

沥青的闪点和燃点可用来评定其安全性品质。闪点和燃点的高低表明沥青引起火灾或爆炸的可能性大小，关系到运输、储存和加热使用等方面的安全。

石油沥青加热后会产生易燃气体,与空气混合遇火即发生闪火现象。当开始出现闪火时的沥青温度,称为闪点。是从防火要求提出的指标。施工时熬制沥青的温度不得超过闪点温度。

燃点是指加热沥青产生的气体和空气的混合物与火焰接触能持续燃烧 5 s 以上时,此时沥青的温度即为燃点。燃点温度比闪点温度约高 10℃。

3. 石油沥青的技术标准和选用

1) 石油沥青的技术标准

根据我国现行标准,石油沥青按用途不同分为道路石油沥青、建筑石油沥青、防水防潮石油沥青和普通石油沥青。石油沥青的牌号主要根据针入度、延度和软化点等指标划分,并以针入度值表示其牌号。沥青的牌号越大,黏滞性越小(即针入度越大),塑性越好(即延度越大),温度敏感性越大(即软化点越低)。

土木工程中使用的主要是建筑石油沥青和道路石油沥青,这两类石油沥青的技术标准见表 11-1。

表 11-1　建筑石油沥青和道路石油沥青技术标准

质量指标	建筑石油沥青 (GB/T 494—1998)			道路石油沥青 (SH 0522—2000)						
	10 号	30 号	40 号	A—200	A—180	A—140	A—100 甲	A—100 乙	A—60 甲	A—60 乙
针入度(25℃,100 g,5 s)/0.1 mm	10~25	26~35	36~50	200~300	160~200	120~160	90~120	80~120	50~80	40~80
延度(25℃,5 cm/min)/cm	≥1.5	≥2.5	≥3.5	—	≥100	≥100	≥90	≥60	≥70	≥40
软化点(环球法)/℃	≥95	≥75	≥60	30~45	35~45	38~48	42~52	42~52	45~55	45~55
溶解度(三氯乙烯、四氯化碳或苯)/%	≥99.5			≥99.0						
蒸发质量损失(163℃,5 h)/%	≤1			≤1						
蒸发后针入度比/%	≥65			≥50	≥60	≥60	≥65	≥65	≥70	≥70
闪点(开口)/℃	≥230			≥180	≥200	≥230	≥230	≥230	≥230	≥230

2) 石油沥青的选用

选用沥青材料时,应根据工程性质及当地气候条件、工作性质(房屋、道路、防腐)、使用部位(屋面、地下)以及施工方法等来选用不同品种和牌号的沥青(或选用 2 种牌号沥青混合使用)。对一般温暖地区、受日晒或经常受热部位,为防止受热软化,应选择牌号较小的沥青;在寒冷地区,夏季曝晒、冬季受冻的部位,要同时考虑受热软化和低温脆断,应选用中等牌号沥青;对一些不易受温度影响的部位,应选用牌号较大的沥青。当缺乏所需牌号的沥青时,可采用不同牌号的沥青进行掺配。

建筑石油沥青黏滞性较大,耐热性较好,塑性较差,主要用于生产防水卷材、防水涂料、沥青嵌缝油膏等,广泛应用于建筑防水及防腐工程。用于屋面防水的沥青材料不但要求黏滞性大,以便与基层联结牢固,同时要求温度敏感性小(即软化点高),以防夏季高温流淌,冬季低温脆裂。一般屋面沥青材料的软化点要高于当地历年来最高气温 20℃ 以上,但不宜过高,以防冬季开裂。对于屋面防水工程,需要选择软化点较高的沥青,常用 10 号或 10 号与 30 号掺配的混合沥青;对于地下防水工程要考虑沥青的耐老化性,一般选用软化点较低的沥青,通常为 40 号沥青。

道路石油沥青主要用于道路路面及厂房地面,用于拌制成沥青砂浆和沥青混凝土,可用作密封材料以及沥青涂料等。一般选用黏滞性较大和软化点较高的沥青品种。

4. 沥青的掺配

当单独使用一种沥青不能满足工程要求时,可用同产源的两种不同牌号沥青进行掺配。所谓同产源是指同属石油沥青,或同属煤沥青。两种沥青掺配的比例可按下式计算:

$$较软沥青掺量(\%) = \frac{较硬沥青软化点 - 要求的软化点}{较硬沥青软化点 - 较软沥青软化点} \times 100\%$$

$$软硬沥青掺量(\%) = 100 - 较软沥青掺量 \tag{11-3}$$

11.1.2 煤沥青

煤沥青是由煤干馏得到煤焦油,再将煤焦油蒸馏出轻油、中油、重油和蒽油后所剩的残渣中得到的副产品。煤沥青与石油沥青相比,主要有以下特点:韧性较差,容易因变形而开裂;温度敏感性较大,夏天易软化流淌,冬天易脆断;大气稳定性差,易脆断老化;含有蒽、萘和酚,故有毒性和刺激性臭味,具有较高的抗腐蚀作用;因表面活性物质较多,与矿物表面的黏附力好。煤沥青主要用于铺路、配制防腐剂和黏合剂,也可用于地面防潮、地下防水等工程。

11.1.3 改性石油沥青

建筑工程中使用的沥青应具备良好的综合性能,如在高温条件下要具有足够的强度和稳定性;低温条件下具备良好的弹性和塑性;在加工和使用过程中具有一定的抗老化能力;与各种矿物和结构表面要有较强的黏附力等。通常石油加工厂生产的沥青不一定能完全满足这些要求,使沥青防水工程漏水严重,缩短使用寿命。为此,常在沥青中加入橡胶、树脂和矿物填料等改性材料,来改善沥青的多种性能,以满足使用要求。

1. 橡胶改性沥青

橡胶是沥青的重要改性材料,常用的橡胶改性材料有氯丁橡胶、再生橡胶、热塑性丁苯橡胶(SBS)等。橡胶和沥青有很好的共混性,并能使石油沥青兼具橡胶的很多优点,如高温变形小、低温柔韧性好等。橡胶改性沥青克服了传统沥青材料热淌冷脆的缺点,提高了沥青材料的强度和耐老化性。

2. 树脂改性沥青

在沥青中掺入适量的树脂改性材料后,可以改善沥青的耐寒性、耐热性、黏结性和抗老化性。但树脂和石油沥青的相容性较差,而且可利用的树脂品种也较少,常用的树脂改性材料有古马隆树脂、聚乙烯、聚丙烯等。

3. 橡胶和树脂共混改性沥青

在沥青材料中同时掺入橡胶和树脂，使沥青同时具有橡胶和树脂的特性，而且树脂比橡胶便宜，橡胶和树脂又有较好的混溶性，故改性效果较好。常用的有氯化聚乙烯-橡胶共混改性沥青、聚氯乙烯-橡胶共混改性沥青等。

配制时，采用的原材料品种、配比、制作工艺不同可以得到许多性能各异的产品，如卷材、密封材料、防水涂料等。

4. 矿物填料改性沥青

在沥青中加入一定数量的矿物填料，可提高沥青的耐热性、黏滞性和大气稳定性，减小沥青的温度敏感性，同时可节省沥青用量。一般矿物填料的掺量为 20%～40%。

常用的矿物填料有粉状和纤维状两大类。粉状的有滑石粉、白云石粉、石灰石粉、粉煤灰、磨细砂等，纤维状的有石棉粉等。粉状矿物填料加入沥青中，可提高沥青的大气稳定性，降低温度敏感性，纤维状的石棉粉加入沥青中，可提高沥青的抗拉强度和耐热性。

11.2　防 水 卷 材

防水卷材是建筑防水材料的重要品种，是具有一定宽度和厚度并可卷曲的片状定型防水材料。目前防水卷材有沥青防水卷材、高聚物改性沥青防水卷材和合成高分子防水卷材三大系列。沥青防水卷材是我国传统的防水卷材，成本低、生产历史悠久、应用广泛，但沥青材料的温度敏感性大，低温柔韧性差，在大气作用下易老化，防水耐用年限短，为低档防水卷材。后两个系列的卷材较沥青防水卷材优异，是防水卷材的发展趋势。

防水卷材要满足建筑防水工程的要求，必须具备良好的不透水性、温度稳定性、机械强度、柔韧性、大气稳定性等各项性能。

11.2.1　沥青防水卷材

沥青防水卷材是用原纸、纤维织物、纤维毡等胎体浸涂沥青，表面撒布粉状、粒状和片状材料或用合成高分子膜、金属膜作为隔离材料而制成的。凡用厚纸和玻璃纤维布、石棉布等浸渍石油沥青制成的卷材，称为浸渍卷材（有胎卷材）；将石棉、橡胶粉等掺入石油沥青材料中，经碾压制成的卷材称为辊压卷材（无胎卷材）。沥青防水卷材种类较多，目前最常用的是石油沥青纸胎油毡、石油沥青玻璃布油毡、石油沥青玻璃纤维胎油毡、铝箔面油毡等。沥青防水卷材一般都是叠层铺设，热粘贴施工。

1. 石油沥青纸胎油毡

石油沥青纸胎油毡是用较低软点的石油沥青浸渍原纸制成油纸，然后用较高软化点的石油沥青涂盖油纸两面，再撒布或涂布隔离材料所制成的一种纸胎防水卷材。石油沥青纸胎油毡按所用隔离材料不同分为粉状面油毡和片状面油毡，表示为"粉毡"和"片毡"。

油毡按所用纸胎 1 m² 的重量克数分为 200 号、350 号和 500 号三种标号，按物理性能分为合格品、一等品和优等品三个等级。各标号、等级油毡的物理性能见表 11－2。其中，200 号油毡适用于简易防水、临时性建筑防水、防潮包装等，350 号和 500 号油毡适用于屋面、地下工程的多层防水。

表 11－2　石油沥青油毡物理性能

指标名称		标号	200 号			350 号			500 号		
		等级	合格品	一等品	优等品	合格品	一等品	优等品	合格品	一等品	优等品
单位面积浸涂材料总量/(g/cm²) ≥			600	700	800	1000	1050	1110	1400	1450	1500
不透水性	压力/MPa ≥		0.05			0.10			0.15		
	保持时间/min ≥		15	20	30	30		45	30		
吸水率(真空法)不大于/%	粉毡		1.0			1.0			1.5		
	片毡		3.0			3.0			3.0		
耐热度/℃			85±2	90±2		85±2	90±2		85±2	90±2	
			受热 2 h 涂盖层应无滑动和集中性气泡								
纵向拉力(25℃±2℃)/N ≥			240	270		340	370		440	470	
柔度/℃			18±2	18±2	16±2	14±2	18±2	14±2			
	要求		绕 ⌀20 mm 圆棒或弯板无裂纹						绕 ⌀25 mm 圆棒或弯板无裂纹		

2. 其他沥青卷材

为了克服纸胎油毡耐久性差、易腐烂、抗拉强度低、优质纸源消耗量大等缺点，通过改进胎体材料来改善沥青防水卷材的性能。目前建筑工程中已大量使用玻璃纤维、玻璃纤维布、压纹铝箔等为胎体材料生产沥青防水卷材，开发出玻璃布沥青油毡、玻璃纤维胎沥青油毡、铝箔胎沥青油毡、黄麻织物沥青油毡等一系列沥青防水卷材。常用沥青防水卷材的特点和适用范围见表 11-3。

表 11－3　常用沥青防水卷材的特点及适用范围

卷材名称	特　点	适用范围
石油沥青纸胎油毡	低温柔性差，防水耐用年限较短，价格较低	三毡四油、二毡三油辅设的屋面工程
玻璃布沥青油毡	柔韧性较好，抗拉强度较高，胎体不易腐烂，耐久性比纸胎油毡提高 1 倍以上	地下水及金属管道(热管道除外)的防腐保护层下防腐、防水层及屋面防水层
玻璃纤维胎沥青油毡	耐水性、耐久性、耐腐蚀性较好，柔韧性优于纸胎油毡	屋面或地下防水工程、包扎管道(热管道除外)作防腐保护层，其中 35 号可采用热熔法施工用于多层或单层防水
铝箔胎沥青油毡	防水功能好，有一定的抗拉强度，阻隔蒸汽渗透能力高	可以单独使用或与玻璃纤维毡配合用于隔气层，30 号油毡多用于多层防水工程的面层，40 号油毡适用于单层或多层防水工程的面层

对于屋面防水工程，根据《屋面工程技术规范》的规定，沥青防水卷材仅适用于屋面防水等级为Ⅲ级(一般的工业与民用建筑，防水耐用年限为 10 年)和Ⅳ级(非永久性的建筑，

防水耐用年限为 5 年)的屋面防水工程。对于防水等级为Ⅲ级的屋面,应选用三毡四油沥青卷材防水;对于防水等级为Ⅳ级的屋面,可选用二毡三油沥青卷材防水。

在生产沥青防水卷材时,撒布隔离材料的作用是防止油毡包装时彼此黏结,在使用前必须扫掉,否则会降低油毡与黏结剂的黏结力。储运时,卷材要立放,堆放高度不超过两层,堆放时应注意将油毡放在垫板上并防止日晒和雨淋。

11.2.2　高聚物改性沥青防水卷材

高聚物改性沥青防水卷材是以高聚合物改性沥青为涂盖层,纤维织物或纤维毡为胎体,粉状、粒状、片状或薄膜材料为覆面材料制成的防水卷材。在沥青中添加适量的高聚物可以改善沥青防水卷材温度稳定性差和延伸率小的缺点,具有高温不流淌、低温不脆裂、抗拉强度高、延伸率大的优良性能,且价格适中,属中低档防水卷材,是我国近期发展的主要防水卷材品种。

高聚物改性沥青防水卷材按高聚物的种类,有弹性体 SBS 改性沥青防水卷材、塑性体APP 改性沥青防水卷材、再生胶改性沥青防水卷材、聚氯乙烯改性沥青防水卷材、废橡胶粉改性沥青防水卷材等。此类防水卷材按厚度有 2 mm、3 mm、4 mm 和 5 mm 等规格,一般单层铺设,也可复合使用,根据不同卷材可采用热熔法、冷黏法、自黏法施工。

1. SBS 改性沥青防水卷材

苯乙烯-丁二烯-苯乙烯(SBS)作为改性沥青防水卷材,属弹性体沥青防水卷材中的一种。是以聚酯毡或玻璃纤维毡为胎基,以 SBS 作为改性剂涂盖在经沥青浸渍后的胎基两面,上表面撒以细砂、矿物粒(片)料或覆盖聚乙烯膜,下表面撒以细砂或覆盖聚乙烯膜所制成的防水卷材。SBS 改性沥青防水卷材以 10 m² 卷材的标称质量(kg)作为卷材的标号,其物理力学性能应符合表 11-4 的规定。

表 11-4　SBS 改性沥青防水卷材物理力学性能

序号	胎基		PY 聚酯胎		G 玻璃纤维胎	
	型号		Ⅰ型	Ⅱ型	Ⅰ型	Ⅱ型
1	可溶物含量/(g/cm³)　≥	2 mm	—		1300	
		3 mm	2100			
		4 mm	2900			
2	不透水性	压力/MPa　≥	0.3		0.2	0.3
		保持时间/min　≥	30			
3	耐热度/℃		90	105	90	105
			无滑动、流淌、滴落			
4	拉力/N/50 mm)　≥	纵向	450	800	350	500
		横向			250	300
5	最大拉力时延伸率/%　≥	纵向	30	40	—	
		横向				

续表

序号	胎基			PY 聚酯胎		G 玻璃纤维胎	
	型号			Ⅰ型	Ⅱ型	Ⅰ型	Ⅱ型
6	低温柔度/℃			−18	−25	−18	−25
				无裂纹			
7	撕裂强度/N ≥		纵向	250	350	250	350
			横向			170	200
8	人工气候加速老化	外观		1级			
				无滑动、流淌、滴落			
		拉力保持率/% ≥	纵向	80			
		低温柔度/℃		−10	−20	−10	−20
				无裂纹			

SBS 改性沥青防水卷材具有良好的不透水性和低温柔性，同时还具有抗拉强度高、延伸率大、耐腐蚀性及耐热性等优点。SBS 卷材适用于工业与民用建筑的屋面及地下、卫生间等的防水、防潮，以及游泳池、隧道、蓄水池等的防水工程。尤其适用于寒冷地区和结构变形频繁的建筑物防水。一般 35 号及其以下标号产品用于多层防水；45 号及其以上标号的产品可作单层防水或多层防水的面层，可采用热熔法施工，也可采用胶黏剂进行冷黏法施工。

2. APP 改性沥青防水卷材

无规聚丙烯酯(APP)改性沥青防水卷材属塑性体沥青防水卷材中的一种，是采用 APP 作为改性剂涂盖在经浸渍后的胎基两面，在上表面撒以细砂、矿物粒(片)料或覆盖聚乙烯膜，下表面撒以细砂或覆盖聚乙烯膜研制成的一种沥青防水卷材。胎基材料主要为玻璃纤维毡、聚酯毡等。APP 改性沥青防水卷材按其每 10 m^2 的质量数(kg)来划分牌号，其物理力学性能应符合表 11-5 的规定。

表 11-5 APP 卷材物理力学性能

序号	胎基			PY 聚酯胎		G 玻璃纤维胎	
	型号			Ⅰ型	Ⅱ型	Ⅰ型	Ⅱ型
1	可溶物含量/(g/cm³) ≥		2 mm	—		1300	
			3 mm	2100			
			4 mm	2900			
2	不透水性	压力/MPa ≥		0.3		0.2	0.3
		保持时间/min ≥		30			
3	耐热度/℃			110	130	110	130
				无滑动、流淌、滴落			

续表

序号	胎基			PY 聚酯胎		G 玻璃纤维胎	
	型号			Ⅰ型	Ⅱ型	Ⅰ型	Ⅱ型
4	拉力/(N/50 mm) ≥		纵向	450	800	350	500
			横向			250	300
5	最大拉力时延伸率/% ≥		纵向	25	40	—	
			横向				
6	低温柔度/℃			−5	−15	−5	−15
				无裂纹			
7	撕裂强度/N ≥		纵向	250	350	250	350
			横向			170	200
8	人工气候加速老化	外观		1 级			
				无滑动、流淌、滴落			
		拉力保持率/% ≥	纵向	80			
		低温柔度/℃		3	−10	3	−10
				无裂纹			

与弹性体沥青防水卷材相比，塑性体防水卷材具有更高的耐热性，但低温柔韧性较差。塑性体沥青防水卷材除了与弹性体沥青防水卷材的适用范围基本一致外，尤其适用于高温或有强烈太阳辐射地区的建筑物防水。一般 35 号以下标号产品用于多层防水；45 号及以上的产品可作单层防水或多层防水的面层，施工方法与 SBS 改性沥青防水卷材相同。

3. 其他改性沥青防水卷材

高聚物改性沥青防水卷材除 SBS 改性沥青防水卷材、APP 改性沥青防水卷材外，还有许多其他品种，它们因高聚物品种和胎体品种的不同而性能各异，在建筑防水工程中的适用范围也各不相同。常见的几种高聚物改性沥青防水卷材的特点和适用范围见表 11-6，在防水设计时可参考选用。

对于屋面防水工程，根据《屋面工程质量验收规范》(JB 50207—2002)规定，高聚物改性沥青防水卷材适用于防水等级为Ⅰ级(特别重要的民用建筑和对防水有特殊要求的工业建筑，防水耐用年限为 25 年)、Ⅱ级(重要的工业与民用建筑、高层建筑，防水耐用年限为 15 年)和Ⅲ级的屋面防水工程。对于Ⅰ级屋面防水工程，除规定的一道合成高分子防水卷材外，高聚物改性沥青防水卷材可用于应有的三道或三道以上防水设防的各层，且厚度不宜小于 3 mm。对于Ⅱ级屋面防水工程，在应有的二道防水设防中，应优先选用高聚物改性沥青防水卷材，且厚度不宜小于 3 mm。对于Ⅲ级屋面防水工程，应有一道防水设防，或两种防水材料复合使用，高聚物改性沥青防水卷材的厚度不应小于 2 mm。

表 11-6　常用高聚物改性沥青防水卷材的特点及适用范围

卷材名称	特　点	适用范围	施工工艺
SBS 改性沥青防水卷材	耐高、低温性能有明显提高，弹性和耐疲劳性明显改善	单层铺设或复合使用，适用于寒冷地区和结构变形频繁的建筑	冷施工或热熔铺贴
APP 改性沥青防水卷材	具有良好的强度、延伸性、耐热性、耐紫外线照射及耐老化性能	单层铺设，适合于紫外线辐射强烈及炎热地区屋面使用	冷施工或热熔铺贴
再生胶改性沥青防水卷材	有一定的延伸性和防腐蚀能力，低温柔韧性较好，价格低廉	变形较大或档次较低的防水工程	热沥青粘贴
聚氯乙烯改性焦油防水卷材	有良好的耐热及耐低温性能，最低开卷温度为 -18℃	有利于在冬季负温度下施工	可热作业，也可冷施工
废橡胶粉改性沥青防水卷材	比普通石油沥青纸胎油毡的抗拉强度、低温柔韧性均有明显改善	叠层使用于一般屋面防水工程，宜在寒冷地区使用	热沥青粘贴

11.2.3　合成高分子防水卷材

合成高分子防水卷材是以合成橡胶、合成树脂或两者的共混体为基料，加入适量的化学助剂和填充料等，经不同工序(混炼、压延或挤出等)加工而成的可弯曲的片状防水材料。合成高分子防水卷材具有拉伸强度和抗撕裂强度高、断裂伸长率大、耐热性和低温柔性好、耐腐蚀、耐老化等一系列优良的性能，是新型的高档防水卷材。

合成高分子防水卷材的品种主要有树脂基防水卷材(聚乙烯、聚氯乙烯、氯化聚乙烯等)、橡胶基防水卷材(三元乙丙橡胶、氯丁橡胶等)、树脂-橡胶共混防水卷材三大类，其中又可分为加筋增强型与非加筋增强型两种。该种卷材按厚度分为 1 mm、1.2 mm、1.5 mm 和 2.0 mm 等规格，一般单层铺设，可采用冷黏法或自黏法施工。

1. 树脂基防水卷材

1) 聚氯乙烯(PVC)防水卷材

聚氯乙烯防水卷材是由聚氯乙烯、软化剂或增塑剂、填料、抗氧化剂和紫外线吸收剂等经过混炼、压延等工序加工而成的弹塑性卷材。由于软化剂和增塑剂的掺入，使聚氯乙烯防水卷材的变形能力和低温柔性大大提高。聚氯乙烯(PVC)防水卷材的技术要求应满足表 11-7 的要求。

聚氯乙烯防水卷材的性能优于沥青防水卷材，其抗拉强度、断裂伸长率、撕裂强度高，低温柔性好、吸水率小、卷材的尺寸稳定、耐腐蚀性能好，使用寿命为 10~15 年以上。聚氯乙烯防水卷材主要用于屋面防水要求高的工程和水池、堤坝等防水、抗渗工程，施工时一般采用全贴法，也可用局部粘贴法。

表 11 - 7　聚氯乙烯防水卷材的主要技术要求

项　　目	P 型			S 型	
	优等品	一等品	合格品	一等品	合格品
拉伸强度/MPa　$\geqslant$	15.0	10.0	7.0	5.0	2.0
断裂伸长度/%　$\geqslant$	250	200	150	200	120
低温弯折性	$-20\,^\circ\!C$ 无裂纹				
抗渗性(0.2 MPa, 保持 24 h)	不透水性				

2）氯化聚乙烯防水卷材

氯化聚乙烯防水卷材是以含氯量为 30%～40% 的氯化聚乙烯为主加入适量的填料和其他的化学添加剂后经混炼、压延等工序加工而成。含氯量为 30%～40% 的氯化聚乙烯除具有热塑性树脂的性质之外，还具有橡胶的弹性。氯化聚乙烯防水卷材分为非增强型（Ⅰ）和增强型（Ⅱ）两种，其技术性能见表 11 - 8。氯化聚乙烯防水卷材拉伸强度和不透水性好、耐老化、耐酸碱、断裂伸长率高、低温柔性好，使用寿命可达 15 年以上。

表 11 - 8　氯化聚乙烯防水卷材的主要技术要求

项　　目	P 型			S 型		
	优等品	一等品	合格品	优等品	一等品	合格品
拉伸强度/MPa　$\geqslant$	12.0	8.0	5.0	12.0	8.0	5.0
断裂伸长率/%　$\geqslant$	300	200	100	10		
低温弯折性	$-20\,^\circ\!C$ 无裂纹					
抗渗性(0.2 MPa, 保持 24 h)	不透水性					

3）聚乙烯防水卷材

聚乙烯防水卷材又称丙纶无纺布双覆面聚乙烯防水卷材，是由聚乙烯树脂、填料、增塑剂、抗氧化剂等经混炼、压延，并双面覆丙纶无纺布而成。聚乙烯防水卷材拉伸强度和不透水性好、耐老化、断裂伸长率高（40%～150%），低温柔性好、与基层的黏结力强，使用寿命为 15 年以上，可用于屋面、地下等防水工程，特别适合于寒冷地区的防水工程。

2. 橡胶基防水卷材

1）三元乙丙橡胶防水卷材

三元乙丙橡胶防水卷材是以三元乙丙橡胶为主，加入交联剂、填料等，经密炼、压延或挤出、硫化等工序而成的一种高弹性防水卷材。三元乙丙橡胶防水卷材的主要技术要求应满足表 11 - 9 中的要求。

三元乙丙橡胶防水卷材的拉伸强度高、耐高低温性能好，断裂伸长率高，能适应防水基层伸缩与开裂变形的需要，耐老化性能好，使用寿命为 20 年以上。三元乙丙橡胶防水卷材最适合于屋面防水工程作单层外露防水、严寒地区及有较大变形的部位，也可用于其他防水工程。

表 11 - 9　三元乙丙橡胶防水卷材的主要技术要求

项　　目		一等品	合格品
拉伸强度/MPa	≥	8	7.0
断裂伸长率/%	≥	450	450
低温柔性/℃		−35	−40
不透水性(压力保持 30 min)/MPa		0.3	0.1

2）氯丁橡胶防水卷材

氯丁橡胶防水卷材是以氯丁橡胶为主，加入适量的交联剂、填料等，经混炼、压延或挤出、硫化等工序加工而成的弹性防水卷材，氯丁橡胶防水卷材具有拉伸强度高、断裂伸长率高、耐油、耐臭氧及耐候性好等特点，使用寿命在 15 年以上。其与三元乙丙橡胶防水卷材相比除耐低温性能稍差外，其他性能基本相同。

3. 树脂-橡胶共混防水卷材

为进一步改善防水卷材的性能，生产时将热塑性树脂与橡胶共混作为主要原料，由此生产出的卷材称为树脂-橡胶共混型防水卷材。此类防水卷材既具有热塑性树脂的高强度和耐候性，又具有橡胶的良好的低温弹性、低温柔韧性和伸长率。主要有以下两种：

（1）氯化聚乙烯-橡胶共混防水卷材。由含氯量为 30%～40% 的热塑性弹性体氯化聚乙烯和合成橡胶为主体，加入适量的交联剂、稳定剂、填充料等，经混炼、压延或挤出、硫化等工序制成的高弹性防水卷材。

氯化聚乙烯-橡胶共混防水卷材具有断裂伸长率高、耐候性及低温柔性好的特点，使用寿命可达 20 年以上。其特别适合用作屋面中层外露防水及严寒地区或有较大变形的部位，也适合用于有保护层的屋面或地下室、蓄水池等防水工程。

（2）聚乙烯-三元乙丙橡胶共混防水卷材。以聚乙烯（或聚丙烯）和三元乙丙橡胶为主，加入适量的稳定剂、填充料等，经混炼、压延或挤出、硫化等工序制成的热塑性弹性防水卷材。具有优良的综合性能，而且价格适中。聚乙烯-三元乙丙橡胶共混防水卷材适用于屋面作单层外露防水，也适用于有保护层的屋面、地下室、蓄水池等防水工程。

对于屋面防水工程，按国家标准《屋面工程质量验收规范》的规定，合成高分子防水卷材适用于防水等级为Ⅰ级、Ⅱ级和Ⅲ级的屋面防水工程。在Ⅰ级屋面防水工程中，必须至少有一道厚度不小于 1.5 mm 的合成高分子防水卷材；在Ⅱ级屋面防水工程中，可采用一道或两道厚度不小于 1.2 mm 的合成高分子防水卷材；在Ⅲ级屋面防水工程中，可采用一道厚度不小于 1.2 mm 的合成高分子防水卷材。

11.3　防 水 涂 料

防水涂料是一种流态或半流态物质，可用刷、喷等工艺涂布在基层表面，能与基层表面形成一定弹性和厚度的连续薄膜，使基层表面与水隔绝，从而起到防水、防潮作用。涂料大多采用冷施工，施工质量容易保证，维修也较简单，特别适合于各种复杂不规则部位的防水，能形成无接缝的完整防水膜。目前，防水涂料广泛应用于屋面防水工程、地下室防水工程和地面防潮、防渗等。

　　防水涂料按液态类型可分为溶剂型、水乳型和反应型三种。溶剂型涂料的黏结性好，但污染环境；水乳型的价格较低，但黏结性稍差。按成膜物质的主要成分分为沥青基防水涂料、高聚物改性沥青防水涂料和合成高分子防水涂料三大类。

11.3.1　沥青基防水涂料

　　沥青基防水涂料是以沥青为基料配制而成的防水涂料。这类涂料对沥青基本没有改性或改性作用不大，主要适用于Ⅲ级和Ⅳ级防水等级的建筑屋面、卫生间防水、混凝土地下室防水等。

1. 冷底子油

　　冷底子油是用建筑石油沥青加入汽油、煤油、苯等溶剂（稀释剂）融合，或用软化点为50～70℃的煤沥青加入苯融合而配成的沥青涂料。由于它一般在常温下用于防水工程的底层，所以改名为冷底子油。冷底子油流动性能好，便于喷涂。施工时将冷底子油涂刷在混凝土砂浆或木材等基面上，能很快渗透进基面表面的毛细孔隙中，待溶剂挥发后，便与基面牢固结合，并使基面具有憎水性，为黏结同类防水材料创造了有利条件。若在这种冷底子油层上面铺热沥青胶粘贴卷材时，可使防水层与基层粘贴牢固。

　　冷底子油常用30％～40％的石油沥青和60％～70％的溶剂（汽油或煤油）混合而成，施工时随用随配，首先将沥青加热180～200℃，脱水后冷却至130～140℃，并加入溶剂量10％的煤油，待温度降至约70℃时，再加入余下的溶剂搅拌均匀为止。储存时应采用密闭容器，以防溶剂挥发。

2. 沥青胶

　　沥青胶是用沥青材料加入粉状或纤维填充料均匀混合制成。填充料加入量一般为10％～30％，由试验确定。填充料主要有粉状的，如滑石粉、石灰石粉、普通水泥和白云石等；还有纤维状的，如石棉粉、木屑粉等；或用二者的混合物。填充料可以提高沥青胶的黏结性、耐热性和大气稳定性，增加韧性，降低低温脆性，节省沥青用量。沥青胶主要用于粘贴各层石油沥青油毡、涂刷面层油、绿豆砂的铺设、油毡面层补漏以及做防水层的底层等，其与水泥砂浆或混凝土都具有良好的黏结性。沥青胶的技术性能要符合耐热度、柔韧度和黏结性要求（见表 11 - 10）。

表 11 - 10　沥青胶的质量要求

名称指标 ＼ 标号	S - 60	S - 65	S - 70	S - 75	S - 80	S - 85
地耐热度	用 2 mm 厚的沥青玛蹄脂黏合两张沥青油纸，在不低于下列温度（℃）中，在 1∶1 坡度上停放 5 h 的玛蹄脂不应流淌，油纸不应滑动					
	60	65	70	75	80	85
柔韧性	涂在沥青油纸上的 2 mm 厚的沥青玛蹄脂层，在 18℃±2℃ 时，围绕下列直径（mm）的圆棒，用 2 s 的时间以均衡速度弯成半周，沥青玛蹄脂不应有裂纹					
	10	15	15	20	25	30
黏结力	将 2 张用沥青胶粘贴在一起的油纸慢慢地一次撕开，从油纸和沥青玛蹄脂的黏结面的任何一面的撕开部分，应不大于粘贴面积的 1/2					

沥青胶的配置和使用方法分为热用和冷用两种。热用沥青胶(热沥青玛蹄脂),是将 70%～90%的沥青加热至 180～200℃,使其脱水后与 10%～30%干燥填料加热混合均匀,热用施工;冷用沥青胶(冷沥青玛蹄脂)是将 40%～50%的沥青熔化脱水后,缓慢加入 25%～30%的溶剂,再掺入 25%～30%的填料,混合均匀制成,在常温下施工。冷用沥青胶比热用沥青胶施工方便,涂层薄,节省沥青,但耗费溶剂。

3. 水乳型沥青防水涂料

水乳型沥青防水涂料又称为乳化沥青,是借助于乳化剂作用,在机械强力搅拌下,将熔化的沥青微粒($<10~\mu m$)均匀地分散于溶剂中,使其形成稳定的悬浮体。沥青基本未改性或改性作用不大。与其他类型的防水涂料相比,乳化沥青的主要特点是可以在潮湿的基础上使用,而且还具有相当大的黏结力。乳化沥青的最主要优点是可以冷施工,不需要加热,避免了采用热沥青施工可能造成的烫伤、中毒事故等,可以减轻施工人员的劳动强度,提高工作效率。而且,这一类材料价格便宜,施工机具容易清洗,因此在沥青基涂料中占有 60%以上的市场。乳化沥青的另一优点是与一般的橡胶乳液、树脂乳液具有良好的互溶性,而且混溶以后的性能比较稳定,能显著地改善乳化沥青的耐高温性能和低温柔性。

乳化沥青的贮存则不宜过长,一般不超过 3 个月,否则容易引起凝聚分层而变质。贮存温度不得低于 0℃,不宜在 0℃以下施工,以免水分结冰而破坏防水层;也不宜在夏季烈日下施工,因水分蒸发过决,乳化沥青结膜快,会导致膜内水分蒸发不出而产生气泡。

11.3.2 高聚物改性沥青防水涂料

高聚物改性沥青类防水涂料是以沥青为基料,用合成高分子聚合物进行改性制成的水乳型或者溶剂型防水涂料。这类涂料在柔韧性、抗裂性、拉伸强度、耐高低温性能、使用寿命等方面比沥青基涂料有很大的改善,主要适用于Ⅱ级、Ⅲ级和Ⅳ级防水等级的建筑屋面、地面、卫生间防水、混凝土地下室防水等。主要品种有再生橡胶改性沥青防水涂料、氯丁胶乳沥青防水涂料、氯丁橡胶改性沥青防水涂料、SBS 改性沥青防水涂料等。

1. 再生橡胶改性沥青防水涂料

溶剂型再生橡胶改性沥青防水涂料是以再生橡胶为改性剂,汽油为溶剂,再添加其他填料(滑石粉、碳酸钙等)经加热搅拌而成。该产品改善了沥青防水涂料的柔韧性和耐久性,原材料来源广泛,生产工艺简单,成本低。但由于以汽油为溶剂,虽然固化速度快,但生产、储存和运输时都要特别注意防火、通风及环境保护,而且需要多次涂刷才能形成较厚的涂膜。溶剂型再生橡胶改性沥青防水涂料在常温和低温下都能施工,适用于建筑物的屋面、地下室、水池、冷库、涵洞、桥梁的防水和防潮。

如果用水代替汽油,就形成了水乳型再生橡胶改性沥青防水涂料,其具有水乳型防水涂料的优点,而无溶剂型防水涂料的缺点(易燃、污染环境),但固化速度稍慢,储存稳定性差一些。水乳型再生橡胶改性沥青防水涂料可在潮湿但无积水的基层上施工,适用于建筑混凝土基层屋面及地下混凝土防潮、防水。

2. 氯丁胶乳沥青防水涂料

氯丁胶乳沥青防水涂料是以氯丁橡胶和石油沥青为主要原料,选用阳离子乳化剂和其他助剂,经软化乳化而制备的一种水溶性防水涂料。这种涂料的特点是成膜性好、强度高、耐热性能优良、低温柔性好、延伸性能好，能充分适应基层变化。该产品耐臭氧、耐老化、耐腐蚀、不透水，是一种安全的防水涂料，适用于各种形状的屋面防水、地下室防水、补漏、防腐蚀，也可用于沼气池提高抗渗性和气密性。

3. 氯丁橡胶改性沥青防水涂料

氯丁橡胶改性沥青防水涂料是把小片的丁基橡胶加到溶剂中搅拌成浓溶液，同时将沥青加热脱水熔化成液体状沥青，再把两种液体按比例混合搅拌均匀而成。氯丁橡胶改性沥青防水涂料具有优异的耐分解性，并具有良好的低温抗裂性和耐热性。若溶剂采用汽油（或甲苯），可制成溶剂性氯丁橡胶改性沥青防水涂料；若以水代替汽油（或甲苯），则可制成水乳性氯丁橡胶改性沥青防水涂料，成本相应降低，且不燃、不爆、无毒、操作安全。氯丁橡胶改性沥青防水涂料适用于各类建筑物的屋面、室内地面、地下室、水箱、涵洞等的防水和防潮，也可在渗漏的卷材或刚性防水层上进行防水修补施工。

4. SBS 改性沥青防水涂料

苯乙烯-丁二烯-苯乙烯（SBS）改性沥青防水涂料是以 SBS 树脂改性沥青为主，再加入表面活性剂及少量其他树脂等制成水乳性的弹性防水涂料。SBS 改性沥青防水涂料具有良好的低温柔性、抗裂性、黏结性、耐老化性和防水性，可采用冷施工，操作方便、安全可靠、无毒、不污染环境，适用于复杂基层的防水工程，如厕所浴室、厨房、地下室、水池及屋面、地面等的防水、防潮。

11.3.3 合成高分子防水涂料

合成高分子防水涂料是以合成橡胶或合成树脂为主要成膜物质制成的单组分或多组分的防水涂料。这类涂料具有高弹性、高耐久性和优良的耐高低温性能，主要适用于 Ⅱ 级、Ⅲ 级和 Ⅳ 级防水等级的建筑屋面、地下室、水池以及卫生间等的防水工程。主要品种有聚氨酯防水涂料、丙烯酸酯防水涂料、有机硅防水涂料、环氧树脂防水涂料等。

1. 聚氨酯防水涂料

聚氨酯防水涂料为双组分反应型涂料，甲组分为含有氰酸剂预聚体，乙组分为固化剂、稀释剂及填充料等。使用时按比例将甲、乙两组分混合均匀后涂刷在基层的表面上，经固化反应形成均匀的整体弹性涂膜。聚氨酯防水涂料的主要技术要求有拉伸强度、断裂伸长率、低温柔性、不透水性等，并应满足表 11 - 11 的要求。

表 11 - 11 聚氨酯防水涂料的主要技术要求

项　　目		一等品	合格品
拉伸强度/MPa	≥	2.45	1.65
断裂伸长率/%	≥	450	350
低温柔性/℃		−35	−30
不透水性/(0.3 MPa，保持 30 min)		不渗漏	
固体含量/%		≥94	
适用时间/min		≥20	
干燥时间/min		表干≤4，实干≤12	

聚氨酯防水涂料的弹性高、延伸率大（可达 350%～500%）、耐高低温性好、耐油及耐腐蚀性强，涂膜没有接缝，能适应任何复杂形状的基层，使用寿命为 10～15 年，主要用于屋面、地下建筑、卫生间、水池、游泳池、地下管道等的防水。

2. 丙烯酸酯防水涂料

丙烯酸酯防水涂料是以丙烯酸树脂乳液为主，加入适量的填充料、颜料等配制而成的水乳性防水涂料，具有耐高低温性好、不透水性强、无毒、操作简单等优点，可在各种复杂的基层表面上施工，有白色、多种浅色、黑色等，使用寿命为 10～15 年，广泛用于外墙防水装饰及各种彩色防水层。丙烯酸涂料的缺点是延伸率较小。

3. 有机硅防水涂料

有机硅防水涂料是由甲基硅醇钠或乙基硅醇钠等为主要原料制成的防水涂料。在固化后形成一层肉眼觉察不到的透明薄膜层，该薄膜层具有优良的憎水性和透气性，并对建筑材料的表面起到防污染、防风化等作用。有机硅憎水剂主要用于外墙防水处理、外墙装饰材料的罩面涂层，使用寿命一般为 3～7 年。

在生产或配制建筑防水材料时也可将有机硅憎水剂作为一种组成材料掺入，如在配制防水砂浆或防水石膏时即可掺入有机硅憎水剂，从而使砂浆或石膏具有憎水性。

复 习 思 考 题

1. 从石油沥青的主要组分说明石油沥青三大指标之间的相互关系。
2. 石油沥青的主要技术性质是什么？各用什么指标表示？影响这些性质的主要因素有哪些？
3. 怎样划分石油沥青的牌号？牌号大小与沥青主要技术性质之间的关系怎样？
4. 沥青为什么会发生老化？如何延缓沥青的老化？
5. 与传统的沥青防水材料相比，高分子防水材料有哪些优点？
6. 常用的防水涂料有哪些？各有什么特点？

第 12 章　合成高分子材料

分子量在 $10^4 \sim 10^6$ 之间的大分子称为高分子，由高分子化合物构成的材料称高分子材料。一般将高分子材料划分为无机高分子材料和有机高分子材料两大类。无机高分子材料如石棉、石墨、金刚石等。有机高分子材料又划分为天然高分子材料和人工合成高分子材料两类。天然高分子材料是指其基本组成物质为生物高分子的各种天然材料，如棉、毛、丝、皮革等；而合成高分子材料则是指其基本组成物质为人工合成的高分子化合物的各种材料，如酚醛树脂、氯丁橡胶、醋酸纤维等。

合成高分子材料通常分为合成树脂、合成橡胶和合成纤维三大类。用作建筑材料的高分子化合物主要是合成树脂，它是组成塑料、涂料和胶黏剂的主要材料，其次是合成橡胶，而合成纤维则用的很少。

高分子材料具有密度小、比强度高、加工性能好、耐化学腐蚀性能优良等特点。建筑物通过使用高分子材料，可以获得更好的使用性能、装饰性能和耐久性能，并且有助于达到更好的节能效果。

12.1　合成高分子材料概述

12.1.1　高分子材料聚合物的概念

高分子化合物又称高聚物或聚合物，其分子量很大。一个大分子往往由许多相同的简单的结构单元通过共价键重复连接而成。例如，聚氯乙烯分子是由许多氯乙烯结构单元重复连接而成的，如图 12.1 所示。

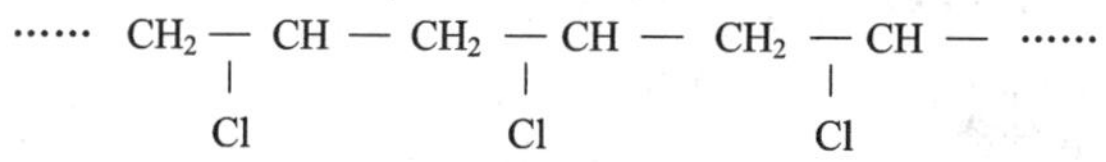

$$\cdots\cdots CH_2 - CH - CH_2 - CH - CH_2 - CH - \cdots\cdots$$
$$\qquad\quad | \qquad\qquad | \qquad\qquad |$$
$$\qquad\quad Cl \qquad\qquad Cl \qquad\qquad Cl$$

图 12.1　聚氯乙烯分子

这种结构很长的大分子称为"分子链"，是重复的结构单元。因为由重复连接而成的线型大分子像一条链子，故称重复结构单元为"链节"，而同一结构单元的重复次数 n 则称之为"聚合度"。聚合度可由几百至几千。聚合物的分子量则是重复结构单元的分子量与聚合度的乘积。

12.1.2　合成高分子聚合物的制备（合成方法）

合成高分子化合物是由不饱和的低分子化合物（称为单体）聚合而成。常用的聚合方法有加成聚合和缩合聚合两种。

1. 加成聚合

加成聚合反应是由许多相同或不相同的单体（通常为烯类），在加热或催化剂的作用下产生连锁反应，各单体分子中的双键打开，并互相连接起来成为高聚物。所生成的高聚物具有和单体类似的组成结构，其中 n 代表单体的数目，称为聚合度，聚合度愈高，分子量愈大。加成聚合反应的特点是反应过程中不产生副产物，如图 12.2 所示。

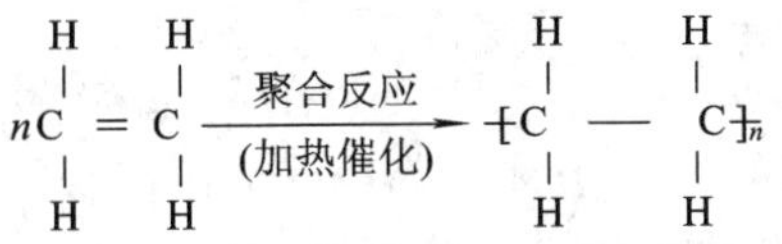

$$n\text{C} = \text{C} \xrightarrow[\text{(加热催化)}]{\text{聚合反应}} \left[\text{C} — \text{C}\right]_{\overline{n}}$$

乙烯 　　　　　　　　　　　　聚乙烯

图 12.2　乙烯加成聚合反应

加聚反应生成的高分子化合物称聚合树脂，它们多在原始单体名称前冠以"聚"字命名。土木工程中常用的聚合树脂有：聚乙烯、聚氯乙烯、聚苯乙烯、聚甲基丙烯酸甲酯、聚四氯乙烯等。

2. 缩合聚合

缩合聚合反应是由一种或多种单体，在加热和催化剂的作用下，逐步相互结合成高聚物，并同时析出水、氨、醇等副产物（低分子化合物）。缩合反应生成物的组成与原始单体完全不同。如苯酚和甲醛两种单体经缩合反应得到酚醛树脂：

$$(n+1)\text{C}_6\text{H}_5\text{OH} + n\text{CH}_2\text{O} \rightarrow n\text{H}[\text{C}_6\text{H}_3(\text{OH})_2]\text{C}_6\text{H}_4\text{OH} + n\text{H}_2\text{O}$$

苯酚　　甲醛　　　　酚醛树脂

缩合反应生成的高分子化合物称缩合树脂。缩合树脂多在原始单体名称后加上"树脂"两字命名。土木工程中常用的缩合树脂有：酚醛树脂、脲醛树脂、环氧树脂、聚酯树脂、三聚氰胺甲醛树脂及有机硅树脂等。为了使高分子化合物具有特定的工程性能，高分子材料在形成时，通常还需加入一定量的助剂，助剂是一种能在一定程度上改进合成材料的成型加工性能和使用性能，而不明显地影响高分子结构的物质。常用的助剂主要有增塑剂、填充剂、稳定剂、润滑剂、固化剂、阻燃剂、着色剂、发泡剂、抗静电剂等。

12.1.3　高分子材料聚合物的分类

1. 按聚合反应类型分类

按合成高聚物时化学反应类型不同，可将高聚物划分为加聚树脂及缩聚树脂两大类。

（1）加聚树脂又称聚合树脂，是由含有不饱和键的低分子化合物（称为单体），经加聚反应而得。加聚反应过程无副产品，加聚树脂的化学组成与单体的化学组成基本相同。

（2）缩聚树脂又称缩合树脂，一般由两种或两种以上含有官能团的单体经缩合反应而得。缩合反应过程中有副产品——低分子化合物出现，缩聚树脂的化学组成与单体的化学组成完全不同。

2. 按聚合物的热行为分类

根据聚合物在受热作用时所表现出来的性质，即根据聚合物的热行为，可将聚合物划分为热塑性树脂和热固性树脂两类。

热塑性树脂是指具有受热软化，冷却后硬化的性能，而且在此过程中不发生任何化学变化，并可反复改变状态的一类聚合物。这种具有热塑性的树脂其分子结构多为线型，包括所有的加聚聚合物和部分缩聚聚合物。

热固性树脂是指在加热成型过程中发生软化，并发生化学反应致使相邻的分子相互交联而逐渐硬化，但在加热成型之后，不再因受热而软化或熔融的类聚合物。换句话说，热固性树脂的特点是其成型过程具有不可逆转的特性。此类聚合物的分子结构为体型，包括绝大部分的缩聚聚合物。

12.2　合成树脂与合成橡胶

12.2.1　合成树脂

合成树脂的种类很多，而且随着有机合成工业的发展和新聚合方法的不断出现，合成树脂的品种还在继续增加。但是，真正获得广泛应用的合成树脂不过 20 种左右。在此，仅介绍一些在土木工程材料中经常使用的合成树脂。

1. 热塑性树脂

1）聚乙烯（PE）

聚乙烯是由乙烯单体聚合而成，按合成时的压力分为高压聚乙烯和低压聚乙烯。高压聚乙烯又称低密度聚乙烯，分子量较小，支链较多，结晶度低，质地柔软。低压聚乙烯又称高密度聚乙烯，其分子量较大，支链较少，结晶度较高，质地较坚硬。

聚乙烯具有良好的化学稳定性及耐低温性，强度较高，吸水性和透水性很低，无毒，密度小，易加工，但耐热性较差，且易燃烧。聚乙烯主要用于生产防水材料（薄膜、卷材等）、给排水管材（冷水）、电绝缘材料、水箱和卫生洁具等。

2）聚氯乙烯（PVC）

聚氯乙烯是建筑材料中应用最为普遍的聚合物之一。在室温条件下，聚氯乙烯树脂是无色、半透明、坚硬而性脆的聚合物。但通过加入适当的增塑剂和添加剂，便可制得软硬和透明程度不同、色调各异的聚氯乙烯制品。

聚氯乙烯的机械强度较高，化学稳定性好，具有优异的抗风化性能及良好的抗腐蚀性，但耐热性较差，使用温度范围一般为 $-15\sim55℃$。

硬质聚氯乙烯主要用作天沟、落水管、外墙覆面板、天窗及给排水管。软质聚氯乙烯常加工为片材、板材、型材等，如卷材地板、块状地板、壁纸、防水卷材和止水带等。

3）聚苯乙烯（PS）

聚苯乙烯为无色透明树脂，易于着色，易于加工成型，耐水、耐光、耐腐蚀，绝热性好。但其性脆，耐热性差（不超过 80℃），并且易燃。

聚苯乙烯在建筑中主要用于制作泡沫塑料，其隔热保温性能优异。此外，聚苯乙烯也常用于涂料和防水薄膜的生产。

4）聚丙烯（PP）

聚丙烯为白色蜡状体，密度较小，约为 $0.90\sim0.91\ \mathrm{g/cm^3}$；其耐热性好（使用温度可达 110～120℃），抗拉强度较高，刚度较好，硬度高，耐磨性好，但耐低温性差，易燃烧，离火后不能自熄。聚丙烯制品较聚乙烯制品坚硬，因此，聚丙烯常用于制作管材、装饰板材、卫生洁具及各种建筑小五金件。

5）聚醋酸乙烯酯（PVAC）

聚醋酸乙烯酯在习惯上称为聚醋酸乙烯。这种聚合物的耐水性差，但黏结性能好。在建筑上聚醋酸乙烯被广泛应用于胶黏剂、涂料、油灰、胶泥等的制作之中。

6）聚甲基丙烯酸甲酯（PMMA）

聚甲基丙烯酸甲酯具有较好的弹性、韧性及耐低温性。其抗冲击强度较高，并具有极高的透光性。因此，广泛地用于制造有机玻璃。在建筑上则广泛地用于各种具有采光要求的围护结构中，以适当方式对其增强后，也可用于制作透明管材及其他建筑制品。

7）丙烯腈-丁二烯-苯乙烯共聚物（ABS）

丙烯腈－丁二烯－苯乙烯共聚物是丙烯腈（A）、丁二烯（B）及苯乙烯（S）的共聚物，简称 ABS 共聚物或 ABS 树脂。其具有聚苯乙烯的良好加工性，聚丁二烯的高韧性和弹性，聚丙烯腈的高化学稳定性和表面硬度等。

ABS 树脂为不透明树脂，具有较高的冲击韧性，且在低温下其韧性也不明显降低，耐热性高于聚苯乙烯。ABS 树脂主要用于生产压有花纹图案的塑料装饰板和管材等。

8）苯乙烯-丁二烯-苯乙烯嵌段共聚物（SBS）

苯乙烯-丁二烯-苯乙烯嵌段共聚物是苯乙烯（S）和丁二烯（B）的三嵌段共聚物（由化学结构不同的较短的聚合链段交替结合而成的线型共聚物称为嵌段共聚物）。SBS 树脂为线型分子，是具有高弹性、高抗拉强度、高伸长率和高耐磨性的透明体，属于热塑性弹性体。

SBS 树脂在建筑上主要用于沥青的改性。

2. 热固性树脂

1）酚醛树脂（PF）

酚醛树脂具有良好的耐热、耐湿、耐化学侵蚀性能，并具有优异的电绝缘性能。在机械性能上，表现为硬而脆，故一般很少单独作为塑料使用。此外酚醛树脂的颜色深暗，装饰性差。

酚醛树脂除广泛用于制作各种电器制品外，在建筑上，主要用于制造各种层压板和玻璃纤维增强材料，以及防水涂料、木结构用胶等。

2）脲醛树脂（UF）

脲醛树脂是目前各种合成树脂中价格最低的一种树脂，其性能与酚醛树脂基本相仿，但耐热性和耐水性差。脲醛树脂着色性好，黏结强度比较高，而且固化以后相当坚固，表面光洁如玉，有"电玉"之称。

脲醛树脂主要用于生产木丝板、胶合板、层压板等。经发泡处理后，可制得一种硬泡沫塑料，用作填充性绝缘材料。经过改性处理的脲醛树脂还可用于制造涂料、胶黏剂等。

3）不饱和聚酯树脂（UP）

不饱和聚酯树脂的透光率高，化学稳定性好，机械强度高，抗老化性及耐热性好，并且可在室温下成型固化，但固化时收缩大（一般为 7%～8%），不耐浓酸和浓碱的侵蚀。

不饱和聚酯树脂多以液态低聚物形式存在，被广泛地用于涂料、玻璃纤维增强塑料，以及聚合物混凝土的胶结料中。

4）环氧树脂（EP）

环氧树脂实际上是线型聚合物，但由于环氧树脂固化后交联为网状结构，故将其归入热固性树脂之中，环氧树脂化学稳定性好(尤其以耐碱性突出)，对极性表面或金属表面具有非常好的黏结性，且涂膜柔韧。此外，环氧树脂还具有良好的电绝缘性、耐磨性和较小的固化收缩量。

环氧树脂被广泛地应用于涂料、胶黏剂、玻璃纤维增强材料及各种层压和浇筑制品中。在建筑上，环氧树脂还用于制备聚合物混凝土，以及用于修补和维护混凝土结构。

5) 有机硅树脂(Si)

分子主链结构为硅氧链(—Si—O—)的树脂称为有机硅树脂，亦称聚硅氧烷、聚硅醚、硅树脂等。有机硅树脂耐热性高(400～500℃)，耐寒性及化学稳定性好，有优良的防水、抗老化和电绝缘性能。有机硅树脂的另一个重要优点是能够与硅酸盐类材料很好地结合，这一特点，使得其作为一种特殊高分子材料而被广泛应用。

有机硅树脂主要用于层压塑料和防水材料。在各种有机硅树脂中，硅酮在建筑方面最具实际意义，且发展迅速，被广泛地应用于涂料、胶黏剂及弹性嵌缝材料中。

12.2.2　合成橡胶

1. 橡胶的概念及其分类

1) 橡胶的概念

橡胶是一种在室温下具有高弹性的高分子材料，其主要特点是：在-50～150℃范围内能保持其极为优异的弹性，即在外力作用下的变形量可以达到百分之几百，并且外力取消后，变形可完全恢复但不符合胡克定律。此外，橡胶还具有良好的抗拉强度、耐疲劳强度及良好的不透水性、不透气性、耐酸碱腐蚀性和电绝缘性等。由于橡胶具有上述良好的综合性能，故在建筑工程中被广泛用作防水卷材及密封材料等。

2) 橡胶的分类

橡胶按其来源，可以分为天然橡胶、合成橡胶及再生橡胶三大类。

(1) 天然橡胶。天然橡胶是由橡胶类植物(如橡胶树)所得的胶乳经适当加工而成。其密度为 0.9～0.93 g/cm³，软化温度为 130～140℃，熔融温度为 220℃，分解温度为 270℃。天然橡胶在常温下具有很高的弹性，且有良好的耐磨耗性能。目前，尚没有一种合成橡胶在综合性能方面优于天然橡胶。

(2) 合成橡胶。合成橡胶是以石油、天然气、木材等为原料制成各种单体，然后再以人工合成的方法制成人造橡胶。因此，合成橡胶是具有橡胶特性的一类聚合物。

(3) 再生橡胶。再生橡胶又称为再生胶，是将废旧橡胶制品或橡胶制品生产中的下脚料经机械加工、化学及高温处理后所制得的、具有生橡胶某些特性的橡胶材料。这种再生橡胶由于再生处理的氧化解聚作用而获得一定的塑性和黏性，它作为生橡胶的代用品用于橡胶制品生产中，可以节约生橡胶、降低成本，而且对改善工艺条件、提高产品质量也有益处。

2. 常用合成橡胶

1) 氯丁橡胶

氯丁橡胶是由氯丁二烯单体聚合而成的弹性体，为浅黄色或棕褐色。这种橡胶的原料来源广泛，其抗拉强度较高，透气性、耐磨性较好，硫化后不易老化，耐油、耐热、耐臭氧、耐酸碱腐蚀性好，黏结力较强，难燃，脆化温度为$-35\sim-55℃$，密度为$1.23\ \text{g/cm}^3$。但是，这种橡胶对浓硫酸及浓硝酸的抵抗力较差，且电绝缘性也较差。

在建筑上，氯丁橡胶被广泛地用于胶黏剂、门窗密封条、胶带等。

2）三元乙丙橡胶

三元乙丙橡胶是由乙烯、丙烯、二烯炔（如双环戊二烯）共聚而得的弹性体。由于双键在侧链上，受臭氧和紫外线作用时主链结构不受影响，因而三元乙丙橡胶的耐候性很好。该橡胶具有优良的耐热性、耐低温性、抗撕裂性、耐化学腐蚀性、电绝缘性、弹性和着色性。此外，该橡胶密度小，仅为$0.86\sim0.87\ \text{g/cm}^3$。

12.3　高分子材料在混凝土工程中的应用

混凝土具有许多优良的技术品质，所以广泛用于建筑工程、等级路面和大型桥梁，其主要缺点是抗拉（或抗弯）强度低，相对延伸率小，是一种典型的强而脆的刚性材料。如能借助高聚物的特性，改善混凝土，则可弥补上述缺点，使混凝土成为强而韧的材料。当前采用高聚物改性混凝土有下列三种方法。

1. 聚合物浸渍混凝土

聚合物浸渍混凝土是已硬化的混凝土（基材）经干燥后浸入有机单体，用加热或辐射等方法使混凝土孔隙内的单体聚合而成的一种混凝土。

聚合物浸渍混凝土由于聚合浸渍充盈了混凝土的毛细管孔和微裂缝所组成孔隙系统，改变了混凝土的孔结构。因而使其物理力学性能得到了明显的改善。一般情况下，聚合物浸渍混凝土的抗压强度为普通混凝土的$3\sim4$倍；抗拉强度提高约3倍；抗弯强度提高约$2\sim3$倍；弹性模量提高约1倍；抗冲击强度提高约0.7倍。此外，徐变大大减少，抗冻性、耐酸和耐碱等性能也都有很大改善。主要缺点是耐热性较差，高温时聚合物易分解。

2. 聚合物混凝土

聚合物混凝土是以聚合物（或单体）和水泥共同起胶结作用的一种混凝土。其生产工艺与聚合物浸渍混凝土不同，是在拌合混凝土混合料时将聚合物（或单体）掺入的。因此，生产工艺简单，与普通混凝土相似，便于现场使用。

硬化后的聚合物混凝土与普通混凝土（未掺入聚合物的相同组成混凝土）相比较，在技术性能上有下列特点：

（1）抗弯、抗拉强度高。掺加聚合物后，混凝土的抗压、抗拉和抗弯强度均得到提高，特别是抗弯、抗拉强度提高更为明显。

（2）冲击韧性好。掺加聚合物后混凝土的脆性降低，柔韧性增加，因而抗冲击能力也有明显的提高，这对作为承受动荷载的结构、路面和桥梁用混凝土是非常有利的。

（3）耐久性好。聚合物在混凝土中能起到阻水和填充孔隙的作用，因而可以提高混凝土的耐水性、抗冻性和耐久性。

3. 聚合物胶结混凝土（或树脂混凝土）

聚合物胶结混凝土是完全以聚合物为胶结材料的混凝土，常用的聚合物为各种树脂或单体，所以亦称"树脂混凝土"。

聚合物混凝土有以下特点：

（1）表观密度小。由于聚合物的密度较水泥的密度小，所以聚合物混凝土的表观密度亦较小，通常在 2000～2200 kg/cm³ 之间。如采用轻骨料配制混凝土则更能减小结构断面和增大跨度，达到轻质高强的要求。

（2）力学强度高。高聚合物混凝土与基准水泥混凝土相比，不论抗压、抗拉或抗折强度都有显著的提高，特别是抗拉和抗折强度尤其突出。

（3）结构密实。由于聚合物不仅可填密集料间的空隙，而且可浸填集料的空隙使混凝土的结构密度增大，提高了混凝土的抗渗性、抗冻性和耐久性。

具有许多优良技术性能的聚合物混凝土，除应用于特殊要求的土木工程结构外，也经常用于修补工程。

12.4　工程用塑料

塑料是以合成树脂或天然树脂为主要原料，加入填充剂、增塑剂、稳定剂、润滑剂、着色剂等添加剂，在一定温度、一定压力下，经混炼、塑化、成型、固化而制得的，可在常温下保持制品形状不变的一类高分子材料。本节中讨论的主要是以合成树脂为基本组成材料的各种塑料。在建筑上，塑料可作为结构材料、装饰材料、保温材料和地面材料等使用。

12.4.1　塑料的分类

塑料可分为单组分塑料和多组分塑料。单组分塑料仅含合成树脂，如有机玻璃就是由一种被称为聚甲基丙烯酸甲酯的合成树脂组成。多组分塑料除含有合成树脂外，还含有填充料、增塑剂、固化剂、着色剂、稳定剂及其他添加剂。建筑上常用的塑料制品一般都属于多组分塑料。

按组成塑料的基本材料——合成树脂的热行为（热塑性树脂和热固性树脂）不同，塑料又分为热塑性塑料和热固性塑料两类。热塑性塑料经加热成型，冷却硬化后，再经加热还具有可塑性，即塑化和硬化过程是可逆的。热固性塑料经初次加热成型，冷却硬化后，再经加热则不再软化和产生塑性，即塑化和硬化过程是不可逆的。

12.4.2　塑料的基本组成

塑料是由起胶结作用的树脂和起改性作用的添加剂所组成。合成树脂是塑料的主要成分，其质量占塑料的 40% 以上。塑料的性质主要取决于所采用的合成树脂的种类、性质和数量，并且塑料常以所用合成树脂命名，如聚乙烯塑料（PE），聚氯乙烯塑料（PVC）。由于上面已对各种合成树脂的性质作过介绍，下面仅讨论塑料中的一些主要添加剂。

1. 填充料

填充料又称为填料、填充剂或体质颜料，其种类很多。按其外观形状特征，可将其分为粉状填料、纤维状填料和片状填料三类。一般来说，粉状填料有助于提高塑料的热稳定性，降低可燃性，而片状和纤维状填料则可明显提高塑料的抗拉强度、抗磨强度和大气稳定性等。

因为填料一般都比合成树脂便宜得多，故填料的主要作用是降低塑料成本。填料的另一重要作用是提高塑料的强度、硬度和耐热性，并减少塑料制品固化时的收缩量。

常用的填料主要有木粉、滑石粉、硅藻土、石灰石粉、铝粉、炭黑及玻璃纤维等，而塑料中的气孔也可视为一种特殊填料。

2. 增塑剂

增塑剂可降低树脂的黏流态温度 T_f，使树脂具有较大可塑性以利于塑料的加工。少量的增塑剂还可降低塑料的硬度和脆性，使塑料具有较好的柔韧性。增塑剂通常是具有低蒸汽压和低分子量的不易挥发的固体或液体有机物，主要为酯类和酮类。常用的增塑剂有邻苯二甲酸二丁酯，邻苯二甲酸二辛酯、磷酸二甲酚酯、磷酸二辛脂、环氧大豆油、樟脑油等。

3. 稳定剂

许多塑料制品在成型加工和使用过程中，由于受热、光、氧的作用，过早地发生降解、氧化断链及交联等现象，使塑料性能变坏。为了稳定塑料制品的质量，延长使用寿命，通常要加入各种稳定剂，如抗氧剂（酚类化合物等）、光屏蔽剂（炭黑等）、紫外光吸收剂（2-羟基二苯甲酮、水杨酸苯酯等）及热稳定剂（硬脂酸铝、三盐基亚磷酸铅等）。

4. 固化剂

固化剂又称为硬化剂或熟化剂。其主要作用是使某些合成树脂的线型结构交联成体型结构，从而使树脂具有热固性。不同品种的树脂应采用不同品种的固化剂。酚醛树脂常用六亚甲基四胺，环氧树脂常用胺类、酚酐类和高分子类，聚酯树脂常用过氧化合物等。

5. 着色剂

为了使塑料制品具有特定的色彩和光泽，从而改善塑料制品的装饰性，可加入着色剂。常用的着色剂是一些有机和无机颜料。颜料不仅对塑料具有着色性，同时也兼有填料和稳定剂的作用。

此外，根据建筑塑料使用及成型加工中的需要，有时还加入润滑剂、抗静电剂、发泡剂、阻燃剂及防霉剂等。

12.4.3 塑料的特性

建筑塑料与传统建筑材料相比，具有优点的同时也存在一些缺点。

1. 优点

（1）表观密度小，比强度大。塑料的表观密度一般为 $0.9\sim2.2\ g/cm^3$，约为铝的一半，混凝土的 1/3，钢材的 1/4，铸铁的 1/5，与木材相近。比强度高于钢材和混凝土，有利于减轻建筑物的自重，对高层建筑意义更大。

（2）加工方便。塑料可塑性强，成型温度和压力容易控制，工序简单，设备利用率高，可以采用多种方法模塑成型、切削加工，生产成本低，适合大规模机械化生产，可制成各种薄膜、板材、管材、门窗及复杂的中空异型材料。

（3）化学稳定性良好。塑料对酸、碱、盐等化学品抗腐蚀能力要比金属和一些无机材料好，在空气中也不发生锈蚀，因此被大量应用于民用建筑上下水管材和管件，以及有酸碱等化学腐蚀的工业建筑中的门窗、地面及墙体等。

（4）电绝缘性优良。一般塑料都是电的不良导体，在建筑行业中广泛用于电器线路、控制开关、电缆等方面。

（5）导热性低。塑料的导热系数很小，约为金属的 1/500～1/600，泡沫塑料的导热系数最小，是良好的隔热保温材料之一。

（6）富有装饰性。塑料可以制成完全透明或半透明状的，或掺入不同的着色剂制成各种色泽鲜艳的塑料制品，表面还可以进行压花、印花处理。

（7）功能的可设计性。通过改变组成与生产工艺，可在相当大的范围内制成具有各种特殊性能的工程材料。如轻质高强的碳纤维复合材料，具有承重、轻质、隔声、保温的复合板材，柔软而富有弹性的密封防水材料等。

塑料还具有减振、吸声、耐磨、耐光等性能。

2. 缺点

（1）易老化。在使用过程中，由于受到光、热、电等的作用，塑料和其他大多数聚合物材料一样，其性能会逐渐恶化，出现老化现象。塑料会失去弹性而变硬、变脆，出现龟裂；或者会失去刚性而变软、发黏，出现蠕变等。

（2）耐热性差。大多数塑料的耐热性都不高，使用温度一般在 100～200℃，仅个别塑料的使用温度可达到 300～500℃。热塑性塑料的耐热性低于热固性塑料。

（3）易燃。塑料不仅可燃，而且在燃烧时发烟量大，甚至产生有毒气体，但通过改进配方，如加入阻燃剂、无机填料等，可制成自熄的、难燃的产品。总的来说，塑料仍属可燃材料，在建筑物某些容易蔓延火势的部位应考虑不使用塑料制品。

（4）刚度小。塑料是一种黏弹性材料，弹性模量较低，约为钢材的 1/10～1/20，同时具有徐变特性，而且温度越高，变形增大愈快。因此，塑料用作承重结构应慎重。

（5）毒性。由于生产工艺的原因，合成树脂中可能残留有单体或低分子物质，这些物质对人体健康不利。生产塑料时加入的增塑剂、固化剂等低分子物质大多数都危害健康。液体树脂基本上都是有毒的，但完全固化后的树脂则基本无毒。

12.4.4　建筑工程常用塑料

1. 装饰装修材料

塑料壁纸是以聚氯乙烯为主，加入各种添加剂和颜料等，以纸或中碱玻璃纤维布为基材，经涂塑、压花或印花及发泡等工艺制成的塑料卷材。塑料壁纸的品种主要有单色压花壁纸、印花压花壁纸、有光印花壁纸、平光印花壁纸、发泡壁纸及特种壁纸（防水壁纸、防火壁纸、彩色砂粒壁纸等）。

塑料壁纸的花色品种多，可制成仿丝绸、仿织锦缎、仿木纹等花纹图案。塑料壁纸美观、耐用、易清洗、施工方便，发泡塑料壁纸还具有较好的吸声性，因而广泛地应用于室内墙面、顶棚等的装饰。塑料壁纸的缺点是透气性较差。

2. 隔热保温材料

泡沫塑料是在聚合物中加入发泡剂，经发泡、固化或冷却等工序而制成的多孔塑料制品。泡沫塑料的孔隙率高达 95%～98%，且孔隙尺寸小于 1.0 mm，因而具有优良的隔热保温性，建筑工程上常用的有聚苯乙烯泡沫塑料、聚氯乙烯泡沫塑料、聚氨酯泡沫塑料、脲醛泡沫塑料等。

聚苯乙烯泡沫塑料是建筑工程上应用最广的泡沫塑料,体积密度为 $10\sim20$ kg/cm³,导热系数为 $0.031\sim0.045$ W/(m·K),极限使用温度 $-100\sim70℃$。聚苯乙烯泡沫塑料在建筑上主要用作墙体和屋面、地面、楼板等的隔热保温,也可与纤维增强水泥、纤维增强塑料或金属板等复合制成夹层墙板。

建筑上使用的聚氯乙烯泡沫塑料体积密度为 $60\sim200$ kg/cm³,导热系数为 $0.035\sim0.052$ W/(m·K),极限使用温度为 $-60\sim60℃$。聚氯乙烯泡沫塑料在建筑上主要用作吸声材料、装饰构件,也可作墙体、屋面等的保温材料或作为夹层板的芯材。

聚氨酯泡沫塑料,一般以硬质型应用较多。其体积密度为 $20\sim200$ kg/cm³,抗弯强度为 50 MPa,极限使用温度为 $-160\sim150℃$。与其他泡沫塑料相比,其耐热性好、强度较高。此外,这种泡沫塑料还可采用现场发泡的方法形成整体的泡沫绝热层。在绝热效果相同的条件下,这种无缝绝热层比拼成的绝热层厚度减少 30%。

3. 塑料门窗

目前使用的塑料门窗主要是改性硬质聚氯乙烯(PVC),并加入适量的添加剂,经混炼、挤出等工艺而制成。塑料门窗属于异型制品(又称异型材),为断面形状复杂的制品,充分利用了塑料易于挤出加工的特点。改性后的硬质聚氯乙烯具有较好的可加工性、稳定性、耐热性和抗冲击性。常用的改性剂有 ABS 共聚物、氯化聚乙烯(CPE)、甲基丙烯酸酯-丁二烯-苯乙烯共聚物(MBS)和乙烯-醋酸乙烯共聚物(EVA)。

塑料门窗的外观平整美观,色泽鲜艳,经久不褪,装饰性好,并具有良好的耐水性、耐腐蚀性、隔热保温性、隔声性、气密性和阻燃性,使用寿命可达 30 年以上。

4. 塑料管材及管件

建筑塑料管材、管件制品应用极为广泛,正在取代陶瓷管和金属管。塑料管材与金属管材相比,具有下列优点:生产成本低,容易模制;质量轻,运输和施工方便;表面光滑,流体阻力小;不生锈,耐腐蚀,适应性强;韧性好,强度高,使用寿命长,能回收加工再利用等。

塑料管材按用途可分为受压管和无压管;按主要原料可分为聚氯乙烯管、聚乙烯管、聚丙烯管、聚丁烯管、ABS 管、玻璃钢管等。塑料管材的品种有建筑排水管、雨水管、给水管、波纹管、电线穿线管、天然气运输管等。

5. 纤维增强塑料

纤维增强塑料是一种树脂基复合材料。添加纤维的目的是提高塑料的弹性模量和强度。

玻璃纤维增强塑料(GRP)俗称玻璃钢,是由合成树脂胶结玻璃纤维或玻璃纤维布(带、豆等)而成的。合成树脂的用量一般为 $30\%\sim40\%$,常用的合成树脂有酚醛树脂、不饱和聚酯树脂、环氧树脂等,用量最大的为不饱和聚酯树脂。

玻璃纤维增强塑料的性能主要取决于合成树脂和玻璃纤维的性能、相对含量以及它们之间的黏结情况。合成树脂及玻璃纤维的强度越高,特别是玻璃纤维的强度越高,则玻璃纤维增强塑料的强度越高。

玻璃纤维增强塑料在性能上的主要优点是轻质高强、耐腐蚀,主要缺点是弹性模量小、变形大。

12.5　工程用胶黏剂

12.5.1　胶黏剂的基本概念及其分类

当将两种固体材料(同类的或不同类的)通过另一种介于两者表面之间的物质作用而连接在一起时,这种现象称为黏结,这种中介黏结物质称之为胶黏剂。

胶黏剂的品种很多,分类方法各异,常用的分类方法有:

(1)按胶黏剂的热行为分,有热塑性胶黏剂和热固性胶黏剂。

(2)按黏结接头受力情况分,有结构型胶黏剂和非结构型胶黏剂两类。结构型胶黏剂具有较高的黏结强度,其黏结接头可以承受较大荷载;而非结构型胶黏剂一般用于黏结接头不承受较大荷载的场合。一般来说,热固性胶黏剂多为结构型,而热塑性胶黏剂则多为非结构型。

(3)按固结温度分,有低温硬化型、室温硬化型和高温硬化型胶黏剂。

(4)按胶黏剂的化学性质分,有有机型胶黏剂和无机型胶黏剂。

12.5.2　胶黏剂的黏结强度及其影响因素

就作用机理而言,胶黏剂能够将材料牢固地黏结在一起,是因为胶黏剂与材料间存在有黏附力以及胶黏剂本身具有内聚力。黏附力和内聚力的大小,直接影响胶黏剂的黏结强度。当黏附力大于内聚力时,黏结强度主要取决于内聚力;当内聚力高于黏附力时,黏结强度主要取决于黏附力。一般认为黏附力主要来源于以下几个方面:

(1)机械黏结力。胶黏剂涂敷在材料表面后,能渗入材料表面的凹陷处和表面的孔隙内,胶黏剂在固化后如同镶嵌在材料内部。正是靠这种机械锚固力将胶黏剂和材料黏结在一起。对非极性多孔材料,机械黏结力常起主要作用。

(2)物理吸附力。胶黏剂分子和材料分子之间存在着物理吸附力,即范德华力和静电吸引力。

(3)化学键力。某些胶黏剂分子与材料分子间能发生化学反应,即在胶黏剂与材料间存在有化学键力,是化学键力将胶黏剂和材料黏结为一个整体。

对不同的胶黏剂和被黏材料,黏附力的主要来源也不同,当机械黏附力、物理吸附力和化学键力共同作用时,可获得很高的黏结强度。

就实际应用而言,一般认为影响黏结强度的主要因素有:胶黏剂性质、被黏物性质、被黏物的表面粗糙度、被黏物的表面处理方法、被黏物表面被胶黏剂浸润的程度、被黏物表面含水状况、黏结层厚度、黏结工艺等。

12.5.3　建筑工程常用胶黏剂

1. 结构型胶黏剂

结构型胶黏剂的组成材料为合成树脂、固化剂、填料、稀释剂、增韧剂等。

(1)环氧树脂胶黏剂。这种胶黏剂由于所用环氧树脂中含有环氧基、羟基等多种极性基团,因此其黏结强度很高。该胶黏剂在低温、室温、高温条件下均可固化,并且耐水性、耐酸碱侵蚀性好。目前这种胶黏剂已被广泛应用于金属、玻璃、塑料、木材、陶瓷及混凝土（或水泥制品）等材料的黏结中，尤其是在黏结混凝土方面，其性能远远超过其他胶黏剂。但使用中应注意的是，这种胶黏剂所用的固化剂一般都具有较强的毒性。

（2）不饱和聚酯树脂胶黏剂。这种胶黏剂的特点是黏结强度高，抗老化性及耐热性好，可在室温和常压下固化，但固化时的收缩大，使用时须加入填料或玻璃纤维等。这种胶黏剂可用于黏结陶瓷、玻璃、木材、混凝土和金属结构构件。

2. 非结构型胶黏剂

非结构型胶黏剂的组成与结构型胶黏剂基本相同，但由于所用树脂多为热塑性树脂，因此一般只能用于在温室条件工作的非结构性黏结。

（1）聚醋酸乙烯胶黏剂。这种胶黏剂俗称白乳胶。其特点是使用方便、价格便宜、润湿能力强（因此最适用于亲水性多孔材料），有较好的黏附力并适用于多种黏结工艺。但这种胶黏剂的耐热性、对溶剂作用的稳定性及耐水性较差，只能作为室温下使用的非结构胶，用于黏结玻璃、陶瓷、混凝土、纤维织物、木材、塑料层压板、聚苯乙烯板、聚氯乙烯板及塑料地板。

（2）聚乙烯醇缩脲甲醛胶黏剂。这种胶黏剂的商品名为 801 建筑胶。801 建筑胶在制备过程中加入脲素，由于脲素与游离甲醛在缩合反应的过程中可以生成一羟基脲、二羟基脲乃至羟甲基脲等缩合物，所以游离甲醛量可以大幅度降低，而且胶液的黏结能力也得以增强。

3. 橡胶型胶黏剂

建筑工程中广泛使用的橡胶型胶黏剂，既可在室温下固化，也可在高温高压条件下固化；既可作非结构黏结，也可用于结构型黏结。

（1）氯丁橡胶胶黏剂。这种胶黏剂是目前应用最广的一种橡胶型胶黏剂，主要由氯丁橡胶、氧化锌、氧化镁、填料、抗老化剂和抗氧化剂等组成。氯丁橡胶胶黏剂对水、油、弱酸、弱碱、脂肪烃和醇类都具良好抵抗力，可在 $-50 \sim 80 \, ℃$ 的温度下工作，但具有徐变性，且易老化。为改善性能常掺入油溶性的酚醛树脂，配成氯丁酚醛胶。氯丁酚醛胶可在室温下固化，建筑上常用于水泥混凝土或水泥砂浆的表面粘贴塑料或橡胶制品等。

（2）丁腈橡胶胶黏剂。这种胶黏剂最大优点是耐油性好，剥离强度高，对脂肪烃和非氧化性酸具有良好的抵抗力。根据配方不同，其可以冷硫化，也可以在加热和加压过程中硫化。为获得较高的强度和良好的弹性，可将丁腈橡胶与其他树脂混合使用。丁腈橡胶胶黏剂，主要用于黏结橡胶制品及橡胶制品与其他金属材料或非金属材料的黏结中。

复习思考题

1. 什么是聚合物？
2. 热塑性树脂和热固性树脂有何不同？
3. 橡胶有哪几种类型？每种类型的橡胶在性能和应用上有什么特点？
4. 塑料与传统的建筑材料相比有哪些优缺点？
5. 试列举几种用作装饰、绝热等用途的建筑塑料制品，并说明其特性。

6. 简述涂料的组成及各组成成分的作用。

7. 试述如何选择涂料。

8. 溶剂型涂料和乳液型涂料在性能和应用上有什么不同？

9. 试述对胶黏剂的基本要求，以及影响其黏结强度的因素。

10. 建筑工程中常用的胶黏剂有哪几种？其使用特点如何？

第13章 建筑装饰材料

建筑装饰材料是指铺设、粘贴及涂刷在建筑物内外表面，主要起装饰作用的材料。建筑装饰材料品种多，有内、外墙面装饰材料、地面装饰材料、顶棚装饰材料、屋面装饰材料等。装饰材料可以提高、改善建筑物的艺术效果，给人以美和舒适的享受，还兼有保温绝热、吸声隔音、防火防潮等功能，起到保护主体结构、延长建筑物使用寿命的作用，在建筑成本中，装饰部分占相当大的比重。

13.1 玻璃及其制品

玻璃在装修中的使用是非常普遍的，从外墙窗户到室内屏风、门扇等都会使用到。

玻璃主要分为平板玻璃和特种玻璃。平板玻璃主要有三种，即引上法平板玻璃（分有槽/无槽两种）、平拉法平板玻璃和浮法玻璃。其中浮法玻璃由于厚度均匀、上下表面平整平行，再加上劳动生产率高等方面的因素已成为玻璃制造业的主流。特种玻璃是按特殊需求制作的玻璃产品，其品种众多，如钢化玻璃、防火玻璃、中空玻璃等。

13.1.1 平板玻璃

平板玻璃包括普通平板玻璃和浮法玻璃。

普通平板玻璃主要有以下几类：

（1）3～4 mm 玻璃：主要用于画框表面。

（2）5～6 mm 玻璃：主要用于外墙窗户、门扇等小面积透光造型等。

（3）7～9 mm 玻璃：主要用于室内屏风等较大面积但又有框架保护的造型。

（4）9～10 mm 玻璃：可用于室内大面积隔断、栏杆等装修项目。

（5）11～12 mm 玻璃：可用于地弹簧玻璃门和一些活动人流较大的隔断。

（6）15 mm 以上玻璃：主要用于较大面积的地弹簧玻璃门、外墙整块玻璃墙面，一般市面上销售较少。

浮法玻璃是用海沙、石英砂岩粉、纯碱、白云石等原料，按一定比例配制，经熔窑高温熔融，玻璃液从池窑连续流至并浮在金属液面上，摊成厚度均匀平整、经火抛光的玻璃带，冷却硬化后脱离金属液，再经退火切割而成的透明五色平板玻璃。玻璃表面平整光滑，厚度非常均匀，光学畸变很小。浮法玻璃按厚度分为 3 mm、4 mm、5 mm、6 mm、8 mm、10 mm、12 mm、15 mm、19 mm 等九类。

平板玻璃按外观质量分为优等品、一级品、合格品三类，在建筑工程中主要用作建筑物的门窗玻璃。

13.1.2 钢化玻璃

钢化玻璃是普通平板玻璃经过再加工处理而成的一种预应力玻璃。它相对于普通平板玻璃来说，具有两大特征：

（1）其强度是后者的数倍，抗拉度是后者的 3 倍以上，抗冲击是后者的 5 倍以上。

（2）钢化玻璃不容易破碎，即使破碎也会以无锐角的颗粒形式碎裂，对人体伤害大大降低。

13.1.3　夹层玻璃

夹层玻璃由两片普通平板玻璃（也可以是钢化玻璃或其他特殊玻璃）和玻璃之间的有机胶合层构成。当受到破坏时，碎片仍黏附在胶层上，避免了碎片飞溅对人体的伤害。夹层玻璃多用于有安全要求的装修项目。同时，它的 PVB 中间膜所具备的隔音、控制阳光的性能又使之成为具备节能、环保功能的新型建材：使用夹层玻璃不仅可以隔绝可穿透普通玻璃 $1000 \sim 2000$ Hz 的吻合噪声，而且它可以阻挡 99％以上紫外线和吸收红外光谱中的热量。夹层玻璃的适用范围：屋顶、幕墙、天窗、银行、商店、车辆等安全性较高的领域以及有防弹、防爆要求的特殊场合。

13.1.4　防火玻璃

防火玻璃是一种新型的建筑用功能材料，具有良好的透光性能和防火阻燃性能。它是由两层或两层以上玻璃用透明防火胶黏结在一起制成的。中空防火玻璃是当今防火玻璃的新品，它集隔音降噪、隔热保温及防火功能于一身的新型玻璃。它是在制作中空玻璃的基础上，只需在有可能接触火灾或火焰的一面玻璃基片上涂覆一层金属盐，在一定温度、湿度下干燥后，再加工成形状各异的中空玻璃门、窗、隔断、隔墙、防火道等用的中空防火玻璃。夹层复合防火玻璃是目前国内外市场常见而又极为畅销的透明夹层复合防火玻璃。它由两层或两层以上的平板玻璃中间夹以透明的防火胶黏剂组成，其防火性的强弱主要取决于防火胶黏剂性能的好坏。

13.1.5　中空玻璃

中空玻璃多采用胶接法将两块玻璃保持一定间隔，间隔中是干燥的空气，周边再用密封材料密封而成，主要用于有隔音要求的装修工程之中，如机场候机楼、机动车辆、办公住宅楼等有隔热、隔音、节能要求的场合。高性能中空玻璃除在两层玻璃之间封入干燥空气之外，还要在外侧玻璃中间空气层侧涂上一层热性能好的特殊金属膜，以阻隔太阳紫外线射入到室内的能量。其特性是：有较好的节能效果、隔热、保温，改善居室内环境；外观有 8 种色彩，富有极好的装饰艺术价值。中空玻璃的规格和尺寸见表 13-1。

表 13-1　中空玻璃的规格和尺寸

玻璃厚度	间隔厚度	长边最大尺寸	短边最大尺寸（正方形除外）	最大面积/m^2	正方形边长最大尺寸
3	6	2110	1270	2.4	1270
	$9 \sim 12$	2110	1271	2.4	1270
4	9	2420	1300	2.86	1300
	$9 \sim 10$	2440	1300	3.17	1300
	$12 \sim 20$	2440	1300	3.17	1300

玻璃厚度	间隔厚度	长边最大尺寸	短边最大尺寸 （正方形除外）	最大面积/m²	正方形边长 最大尺寸
	6	3000	1750	4.00	1750
5	9～10	3000	1750	4.80	2100
	12～20	3000	1815	5.10	2100
	6	4550	1980	5.88	2000
6	9～10	4550	2280	8.54	2440
	12～20	4550	2440	9.00	2400
	6	4270	2000	8.54	2400
10	9～10	5000	3000	15.00	3000
	12～20	5000	3160	15.90	3250
12	12～20	5000	3180	15.90	3250

13.1.6　其他玻璃

1. 水晶玻璃

水晶玻璃是采用玻璃珠在耐火模具中铸成的。玻璃珠以二氧化硅和其他各种添加剂为主要原料，配料后用火焰烧熔结晶而成。其外表光滑并带有各种格式的细丝网状或仿天然石料的点缀花纹，具有良好的强度、化学稳定性和耐大气侵蚀性。其反面较粗糙，与水泥黏结性好，是一种玻璃板状装饰材料，适用于内外墙装饰。

2. 釉面玻璃

釉面玻璃是在玻璃表面涂一层彩色易熔性色釉，加热至釉料熔融，使釉层与玻璃牢固结合在一起，经退火或钢化处理而成的。它具有良好的化学稳定性和装饰性，适用于建筑物外墙饰面。

3. U 形玻璃

U 形玻璃又称槽形玻璃，是一种新型建筑节能墙体型材玻璃。它由碎玻璃和石英砂等原料制成，具有采光性好、隔热保温、隔音防噪、机械强度高、防老化、耐光照等特点。U形玻璃的造型为条幅型，具有挺拔、清秀、线条流畅的时代气息，并有独特的装饰效果；安装方便，综合造价低，与普通钢平板玻璃结构相比，可降低成本 20%～40%，减少作业量 30%～50%，并节省玻璃与金属耗用量。

13.2　建 筑 陶 瓷

建筑陶瓷是建筑物墙面、地面以及园林仿古建筑、卫生洁具等上使用的陶瓷制品，广泛应用于建筑装饰工程中。

13.2.1　陶瓷砖

陶瓷砖是由黏土和其他无机非金属原料，经成型、烧结等工艺生产的板状或块状陶瓷制品，用于装饰与保护建筑物、构筑物的墙面和地面。通常在室温下通过干压、挤压或其他成型方法成型，然后干燥，在一定温度下烧成。

1．釉面砖

砖表面经过烧釉处理后的砖称为釉面砖。

釉面砖根据材料的不同分为以下两类：

（1）陶制釉面砖：由陶土烧制而成，吸水率较高，强度相对较低。其主要特征是背面颜色为红色。

（2）瓷制釉面砖：由瓷土烧制而成，吸水率较低，强度相对较高。其主要特征是背面颜色是灰白色。

需要注意的是，上面所说的吸水率和强度的比较都是相对的，目前也有一些陶制釉面砖的吸水率和强度优于瓷制釉面砖。

根据釉面光泽的不同，釉面砖可分为以下两类：

（1）亮光釉面砖：适合于制造"干净"的效果。

（2）哑光釉面砖：适合于制造"时尚"的效果。

釉面砖是装修中最常见的砖种，由于色彩图案丰富，而且防污能力强，被广泛使用于墙面和地面之中，其常见的质量问题主要如下：

（1）龟裂：其产生的根本原因是坯与釉层材料的热膨胀系数不同。釉面比坯的热膨胀系数大，冷却时釉的收缩大于坯体，釉会受拉伸应力，当拉伸应力大于釉层所能承受的极限强度时，就会产生龟裂现象。

（2）背渗：不管哪一种砖吸水都是自然的，但当坯体密度过于疏松时，就会产生背渗现象，即污水会渗透到砖的表面。

常用规格：正方形釉面砖有 152 mm×152 mm、200 mm×200 mm、长方形釉面砖有 152 mm×200 mm、200 mm×300 mm 等，常用的釉面砖厚度有 5 mm 及 6 mm。

2．通体砖

通体砖的表面不上釉，而且正面和反面的材质和色泽一致，因此得名。通体砖是一种耐磨砖，虽然现在还有渗花通体砖等品种，但相对来说，其花色比不上釉面砖。由于目前的室内设计越来越倾向于素色设计，所以通体砖也越来越成为一种时尚，被广泛使用于厅堂、过道和室外走道等装修项目的地面，一般较少使用于墙面，而多数的防滑砖都属于通体砖。通体砖常有的规格有 300 mm×300 mm、400 mm×400 mm、500 mm×500 mm、600 mm×600 mm、800 mm×800 mm 等。

3．抛光砖

抛光砖就是通体坯体的表面经过打磨而成的一种光亮的砖种。抛光砖属于通体砖的一种。相对于通体砖的平面粗糙而言，抛光砖就要光洁多了。抛光砖质坚耐磨，适合在除洗手间、厨房和室内环境以外的多数室内空间中使用。在运用渗花技术的基础上，抛光砖可以做出各种仿石、仿木效果。

抛光砖有一致命的缺点就是易脏。这是抛光砖在抛光时留下的凹凸气孔造成的。为克服这一缺点，一些质量好的抛光砖在出厂时都加了一层防污层，但防污层又使抛光砖失去了通体砖的效果。装修界也有在施工前打上水蜡以防沾污的做法。

抛光砖的常用规格有 400 mm×400 mm、500 mm×500 mm、600 mm×600 mm、800 mm×800 mm、900 mm×900 mm、1000 mm×1000 mm。

4. 玻化砖

为了解决抛光砖出现的易脏问题，市面上又出现了一种叫玻化砖的品种。玻化砖其实就是全瓷砖。其表面光洁但又不需要抛光，所以不存在抛光气孔的问题。玻化砖是一种强化的抛光砖，它采用高温烧制而成。质地比抛光砖更硬更耐磨。毫无疑问，它的价格也同样高。玻化砖主要是用作地面砖，常用尺寸是 400 mm×400 mm、500 mm×500 mm、600 mm×600 mm、800 mm×800 mm、900 mm×900 mm、1000 mm×1000 mm。

5. 陶瓷锦砖

陶瓷锦砖俗称马赛克，马赛克是一种特殊存在方式的砖，它一般由数十块小块的砖组成一个相对的大砖。它以小巧玲珑、色彩斑斓被广泛使用于室内小面积的墙面和室外大小幅墙面和地面，主要有两种形式：

(1) 陶瓷马赛克：最传统的一种马赛克，以小巧玲珑著称，但较为单调，档次较低。

(2) 大理石马赛克：中期发展的一种马赛克品种，丰富多彩，但其耐酸碱性差、防水性能不住，所以市场反映并不是很好。

马赛克的常用规格有 20 mm×20 mm、25 mm×25 mm、30 mm×30 mm，厚度在 4~4.3 mm 之间。

13.2.2 陶瓷劈离砖

劈离砖又名劈开砖或劈裂砖，是一种用于内外墙或地面装饰的建筑装饰瓷砖。劈离砖按表面的粗糙程度分为光面砖和毛面砖两种，前者坯料中的颗粒较细，产品表面较光滑和细腻；而后者坯料颗粒较粗，产品表面有突出的颗粒和凹坑。劈离砖按用途可分为墙面砖和地面砖两种，按表面形状又可分为平面砖和异型砖等。

劈离砖强度高、吸水率低、抗冻性强、防潮防腐、耐磨耐压，耐酸碱，防滑；色彩丰富，自然柔和，表面质感变幻多样，或清秀细腻，或浑厚粗犷；表面施釉者光泽晶莹，富丽堂皇；表面无釉者质朴典雅、大方，无反射弦光。劈离砖主要用于建筑的内墙、外墙、地面、台阶、地坪及游泳池等建筑部位，厚度较大的劈离砖特别适用于公园、广场、停车场、人行道等露天地面的铺设。

13.2.3 玻璃锦砖

玻璃锦砖又叫做玻璃马赛克或玻璃纸皮砖。它是一种小规格的彩色饰面玻璃，一般规格为 20 mm×20 mm、30 mm×30 mm、40 mm×40 mm，厚度为 4~6 mm，属于各种颜色的小块玻璃质镶嵌材料。玻璃马赛克由天然矿物质和玻璃粉制成，是最安全的建材，也是杰出的环保材料。它耐酸碱，耐腐蚀，不褪色，是最适合装饰卫浴房间墙地面的建材。它算是最小巧的装修材料，组合变化的可能性非常多：具象的图案，同色系深浅跳跃或过渡，以及为瓷砖等其他装饰材料做纹样点缀等。

13.3　装饰用板材

在建筑装饰工程中板材的应用亦较广泛，建筑物常用的装饰板材按材料分主要有天然石饰板材、金属类装饰板材和石膏装饰板材。

13.3.1　天然石饰板材

1. 天然花岗石建筑板材

天然花岗石是一种分布最广的火成岩，属于硬质石材。天然花岗石板材是天然花岗石荒料经锯切、研磨、切割而成的。

天然花岗石板材按形状分为普型板材(N)和异型板材(S)；按表面加工程度又可分为细面板材(RB)(表面平整、光滑)、镜面板材(PL)(表面平整，具有镜面光泽)、粗面板材(RU)(表面平整、粗糙，具有较规则加工条纹的机刨板、剁斧板、锤击板、烧毛板等)。

天然花岗石板材按板材规格尺寸允许偏差、平面度允许极限公差、角度允许极限公差和外观质量分为优等品(A)、一等品(B)、合格品(C)三个等级。

板材命名顺序：荒料产地地名、花纹色调特征名称、花岗石(G)；板材标记顺序：命名、分类、规格尺寸、等级、标准号。如山东济南黑色花岗石荒料生产的 400 mm×400 mm×20 mm、普型、镜面、优等品板材，其命名为：济南青花岗石，标记为：济南青(G)N PL 400 mm×400 mm×20 mm A JC 205。

天然花岗石板材色彩斑斓、质感坚实、华丽庄重、装饰性好，属于高级装饰材料，由于生产成本高，一般仅用于公共建筑和装饰等级、装修要求较高的工程之中，在一般建筑物中，只宜局部点缀使用。花岗石剁斧板材多用于室外地面、台阶、基座等处；机刨板材一般用于地面、台阶、基座、踏步、檐口等处；粗磨板材常用于墙面、柱面、台阶、基座、纪念碑等处；磨光板材多用于室内外墙面、地面、柱面的装饰。

2. 天然大理石建筑板材

大理石是以我国云南省大理县的大理城来命名的。天然大理石是地壳中原有的岩石(石灰岩与白云岩)经过地壳内高温高压作用形成的变质岩。天然大理石具有以下特点：质地组织细密、坚实，抛光后光洁如镜，纹理多比花岗岩舒展、美观，抗压强度较高，根据岩层不同可达 300 MPa，吸水率小，耐磨，不变形等。其主要品种有云灰大理石、彩花大理石等。不含杂质的大理石为洁白色，也称汉白玉。

天然大理石建筑板材是采用天然大理石荒料，经切割、表面磨光后得到的装饰板材，按形状分为普型板(PX)、圆弧板(HM)两种。普型板按规格尺寸偏差、平面度公差、角度公差、外观质量等分为优等品(A)、一等品(B)和合格品(C)三个等级。圆弧板按规格尺寸偏差、直线度公差、线轮廓度公差及外观质量分为优等品(A)、一等品(B)和合格品(C)三个等级。

天然大理石是主要成分为碳酸钙的天然大理石建筑板材，易受到大气中的 CO_2、SO_2 和水汽等介质的腐蚀，除个别品种外(如汉白玉)，一般宜作室内装饰。

13.3.2　金属类装饰板材

1. 彩色涂层钢板

彩色涂层钢板是以冷轧钢板，电镀锌钢板、热镀锌钢板或镀铝锌钢板为基板经过表面脱脂、磷化、络酸盐处理后，涂上有机涂料经烘烤而制成的产品。彩色涂层钢板的强度取决于基板材料和厚度，耐久性取决于镀层（镀锌量为 318 g/m²）和表面涂层，涂层有聚酯、硅性树脂、氟树脂等，涂层厚度达 25 μm 以上，涂层结构有二涂一烘、二涂二烘等，免维护使用年限根据环境大气不同可达 20～30 年。

彩色涂层钢板具有良好的装饰性、耐污染性、耐高低温性、可加工性以及轻质高强、色彩鲜艳、耐久性好等特点，主要用作建筑外墙板、屋面板、护壁板等。

2. 铝合金装饰板

铝是有色金属中的轻金属，密度为 2.7g/cm²，银白色。纯铝的强度、硬度较低，但塑性好，可制成板、管等几何形状。

铝合金是为提高铝的实用价值，在铝中加入镁、锰、铜、锌、硅等元素而形成的。铝合金的种类很多，用于建筑装饰的是铝镁硅合金即锻铝合金（简称锻铝）。

铝合金装饰板是采用铝合金为原材料，经过轧制而成的板材。其主要品种有铝合金花纹板、铝合金波纹板（装饰板）、铝合金穿孔板等，具有质轻、装饰性好、美观大方、耐高温、耐腐蚀等特点。铝合金花纹板主要用于建筑物的墙面装饰及楼梯踏板之处，铝合金穿孔板主要用于有吸声要求的室内装饰。

13.3.3　石膏装饰板材

石膏装饰板是以熟石膏为主要原料掺入添加剂与纤维制成的。石膏板与轻钢龙骨（由镀锌薄钢压制而成）相结合，便构成轻钢龙骨石膏板。轻钢龙骨石膏板天花具有许多种类，包括有纸面石膏板、装饰石膏板、纤维石膏板、空心石膏板条，并有多种规格。

石膏装饰板具有质轻、绝热、吸声、不燃和可锯性等性能。其造价低、施工方便，但防潮性较差。普通石膏板适用于室内的吊顶、隔墙和贴面墙。

13.3.4　其他装饰板材

除上述装饰板材外还有其他装饰板材，如细工木板、胶合板、装饰吸声板等。

1. 细木工板

细木工板（俗称大芯板、木工板）是具有实木板芯的胶合板，其握螺钉力好，强度高。现在市场上大部分是实心、胶拼、双面砂光、五层的细木工板，尺寸规格为 1220 mm×2440 mm。细木工板比实木板材稳定性强，但怕潮湿，施工中应注意避免用在厨卫。

2. 胶合板

胶合板是由三层或多层 1 mm 左右的实木单板或薄板胶贴热压制成的，常见的有三夹板、五夹板、九夹板和十二夹板（俗称三合板、五厘板、九厘板、十二厘板）。

胶合板材质均匀、强度高、幅面大、平整易加工、不翘不裂、干湿变形小、板面花纹美丽、装饰性好,是建筑中广泛使用的人造板材。

胶合板主要用于装饰面板的底板、板式家具的背板等各种木制品工艺。

3. 装饰吸声板

装饰吸声板主要用于有吸声要求的建筑物的室内和顶棚装饰。其主要品种有聚苯乙烯泡沫塑料装饰吸声板、矿棉装饰吸声板、珍珠岩装饰吸声板等。

装饰吸声板具有质轻、吸声、装饰性和防火性好、美观大方、施工简便等特点。

13.4　卷材类装饰材料及装饰涂料

建筑装饰中常用到装饰卷材与装饰涂料,装饰性、加工性能好、质轻、强度高的建筑塑料多为卷材。

13.4.1　卷材类装饰材料

建筑装饰中常用到的卷材类装饰材料有以下几种。

1. 塑料地板

塑料地板,即用塑料材料铺设的地板。塑料地板按其使用状态可分为块材(或地板砖)和卷材(或地板革)两种;按其材质可分为硬质、半硬质和软质(弹性)三种;按其基本原料可分为聚氯乙烯(PVC)塑料、聚乙烯(PE)塑料和聚丙烯(PP)塑料等数种。

与其他地面材料相比,塑料地板具有如下特点:

(1) 价格相对便宜;

(2) 品种、花样、图案、色彩、质地、形状多样化,装饰效果好,能满足不同人群的爱好和多种用途的需要,如模仿天然材料,十分逼真。

(3) 兼具多种功能,足感舒适,有暖感,能隔热、隔音、隔潮。

(4) 施工铺设方便,消费者可亲自参与整体构思、选材和铺设。

(5) 易于保养,易擦、易洗、易干,耐磨性好,使用寿命长。

2. 塑料壁纸

塑料壁纸是当前广泛使用的墙面材料,图案变化多样,丰富多彩。

塑料壁纸包括涂塑壁纸和压塑壁纸。涂塑壁纸是以木浆原纸为基层,涂布氯乙烯-醋酸乙烯共聚乳液与钛白、瓷土、颜料、助剂等配成的乳胶涂料烘干后再印花而成的;聚氯乙烯塑料壁纸是聚氯乙烯树脂与增塑剂、稳定剂、颜料、填料经混炼、压延成薄膜,然后与纸基热压复合,再印花、压纹而成的。这两种塑料壁纸均具有耐擦洗、透气好的特点。

3. 塑料薄膜

塑料薄膜是用聚氯乙烯、聚乙烯、聚丙烯、聚苯乙烯以及其他树脂制成的薄膜,用于包装以及用作覆膜层。塑料薄膜耐水、耐腐蚀、伸长率大,可以用作室内装饰材料、防水材料和混凝土养护等。

13.4.2　建筑涂料

涂料是指涂敷于物体表面,能与物体黏结牢固形成完整而坚韧的保护膜的一种材料。

它具有装饰和保护作用,由于装饰性好、工期短、效率高、维修方便等特点而被广泛地使用。

1. 涂料的组成与性能

1)组成

(1)基料:主要成膜物质,也称黏合剂。它能将涂料中的其他组分黏结成一整体,基料是涂料配方的基础,对涂料的性质起决定性作用。

(2)颜填料:次要成膜物质,构成涂膜的重要组成部分,不能够单独成膜,但对涂膜性能有巨大的影响。

(3)溶剂或水:辅助成膜物质,最终不留在涂膜中。

(4)助剂:辅助材料,用量很少但作用显著,能极大地提高涂料涂膜的性质。

2)性能

(1)较好的耐候性。耐候性是指对恶劣天气的抵抗能力,如冻融循环、大风暴雨和烈日等。在规定的某一段时间内保持各项性能指标不变或略降,但仍能符合使用要求。

(2)常温成膜。并非所有的基料都能够常温成膜,对于一些玻璃化温度比较高的基料,不适合用作建筑涂料。一般来说,建筑类涂料要求能在 5～26℃ 之间成膜。

(3)较好的耐碱性。涂料一般是涂在水泥混凝土、含石灰抹灰材料等碱性墙体上的,这些基面碱性比较强,若涂料抗碱能力弱,则会出现皂化、返碱发花等现象,结果会导致涂层剥落或变色褪色。

(4)耐洗刷性。涂料作为建筑的外衣(内、外墙面)要分别受到用户、雨水的洗刷,如果耐洗刷性差,那么很快就会露出墙底。

2. 涂料的分类

(1)按使用部位分:内墙涂料、外墙涂料、地面涂料及屋面涂料;

(2)按成膜分:有机系和无机系涂料、有机系丙烯酸外墙涂料、无机系外墙涂料、有机和无机复合系涂料;

(3)按状态分:溶剂型涂料、水溶性涂料、乳液型涂料和粉末涂料;

(4)按涂层分:薄涂层涂料、原质涂层涂料、沙状涂层涂料;

(5)按特殊性能分:防水涂料、防火涂料、防霉涂料和防结露涂料等。

13.4.3 建筑工程中常用的涂料

1. 油漆

1)大漆

大漆又称天然漆,有生漆、熟漆之分。生漆有毒,漆膜粗糙,很少直接使用,经加工成熟漆或改性后制成各种精制漆。熟漆适应于在潮湿环境中干燥,所生成漆膜光泽好、坚韧、稳定性高、耐酸性强,但干燥慢。经改性的快干推光漆、提庄漆等毒性低、漆膜坚韧,可喷可刷,施工方便,耐酸、耐水,适于高级涂装。

2)清漆

清漆分为油基清漆和树脂清漆两大类,前者俗称"凡立水",后者俗称"泡立水",是一种不含颜料的透明涂料。常用的清漆有以下几种:

（1）酯胶清漆：又称耐水清漆，漆膜光亮，耐水性好，但光泽不持久，干燥性差，适用于木制家具、门窗、板壁的涂刷和金属表面的罩光。

（2）酚醛清漆：俗称永明漆，干燥较快，漆膜坚韧耐久，光泽好，耐热、耐水、耐弱酸碱，缺点是漆膜易泛黄、较脆，适用于木制家具、门窗、板壁的涂刷和金属表面的罩光。

（3）醇酸清漆：又称三宝漆，附着力、光泽度、耐久性比前两种好，它干燥快、硬度高、可抛光打磨，色泽光亮，但膜脆、耐热、抗大气性较差，适用于涂刷室内门窗、地面、家具等。

（4）硝基清漆：又称清喷漆、腊克，具有干燥快、坚硬、光亮、耐磨、耐久等特点，是一种高级涂料，适用于木材、金属表面的涂覆装饰和高级的门窗、板壁、扶手。

（5）虫胶清漆：又名泡立水、酒精凡立水，也简称漆片，它是用虫胶片溶于 95° 以上酒精中制得的溶液。这种漆使用方便、干燥快，漆膜坚硬光亮，缺点是耐水性、耐候性差，日光暴晒会失光，热水浸烫会泛白，故一般用于室内木器家具的涂饰。

（6）丙烯酸清漆：可常温干燥，具有良好的耐候性、耐光性、耐热性、防霉性及附着力，但耐汽油性较差，适用于喷涂经阳极氧化处理过的铝合金表面。

3）调和漆

调和漆是最常用的一种油漆。这种漆的质地较软、均匀，稀稠适度，耐腐蚀，耐晒，长久不裂，遮盖力强，耐久性好，施工方便。它分油性调和漆和磁性调和漆两种，后者现名多丹调和漆。在室内适宜采用磁性调和漆，这种调和漆比油性调和漆好，漆膜较硬，光亮平滑，但耐候性较油性调和漆差。

4）瓷漆

瓷漆和调和漆一样，也是一种色漆，是在清漆的基础上加入无机颜料制成的。其漆膜光亮、平整、细腻、坚硬，外观类似陶瓷或搪瓷。瓷漆色彩丰富，附着力强。根据使用要求，可在瓷漆中加入不同剂量的消光剂，制得半光或无光瓷漆。常用的品种有酚醛瓷漆和醇酸瓷漆。瓷漆适用于涂饰室内外的木材、金属表面、家具及木装修等。

油漆按部位分主要有墙漆、木器漆和金属漆。

墙漆：外墙漆、内墙漆和顶面漆，主要是乳胶漆等品种；

木器漆：硝基漆、聚氨酯漆等；

金属漆：磁漆。

按状态分为水性漆和油性漆。乳胶漆是主要的水性漆，而硝漆、聚氨酯漆等多属于油性漆。

按功能分为防水漆、防火漆、防霉漆、防蚊漆及具有多种功能的多功能漆等。

按作用形态分为挥发性漆和不挥发性漆。

按表面效果分为透明漆、半透明漆和不透明漆。

2．建筑涂料

1）内墙装饰涂料

（1）聚乙烯醇系内墙涂料。

① 聚乙烯醇水玻璃内墙涂料。聚乙烯醇水玻璃内墙涂料又称 106 涂料，是以聚乙烯醇和水玻璃为基料，加入一定量的颜料、填料和适量助剂，经溶解、搅拌、研磨而成的水溶性内墙涂料。该涂料具有原料丰富、价格低廉、工艺简单、无毒、无味、耐燃、色彩多样、装

饰性较好等特点，并与基层材料间有一定的黏结力，但涂层的耐水性及耐水洗刷性差，不能用湿布擦洗，且涂膜表面易产生脱粉现象。它是国内内墙涂料中用量最大的一种，广泛用于住宅、普通公用建筑等的内墙面、顶棚等，但不适合用于潮湿环境。

② 聚乙烯醇缩甲醛内墙涂料。聚乙烯醇缩甲醛内墙涂料又称 803 内墙涂料，是以聚乙烯醇与甲醛进行不完全缩合醛化反应生成的聚乙烯醇缩甲醛水溶液为基料，加入颜料、填料及助剂经搅拌研磨等而成的水溶性内墙涂料。其成本与聚乙烯醇水玻璃内墙涂料相仿，耐洗刷性略优于聚乙烯醇水玻璃内墙涂料，可达 100 次，其他性能与聚乙烯醇水玻璃内墙涂料基本相同。聚乙烯醇缩甲醛内墙涂料可广泛用于住宅、一般公用建筑的内墙与顶棚等。

③ 改性聚乙烯醇系内墙涂料。改性聚乙烯醇系内墙涂料又称耐湿擦洗聚乙烯醇系内墙涂料。提高聚乙烯醇系内墙涂料耐水性和耐洗刷性的措施有：提高缩醛度，采用乙二醛和丁醛来代替部分甲醛或全部甲醛，加入活性填料等。改性聚乙烯醇系内墙涂料具有较高的耐水性和耐洗刷性，耐洗刷性可达 300～1000 次。

（2）聚醋酸乙烯乳液涂料。

聚醋酸乙烯乳液涂料又称聚醋酸乙烯乳胶漆，是以聚醋酸乙烯乳液为基料，加入适量的填料、少量颜料及其他助剂的乳液型内墙涂料。该涂料具有无毒、不易燃烧、涂膜细腻、平滑、色彩鲜艳、装饰效果良好、价格适中、施工方便、涂膜透气性良好、不易产生气泡等特点，其耐水性、耐碱性及耐候性均优于聚乙烯醇系内墙涂料，但较其他共聚乳液涂料差。

（3）醋酸乙烯-丙烯酸酯有光乳液涂料。

醋酸乙烯-丙烯酸酯有光乳液涂料简称乙-丙有光乳液涂料，是以乙-丙乳液为基料，加入颜料、填料、助剂等配制而成的水性内墙涂料。乙-丙有光乳液涂料的耐水性、耐候性、耐碱性均优于聚醋酸乙烯乳液涂料，并具有光泽，是一种中高档的内墙装饰涂料。

2）外墙装饰涂料

（1）苯乙烯-丙烯酸酯乳液涂料。苯乙烯-丙烯酸酯乳液涂料简称苯-丙乳液涂料，是以苯-丙乳液为基料，加入颜料、填料、助剂等配制而成的水性涂料，是目前质量较好的外墙乳液涂料之一，也是我国外墙涂料的主要品种。苯-丙乳液涂料分为无光、半光、有光三类。苯-丙乳液涂料具有优良的耐水性、耐碱性和抗污染性，外观细腻、色彩艳丽、质感好，耐洗刷次数可达 2000 次以上，与水泥混凝土等大多数建筑材料的黏附力强，并具有丙烯酸类涂料的高耐光性、耐候性和不泛黄性。苯-丙乳液涂料适用于建筑的外墙、内墙等，但主要用于外墙。

（2）丙烯酸系外墙涂料。丙烯酸系外墙涂料分为溶剂型和乳液型。溶剂型是以热塑性丙烯酸酯树脂为基料，加入填料、颜料、助剂和溶剂等，经研磨而成的；乳液型是以丙烯酸乳液为基料，加入填料、颜料、助剂等，经研磨而成的；丙烯酸系外墙涂料还分为有光、半光、无光三类。

丙烯酸系外墙涂料具有优良的耐水性、耐高低温性、耐候性，良好的黏结性、抗污染性、耐碱性及耐洗刷性，耐洗刷次数可达 2000 次以上。此外丙烯酸外墙涂料的装饰性好，寿命可达 10 年以上，属于高档涂料，是目前国内外主要使用的外墙涂料之一。丙烯酸外墙涂料主要用于建筑的外墙，作为复合涂层的罩面涂料，也可作为内墙复合涂层的罩面涂料。

（3）聚氨酯系外墙涂料。

聚氨酯系外墙涂料是以聚氨酯树脂或聚氨酯树脂与其他树脂的混合物为基料，加入颜料、填料、助剂等配制而成的双组分溶剂型外墙涂料。该涂料包括主涂层涂料和面涂层涂料。主涂层涂料是双组分聚氨酯厚质涂料，面涂涂料为双组分的非黄变性丙烯酸改性聚氨酯涂料。

聚氨酯系外墙涂料具有一定的弹性和抗伸缩疲劳性，能适应基层材料在一定范围内的变形而不开裂，抗伸缩疲劳次数可达 5000 次以上；具有优良的黏结性、耐候性、耐水性、防水性、耐酸碱性、耐高温性和耐洗刷性，耐洗刷次数可达 2000 次以上。聚氨酯系外墙涂料的颜色多样，涂膜光洁度高，呈瓷质感，耐沾污性好，使用寿命可达 15 年以上，属于高档外墙涂料。

（4）合成树脂乳液砂壁状涂料。

合成树脂乳液砂壁状涂料原称彩砂涂料，是以合成树脂乳液（一般为苯－丙乳液或丙烯酸乳液）为基料，加入彩色骨料（粒径小于 2mm 的彩色砂粒、彩色陶瓷粒等）或石粉及其他助剂配制而成的粗面厚质涂料，简称砂壁状涂料。合成树脂乳液砂壁状涂料按所用彩色砂和彩色粉的来源分为三种类型：A 型采用人工烧结彩色砂粒和彩色粉；B 型采用天然彩色砂粒和彩色粉；C 型采用天然砂粒和石粉，加颜料着色。目前常用的为 A 型和 B 型。

合成树脂乳液砂壁状涂料可用不同的施工工艺做成仿大理石、仿花岗石质感与色彩的涂料，因而又称为仿石涂料、石艺漆、真石漆。该涂料一般采用喷涂法施工，涂层具有丰富的色彩和质感，保色性、耐水性、耐候性良好，涂膜坚实，骨料不易脱落，使用寿命可达 10 年以上。合成树脂乳液砂壁状涂料主要用于办公楼、商店等公用建筑的外墙面，也可用于内墙面。

合成树脂乳液砂壁状涂料也可采用抹涂施工，涂层平滑，称之为薄抹涂料。

（5）外墙无机涂料。

外墙无机涂料是以碱金属硅酸盐或硅溶胶为基料，加入填料、颜料、助剂等配制而成的水性建筑涂料。按基料的不同可分为以下两类：

A 类：以碱金属硅酸盐，包括硅酸钠、硅酸钾、硅酸锂及其混合物为主要基料，加入相应的固化剂或有机合成树脂乳液配制而成的涂料。该涂料为双组分涂料，使用时现场将固化剂加入，搅拌均匀后使用。

B 类：以硅溶胶为主要基料，加入有机合成树脂乳液及次要基料配制而成的涂料。

外墙无机涂料颜色多样、渗透能力强、与基层材料的黏结力高、成膜温度低、无毒、无味、价格较低。涂层具有优良的耐水性、耐碱性、耐酸性、耐冻融性、耐老化性，并具有良好的耐洗刷性、耐沾污性，涂层不产生静电。A 类涂料的耐高温性优异，可在 600℃ 下不燃、不破坏。B 类涂料除耐老化性和耐高温性外，其他性能均优于 A 类涂料。外墙无机涂料适用于多种基层材料，要求基层平整、清洁、无粉化，并具有足够的强度。

3）地面装饰涂料

（1）聚氨酯地面涂料。

① 聚氨酯厚质弹性地面涂料。聚氨酯厚质弹性地面涂料是以聚氨酯为基料的双组分溶剂型涂料，整体性好、色彩多样、装饰性好，并具有良好的耐油性、耐水性、耐酸碱性和优良的耐磨性，此外还有一定的弹性，脚感舒适；但价格高且原材料有毒。聚氨酯厚质弹

性地面涂料主要适用于水泥砂浆或水泥混凝土的表面,如用于高级住宅、会议室、手术室、放映厅等的地面装饰,也可用于地下室、卫生间等的防水装饰或工业厂房车间的耐磨、耐油、耐腐蚀等地面。

② 聚氨酯地面涂料。聚氨酯地面涂料与聚氨酯厚质弹性地面涂料相比,涂膜较薄,涂膜的硬度较大、脚感硬,其他性能与聚氨酯厚质弹性地面涂料基本相同。聚氨酯地面涂料主要用于水泥砂浆、水泥混凝土地面,也可用于木质地板。

(2)环氧树脂地面涂料。

① 环氧树脂厚质地面涂料。环氧树脂厚质地面涂料是以环氧树脂为基料的双组分溶剂型涂料,具有良好的耐化学腐蚀性、耐油性、耐水性和耐久性,涂膜与水泥混凝土等基层材料的黏结力强、坚硬、耐磨,且具有一定的韧性,色彩多样,装饰性好,但价格高且原材料有毒。该涂料主要用于高级住宅、手术室、实验室、公用建筑、工业厂房车间等的地面装饰、防腐、防水等。

② 环氧树脂地面涂料。环氧树脂地面涂料与环氧树脂厚质地面涂料相比,涂膜较薄,韧性较差,其他性能则基本相同。该涂料主要用于水泥砂浆、水泥混凝土地面,也可用于木质地板。

复 习 思 考 题

1. 试述中空玻璃、浮法玻璃的特点及应用范围。
2. 简述石膏板的性能。
3. 简述细工木板的特性及用途。
4. 简述涂料的主要技术性能及特点。
5. 环氧树脂地面涂料主要有哪两种?

第14章 绝热和吸声材料

随着我国建筑节能技术的发展，出现了越来越多的建筑节能材料，其中绝热材料和吸声材料是主要的两种材料。绝热材料不仅可以改善人们的居住环境，同时对建筑能源消耗也有非常大的影响。有效地采用吸声材料，可以保持室内良好的音响效果，并减少噪声对人体和居住环境的危害。

14.1 绝 热 材 料

绝热材料是指能阻滞热流传递，控制室内热量外流并防止热量进入室内的材料，是保温材料和隔热材料的总称。工程中绝热材料主要用于墙体、屋面保温隔热，热力管道的保温、冬季施工保温等。应用绝热材料可以提高建筑物的使用性能，减少热损失，节约能源，降低成本。

建筑工程中使用绝热材料，一般要求其导热系数不大于 $0.175\ W/(m \cdot K)$，表观密度不大于 $600\ kg/m^3$，抗压强度不小于 $0.3\ MPa$。在选择绝热材料时，还应根据工程的具体要求及特点，考虑材料耐火性、耐久性、耐腐蚀性等是否满足要求。

14.1.1 绝热材料绝热机理

绝热材料有多孔型、纤维型和反射型三种类型。实际传热过程中，通常存在有两种或三种传热方式。这是因为一般的建筑材料内部并非密实，通常存在很多空隙，在孔隙之间除了存在对流外还存在热辐射。

1. 多孔型

多孔型绝热材料主要是靠热导率小的气体充满空隙绝热，常温固态下对流和辐射传热在总的传热中所占比例很小，以孔隙中气体导热为主。由于空气的导热系数仅为 $0.029\ W/(m \cdot K)$，远小于固体的导热系数，因此热量 Q 通过气孔传递的阻力较大，从而传热速度较慢，如图 14.1 所示。

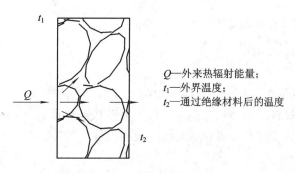

Q—外来热辐射能量；
t_1—外界温度；
t_2—通过绝缘材料后的温度

图 14.1 多孔型传热过程

2. 纤维型

纤维型绝热材料的绝热机理基本上与多孔材料的情况相似。传热方向和纤维主向垂直时的灼热性能比传热方向和纤维主向平行时要好一些,如图 14.2 所示。

Q—外来热辐射能量;
t_1—外界温度;
t_2—通过绝缘材料后的温度

图 14.2　纤维型传热过程

3. 反射型

反射型绝热材料的绝热机理是当外来的辐射能量投射到物体上时,通常会在材料表面反射掉其中一部分能量,另一部分能量则会被材料吸收。一般情况下反射能力强的材料吸收热辐射的能力就小。反之,如果材料的吸收能力强,则其反射率就小,如图 14.3 所示。

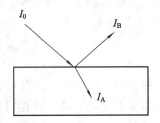

I_0—外来热辐射能量;
I_B—反射的能量;
I_A—吸收的能量

图 14.3　反射型传热过程

14.1.2　绝热材料绝热性能

材料绝热性能除导热性(第 2 章已作介绍,这里不再赘述)外,还表现在以下几个方面。

1. 温度稳定性

材料在受热作用下保持其原有性能不变的能力,称为绝热材料的温度稳定性。绝热材料的温度稳定性应高于实际使用温度。

2. 吸湿性

绝热材料从潮湿环境中吸收水分的能力称为吸湿性。由于水的导热系数是空气的 24 倍,故吸湿性越大,材料的绝热效果越差。由于大多数绝热材料都具有一定的吸水、吸湿能力,故在实际使用时,需在其表层加防水层或隔汽层。

3. 强度

由于绝热材料含有大量孔隙,故其强度一般均不大,因此不宜将绝热材料用于需承受外界荷载的部位。

14.1.3　影响材料性能的因素

影响材料性能的主要因素是导热系数的大小,导热系数愈小,保温性能愈好。材料的导热系数主要受以下因素影响。

1. 材料的性质

不同的材料其导热系数是不同的。一般说来,导热系数值以固体金属最大,非金属次之,液体较小,而气体最小。对于同一种材料,由于材料的内部结构不同,导热系数的差别也很大。一般结晶结构的导热系数最大,微晶体结构的次之,玻璃体结构的最小。但对于多孔型的绝热材料来说,由于孔隙率高,气体所占比重对导热系数的大小起着主要作用,而固体部分的结构无论是晶态或玻璃态对其影响都不大。

2. 表观密度与孔隙特征

由于材料中固体物质的导热系数比空气的导热系数要大得多,所以固体物质的导热能力比空气大很多。故表观密度小的材料,因其孔隙率大,导热系数就小。在孔隙率相同的条件下,孔隙尺寸愈大,则其导热系数就愈大;材料中互相连通的孔隙比封闭孔隙导热性要高。

对于表观密度很小的材料,特别是纤维状材料(如超细玻璃纤维),当其表观密度低于某一极限值时,导热系数反而会增大,这是由于材料内部孔隙增大且互相连通的孔隙大大增多,从而使对流作用加强的结果。因此这类材料存在最佳表观密度,即在这个表观密度时材料的导热系数最小。

3. 湿度

材料吸湿受潮后,由于材料的孔隙中有了水分(包括水蒸气),则孔隙中蒸汽的扩散和水分子的热传导起主要传热作用,水的导热系数 $\lambda=0.58$ W/(m·K),空气的导热系数 $\lambda=0.029$ W/(m·K),相比较而言,水的导热系数为空气导热系数的 20 倍左右,所以材料吸湿受潮后导热系数将会增大,这在多孔材料中最为明显。如果孔隙中的水结成了冰,而冰的导热系数 $\lambda=2.33$ W/(m·K),使材料的导热系数增大更多,故绝热材料在应用时必须注意防水防潮。

4. 温度

材料的导热系数随温度的升高而增大,因为温度升高时,材料固体分子的热运动增强,同时材料孔隙中空气的导热和孔壁间的辐射作用也有所增加。在 0~50℃ 范围内时温度对导热系数的影响并不显著,只有对处于高温或负低温下的材料,才要考虑温度的影响。

5. 热流方向

对于各向异性的材料,如木材等纤维质的材料,当热流平行于纤维方向时,热流受到的阻力小,而热流垂直于纤维方向时,受到的阻力就大。

14.1.4　常用绝热材料及其性能

1. 无机纤维状绝热材料

无机纤维状绝热材料是由石棉、矿棉、玻璃棉为原料制成的纸、毡、板等制品。

石棉是天然的矿物纤维材料，主要成分是含水硅酸镁、硅酸铁，由天然蛇纹石或角闪石经松解而成，具有耐火、耐热、耐酸碱、绝热、防腐、隔音及绝缘等性能。石棉常制成石棉粉、石棉纸板及石棉毡等制品，用于建筑工程的高效保温及防火覆盖等。

矿棉一般包括矿渣棉和岩石棉。矿渣棉原料为高炉硬矿渣、铜矿渣等，并加一些调节原料(如钙质和硅质原料)；岩石棉的主要原料为天然岩石(白云石、花岗石或玄武岩等)，原料经熔融后，用喷吹法或离心法制成细纤维。矿棉具有轻质、不燃、绝热和绝缘等性能，且原料来源广，成本较低，可制成矿棉板、矿棉毡及管壳等，通常用于房屋建筑的墙体、屋顶保温层以及热力管道的保温层。

玻璃棉是用玻璃原料或碎玻璃经熔融后制成的纤维材料，包括短棉和超细棉两种。短棉的表观密度为 $40 \sim 150 \ kg/m^3$，导热系数为 $0.035 \sim 0.058 \ W/(m \cdot K)$，价格与矿棉相近。短棉可制成沥青玻璃棉毡、板及酚醛玻璃棉毡、板以及各种玻璃毡等，广泛用在温度较低的热力设备和房屋建筑中的保温隔热，同时还是良好的吸声材料。超细棉表观密度可小至 $18 \ kg/m^3$，导热系数为 $0.028 \sim 0.037 \ W/(m \cdot K)$，绝热性能更为优良。

2. 无机多孔类绝热材料

陶瓷纤维是以氧化硅、氧化铝为主要原料，经高温熔融、蒸汽(或压缩空气)喷吹或离心喷吹(或溶液纺丝再经烧结)而成的。陶瓷纤维表观密度为 $140 \sim 150 \ kg/m^3$，导热系数为 $0.1160 \sim 0.186 \ W/(m \cdot K)$，最高使用温度为 $1100 \sim 1350℃$，耐火度不低于 $1770℃$，可加工成纸、绳、带、毡等制品，供高温绝热或吸声之用。

泡沫玻璃是采用碎玻璃加入 $1\% \sim 2\%$ 发泡剂(石灰石或碳化钙)，经粉磨、混合、装模，在 $800℃$ 下烧成后形成含有大量封闭气泡(直径为 $0.1 \sim 5 \ mm$)的制品。泡沫玻璃导热系数小、抗压强度高、抗冻性好、耐久性好，并且对水分、水蒸气和其他气体具有不渗透性，还容易进行机械加工。表观密度为 $150 \sim 200 \ kg/m^3$ 的泡沫玻璃，其导热系数约为 $0.042 \sim 0.048 \ W/(m \cdot K)$，抗压强度为 $0.55 \sim 0.16 \ MPa$。泡沫玻璃作为绝热材料在建筑上主要用于墙体及屋顶保温，可用于寒冷地区建筑低层的建筑物。

3. 无机散粒状绝热材料

膨胀蛭石可与水泥、水玻璃等胶凝材料配合，通常用 $10\% \sim 15\%$ 体积的水泥和 $85\% \sim 90\%$ 体积的膨胀蛭石，适量的水经拌合、成型、养护浇制成板。其制品的表观密度为 $300 \sim 550 \ kg/m^3$，相应的导热系数为 $0.08 \sim 0.10 \ W/(m \cdot K)$，抗压强度为 $0.2 \sim 1.0 \ MPa$，耐热温度为 $600℃$。水玻璃膨胀蛭石制品是以膨胀蛭石、水玻璃和适量氟硅酸钠(Na_2SiF_6)配制而成的。其表观密度为 $300 \sim 550 \ kg/m^3$，相应的导热系数为 $0.079 \sim 0.084 \ W/(m \cdot K)$，抗压强度为 $0.35 \sim 0.65 \ MPa$，最高耐热温度为 $900℃$，主要用于墙、楼板和屋面板等构件的绝热。

珍珠岩是酸性含水火山玻璃质岩石的总称，它是一种酸性岩浆喷出而成的火山玻璃质熔岩，由火山喷发急速冷却而成，主要包括珍珠岩、黑耀岩、松脂岩三种岩石。在其软化温度范围内，表现出很高的黏滞性，既能发生显著的变形而不破裂，又可阻止气体外逸。此时其内部化学结合水发生蒸发，在珍珠岩流体中产生大量的气泡，黏滞的软化体随气泡的不断生成与长大发生显著的体积膨胀。在气孔长大到一定程度但尚无合并之时迅速冷却，气泡将保留于膨胀的珍珠岩颗粒内部，形成微孔构造。当 0.1～0.8 mm 的颗粒含量在 50％以上时，其导热系数 $\lambda \leqslant 0.052$ W/(m·K)。在真空状态下，颗粒越细，导热系数 λ 越小。

4. 其他绝热材料

1）软木板

软木板是用栓皮、栎树皮或黄菠萝树皮为原料，经破碎后与皮胶溶液拌合，再加压成型，在温度为 80℃的干燥室中干燥一昼夜而制成的。软木板具有表观密度小、导热性低、抗渗和防腐性能好等特点，常用热沥青错缝粘贴，并用于冷藏库隔热。

2）蜂窝板

蜂窝板是由两块较薄的面板，牢固地黏结在一层较厚的蜂窝状芯材两面而制成的板材，亦称蜂窝夹层结构。蜂窝状芯材是用浸渍过合成树脂（酚醛、聚酯等）的牛皮纸、玻璃布或不经树脂浸渍的胶合板、纤维板、石膏板铝片等，经过加工黏合成六角形空腹（蜂窝状）的整块芯材。芯材的厚度在 15～45 mm 范围内，空腔的尺寸在 10 mm 以上。面板须采用合适的胶黏剂与芯材牢固地黏合在一起，具有强度高、导热性低和抗震性能好等多种优点。

3）窗用绝热薄膜

窗用绝热薄膜是以聚酯薄膜经紫外线吸收剂处理后，在真空中进行蒸镀金属粒子沉积层，然后与一层有色透明的塑料薄膜压粘而成的。其作用原理是将透过玻璃的大部分阳光反射出去，反射率最高可达 80％，从而起到了遮蔽阳光、减少冬季热量损失、节约能源、避免玻璃片伤人同时还具有增加建筑美感的作用。薄膜的厚度约为 12～50 mm，常用于建筑物窗玻璃的绝热，效果与热反射玻璃相同。

常用绝热材料的密度和导热系数见表 14.1，其性能见表 14.2。

表 14.1　常用绝热材料密度及导热系数

	名　称	表观密度/(kg/m³)	导热系数/[W/(m·K)]
1	矿棉	45～150	0.049～0.44
	矿棉毡	135～160	0.048～0.052
	酚醛树脂矿棉板	<150	<0.046
2	玻璃棉（短）	100～150	0.035～0.058
	玻璃棉（超细）	>80	0.028～0.037
3	陶瓷纤维	130～150	0.116～0.186
4	微孔硅酸钙	250	0.041
	泡沫玻璃	150～600	0.06～0.13
5	泡沫塑料	15～50（堆积密度）	0.028～0.055
6	膨胀蛭石	80～200（堆积密度）	0.046～0.07
	膨胀珍珠岩	40～300（堆积密度）	0.025～0.048

表 14.2 常见绝热材料性能

材料名称	表观密度 /(kg/m³)	强度 /MPa	热导率 /[W/(m·K)]	最高使用 温度/℃	用 途
加气混凝土	400~700	≥0.4	0.093~0.16		围护结构
木丝板	300~600	0.4~0.5	0.11~0.26		顶棚、隔墙板、护墙板
软质纤维板	150~400		0.047~0.093		同上、表面较光洁
软木板	105~437	0.15~2.5	0.044~0.079	≤130	吸水率小、不霉腐、不燃烧,用于绝热结构
芦苇板	250~400		0.093~0.13		顶棚、隔墙板
聚苯乙烯泡沫塑料	20~50	0.15	0.031~0.047		屋面、墙体保温绝热等
硬质聚氨泡沫塑料	30~40	≥0.2	0.037~0.055	≤120(-60)	屋面、墙体保温、冷藏库绝热
聚氯乙烯泡沫塑料	12~72		0.45~0.031	≤70	屋面、墙体保温、冷藏库绝热

14.2 吸 声 材 料

为了改善声波在室内传播的质量,保持良好的音响效果,减少噪声的危害,在音乐厅、大会堂、播音室及噪声大的工厂车间等室内的墙面、地面、顶棚等部位,应选用适当的吸声材料。

14.2.1 吸声材料作用原理

声音起源于物体的振动,如说话时声带的振动和击鼓时鼓皮的振动,都能产生声音,人体的声带和鼓皮就称为声源。声源的振动迫使邻近的空气随着振动形成声波,声波以空气为介质向四周传播。当声波入射到建筑构件(如墙、顶棚)时,声能的一部分被反射,一部分被穿透,还有一部分由于构件的振动或声音在其内部传播时介质的摩擦或热传导而被损耗,通常称为材料的吸收。

被材料吸收的声能 E(包括部分穿透材料的声能在内)与原先传递给材料的全部声能 E_0 之比称为吸声系数(α)。吸声系数是评定材料吸声性能好坏的主要指标,其计算公式为

$$\alpha = \frac{E}{E_0}$$

(14-1)

吸声系数用声音从各个方向入射的平均值表示,并指出是对哪一频率的吸收。一般而言,材料内部开放连通的气孔越多,吸声性能越好。为了全面反映材料的吸声性能,规定

取 125 Hz、250 Hz、500 Hz、1000 Hz、2000 Hz、4000 Hz 六个频率的吸声系数来表示材料的吸声特性，通常将上述六个频率的平均吸声系数大于 0.2 的材料称为吸声材料。任何材料均能不同程度地吸收声音。

14.2.2　吸声的材料类型及其结构形式

吸声材料及结构按其物理性能、结构形式可分为以下几类。

1. 多孔吸声材料

多孔吸声材料是比较常见的一种吸声材料，主要是纤维质和开孔型结构材料，如矿棉、玻璃棉、泡沫塑料、毛毡等，见表 14.3。它具有良好的中高频吸声性能。影响材料吸声性能的主要因素有材料表观密度和构造、材料厚度、材料背后空气层、材料表面特征等。多孔性吸声材料与绝热材料都是多孔性材料，但在材料孔隙特征要求上有着很大差别。绝热材料要求具有封闭的互不连通的气孔，这种材料气孔愈多则保温绝热效果愈好；而吸声材料则要求具有开放和互相连通的气孔，这种材料气孔愈多，则其吸声性能愈好。

表 14.3　吸声材料的种类

主要种类		常用材料举例	使用情况
纤维材料	有机纤维材料	动物纤维：毛毡	价格昂贵，使用较少
		植物纤维：麻绒、海草	防火、防潮性能差，原料来源丰富
	无机纤维材料	玻璃纤维：中粗棉、超细棉、玻璃棉毡	吸声性能好，保温隔热，不自燃，防腐防潮，应用广泛
		矿渣棉：散棉、矿棉毡	吸声性能好，松散材料易自重下沉，施工扎手
	纤维材料制品	软质木纤维板、矿棉吸声板、岩棉吸声板、玻璃棉吸声板	装配式施工，多用于室内吸声装饰工程
颗粒材料	砌块	矿渣吸声砖、膨胀珍珠岩吸声砖、陶土吸声砖	多用于砌筑截面较大的消声器
	板材	膨胀珍珠岩吸声装饰板	质轻、不燃、保温、隔热、强度偏低
泡沫材料	泡沫塑料	聚氨酯及脲醛泡沫塑料	吸声性能不稳定，吸声系数使用前需实测
其他		泡沫玻璃	强度高、防水、不燃、耐腐蚀、价格昂贵，使用较少
		加气混凝土	微孔不贯通，使用较少
		吸声剂	多用于不易施工的墙面等处

2. 薄板共振类吸声结构

薄板振动的吸声结构是指将皮革、人造革、塑料薄膜等材料固定在框架上，背后留有一定的空气层，构成薄膜共振吸声结构。这种结构的特点是具有低频吸声特性，同时还有助于声波的扩散，材料具有不透气、柔软、受张拉时有弹性等特点。建筑中常用的产品有胶全合板、薄木板、硬质纤维板、石膏板、石棉水泥板或金属板等，把它们周边固定在墙或顶棚的龙骨上，并在背后留有空层，形成薄板振动吸声结构。

3. 共振吸声结构

共振吸声结构具有封闭的空腔和一定深度的开孔，当瓶内空气受到外力激荡，会按一定的频率振动。为了获得较宽频带的吸声性能，常采用组合共振吸声结构或穿孔板组合共振吸声结构。

4. 穿孔板组合共振吸声结构

穿孔板组合共振吸声结构是在各种穿孔板、狭缝板背后设置空气层形成吸声结构，属于空腔共振吸声类结构，具有适合中频的吸声特性。这种吸声结构在建筑中使用得比较普遍，是将穿孔的胶全板、硬质纤维板、石膏板、石棉水泥板、铝合板、薄钢板等周边固定在龙骨上，并在背后设置空气层而构成的。

5. 柔性吸声材料

柔性吸声材料是具有密闭气孔和一定弹性的材料，但其是多孔材料，因材料内部有密闭气孔，声波引起的空气振动不能直接传递到材料内部，只能产生相应的振动。在振动过程中克服材料内部的摩擦从而消耗声能，引起声波衰减。这种材料的吸声特性是在一定的频率范围内出现一个或多个吸收频率。

6. 悬挂空间吸声体

空间吸声体与一般吸声结构的区别在于它不是与顶棚等壁面组成吸声结构，而是一种悬挂于室内的吸声结构。由于声波与吸声材料的两个或两个以上的表面接触，增加了有效的吸声面积，产生边缘效应，加上声波的衍射作用，大大提高实际的吸声效果。实际使用时可根据不同的使用地点和要求，设计成平板形、球形、圆锥形、棱锥形等多种形式的悬挂在顶棚下的空间吸声体。

7. 帘幕吸声体

帘幕吸声体是用具有通气性能的纺织品，安装在离墙面或窗洞一定距离处，背后设置空气层。这种吸声体对中、高频声音都有一定的吸声效果。帘幕的吸声效果与材料种类有关。帘幕吸声体安装、拆卸方便，兼具装饰作用，应用价值较高。

14.2.3 常用吸声材料及吸声系数

建筑工程中常用吸声材料有：石膏砂浆（掺有水泥、石棉纤维）、水泥膨胀珍珠岩板、矿渣棉、沥青矿渣棉毡、玻璃棉、超细玻璃棉、泡沫玻璃、泡沫塑料、软木板、木丝板、穿孔纤维板、工业毛毡、地毯、帷幕等，如表 14.4 所示。

表 14.4　常用吸声材料及吸声系数

名称	厚度/cm	表观密度/(kg/m³)	各频率下的吸声系数						装置情况
			125 Hz	250 Hz	500 Hz	1000 Hz	2000 Hz	4000 Hz	
石膏砂浆(掺有水泥、石棉纤维)	1.3		0.25	0.78	0.97	0.81	0.82	0.85	喷射在钢丝板上,表面滚平,后有 15 cm 空气层
水泥膨胀珍珠岩板	2	350	0.16	0.46	0.64	0.48	0.56	0.56	贴实
玻璃棉 超细玻璃棉	5.0	80	0.06	0.08	0.18	0.44	0.72	0.82	贴实
	5.0	130	0.10	0.12	0.31	0.76	0.85	0.99	
	5.0	20	0.10	0.35	0.85	0.85	0.86	0.86	
	15.0	20	0.50	0.85	0.85	0.85	0.86	0.80	
酚醛玻璃纤维板	8.0	100	0.25	0.55	0.80	0.92	0.98	0.95	贴实
泡沫玻璃	4.0	1260	0.11	0.32	0.52	0.44	0.52	0.33	贴实
脲醛泡沫塑料	5.0	20	0.22	0.29	0.40	0.68	0.95	0.94	贴实
软木板	2.5	260	0.05	0.11	0.25	0.63	0.70	0.70	贴实
*木丝板	3.0		0.10	0.36	0.62	0.53	0.71	0.90	钉在木龙骨上,后留 10 cm 空气层
穿孔纤维板(穿孔率为 5%,孔径为 5 mm)	1.6		0.13	0.38	0.72	0.89	0.82	0.66	钉在木龙骨上,后留 5 cm 空气层
*胶合板(三夹板)	0.3		0.21	0.73	0.21	0.19	0.08	0.12	钉在木龙骨上,后留 5 cm 空气层
*胶合板(三夹板)	0.3		0.60	0.38	0.18	0.05	0.05	0.08	钉在木龙骨上,后留 10 cm 空气层
*穿孔胶合板(五夹板)(孔径为 5 mm,孔心距为 25 mm)	0.5		0.23	0.69	0.86	0.47	0.26	0.27	钉在木龙骨上,后留 5 cm 空气层,但在空气层内填充矿物棉

名称	厚度 /cm	表观 密度/(kg/m³)	各频率下的吸声系数						装置情况
			125 Hz	250 Hz	500 Hz	1000 Hz	2000 Hz	4000 Hz	
* 穿孔胶合板(五夹板)(孔径为 5 mm,孔心距为 25 mm)	0.5		0.20	0.95	0.61	0.32	0.23	0.55	钉在木龙骨上,后留 5 cm 空气层,填充矿物棉
工业毛毡	3	370	0.10	0.28	0.55	0.60	0.60	0.59	张贴在墙上
地毯	厚		0.20		0.30		0.50		铺于木搁栅楼板上

注:① 表中名称前有 * 者系用混响室法测得的结果;无 * 者系用驻波管法测得的结果,混响室法测得的数据比驻波管法大 0.20 左右。

② 穿孔板吸声结构在穿孔率为 0.5%～5%、板厚为 1.5～10 mm、孔径为 2～15 mm、后面留腔深度为 100～250 mm 时,可获得较好效果。

③ 前有 * 者对应装置为吸声结构。

14.2.4　吸声材料选用及安装注意事项

在室内采用吸声材料可以抑止噪声,保持良好的音质,声音清晰且不失真,故在教室、礼堂等室内应当采用吸声材料。吸声材料的选用和安装必须注意以下各点:

(1)要使吸声材料充分发挥作用,应将其安装在最容易接触声波和反射次数最多的表面上,而不应把它集中在天花板或某一面的墙壁上,并应比较均匀地分布在室内各表面上。

(2)吸声材料的强度一般较低,应设置在护壁线以上,以免碰撞破损。

(3)多孔吸声材料往往易于吸湿,安装时应考虑到湿胀干缩的影响。

(4)选用的吸声材料应不易虫蛀、腐朽,且不易燃烧。

(5)应尽可能选用吸声系数较高的材料,以便节约材料用量,降低成本。

(6)安装吸声材料时应注意勿使材料的表面细孔被油漆的漆膜堵塞而降低其吸声效果。

虽然有些吸声材料与绝热材料相同,都属于多孔性材料,但在材料的孔隙特征上有着完全不同的要求。绝热材料要求具有封闭的互不连通的气孔,这种气孔愈多,其绝热性能愈好;而吸声材料则要求具有开放的互相连通的气孔,这种气孔愈多,其吸声性能愈好。至于如何使名称相同的材料具有不同的孔隙特征,这主要取决于原料组分中的某些差别和生产工艺中的热工制度、加压大小等。例如泡沫玻璃采用焦炭、磷化硅、石墨为发泡剂时,就能制得封闭的互不连通的气孔。泡沫塑料在生产过程中采取不同的加热、加压制度,可获得孔隙特征不同的制品。

复 习 思 考 题

1. 什么是绝热材料？影响绝热材料导热性的主要因素有哪些？工程上对绝热材料有哪些要求？

2. 绝热材料的基本特征如何？常用绝热材料品种有哪些？

3. 材料的吸声性能及其表示方法如何？什么是吸声材料？

4. 吸声材料的基本特征如何？

5. 吸声材料和绝热材料的性质有何异同？使用绝热材料和吸声材料时各应注意哪些问题？

第 15 章　建筑材料试验

建筑材料试验是建筑材料课程的一个重要组成部分，是与课堂理论教学相配套的一个重要实践环节，一个由感性认识到理性认识的重要过程。通过试验一方面使读者增加对建筑材料的感官认识，验证、巩固所学的理论知识；另一方面使读者熟悉常用建筑材料试验仪器的操作方法和性能，并掌握基本的试验方法；同时，可以对读者进行科学研究的基本训练，培养其分析问题和解决问题的能力。

试验内容主要包括材料的基本性质、水泥、混凝土用集料、混凝土、建筑砂浆、砌墙砖、建筑钢材、石油沥青等试验。

15.1　建筑材料的基本性质试验

15.1.1　密度试验

1. 试验目的

材料的密度是指在绝对密实状态下单位体积的质量。密度是材料的一项很重要的物理指标，利用密度可计算材料的孔隙率和密实度。孔隙率的大小及孔隙的特征会影响到材料的吸水率、抗冻性、耐久性、强度等。

2. 主要仪器设备

（1）密度瓶（又名李氏瓶，见图15.1）。

（2）天平，见图15.2（称量1 kg，感量0.01 g）。

（3）筛子（孔径0.2 mm或900孔/cm²）。

（4）烘箱，见图15.3。

（5）干燥器、温度计、量筒、漏斗、小勺等。

3. 试样制备

将试样研碎，用筛子除去筛余物质，将试样放置在105～110℃的烘箱中，烘至恒重，再放入干燥器中冷却至室温备用。

4. 试验步骤

（1）在李氏瓶中注入与试样不起反应的液体（如水、煤油等）至凸颈下部，记下刻度数 V_0。

（2）将李氏瓶置于（20±2）℃的恒温水槽中，在试验过程中水温保持恒定。

（3）用天平准确称取试样60～90 g（m_0），用漏斗和小勺小心地将试样缓慢装入李氏瓶内（要防止在李氏瓶喉部发生堵塞），直至液面上升到20 mL刻度为止。再称量剩余试样的

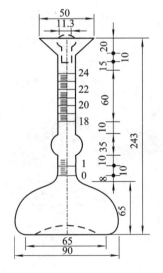

图 15.1　李氏瓶

质量(m_1)，计算出送入瓶中试样的质量 $m = m_0 - m_1$(g)。

（4）用瓶内的液体将黏附在瓶颈和瓶壁的试样洗入瓶内液体中，轻轻振动李氏瓶使液体中的气泡排出，记下液面刻度 V_1。

（5）根据李氏瓶前后两次液面读数 V_0、V_1，可计算出试样的密实体积 $V = V_1 - V_0$。

图 15.2　天平

图 15.3　烘箱

5. 试验结果计算

按下式计算出材料的密度（精确至小数后两位）：

$$\rho = \frac{m}{V}$$

式中：ρ——材料的密度(g/cm^3)；

m——装入瓶中试样的质量(g)；

V——装入瓶中试样的绝对体积(cm^3)。

按规定，密度试验用两个试样平行进行，以其计算结果的算术平均值为最后结果，但两个结果之差不应超过 $0.02\ g/cm^3$，否则重新取样进行试验。

15.1.2　表观密度试验

1. 试验目的

材料的表观密度是指在自然状态下单位体积的质量，即包括材料内部孔隙在内的单位体积的质量。利用材料的表观密度可以估计材料的强度、吸水性、保温性等，同时可用来计算材料的自然体积或结构物质量。

2. 主要仪器设备

（1）游标卡尺（精度 0.1 mm）。

（2）天平（感量 0.1 g）。

（3）烘箱。

（4）干燥器、漏斗、直尺等。

3. 试样制备

将待测材料的试样放入 $105 \sim 110\,℃$ 的烘箱中烘至恒重，取出置于干燥器中冷却至室温。

4. 试验步骤

1) 对几何形状规则的材料

（1）用游标卡尺量出试样尺寸，每个数据测量三次取算术平均值，并计算出体积 V_0。

（2）用天平称量出试样的质量 m。

（3）试验结果计算。

材料的表观密度按下式计算：

$$\rho_0 = \frac{m}{V_0}$$

式中：ρ_0——材料的表观密度（g/cm³）；

$\quad\quad m$——试样的质量（g）；

$\quad\quad V_0$——试样的体积（cm³）。

2) 对几何形状不规则的材料（如砂、卵石等）

其自然状态下的体积 V_0 可用排液法测定（在测定前应对其表面封蜡，封闭开口孔后，再用容量瓶或广口瓶进行测试），其余步骤同规则形状试样的测试。材料在非烘干状态下测定其表观密度时，须注明含水情况。

15.1.3 堆积密度试验

1. 试验目的

堆积密度是指散粒或粉状材料（如水泥、卵石、碎石、砂等）在自然堆积状态下（包括颗粒内部的孔隙及颗粒之间的空隙）单位体积的质量。利用材料的堆积密度可估算散粒材料的堆积体积及质量，考虑运输材料的工具，估计材料的级配情况等。

2. 主要仪器设备

（1）烘箱。

（2）标准容器。

（3）天平（感量 0.1 g）。

（4）干燥器、标准漏斗、直尺、浅盘、毛刷等。

3. 试样制备

用四分法缩取 3 L 的试样放入浅盘中，将浅盘放入温度为 105～110℃ 的烘箱中烘至恒重，再放入干燥器中冷却至室温，分为大致相等的两份待用。

4. 试验步骤

（1）称取标准容器的质量 m_1（g）。

（2）取试样一份，经过标准漏斗（或标准斜面）将其徐徐装入标准容器内，待容器顶上形成锥形，用钢尺将多余的材料沿容器口中心线向两个相反方向刮平。

（3）称取容器与材料的总质量 m_2（g）。

5. 试验结果计算

试样的堆积密度按下式计算（精确至 10 kg/m³）：

$$\rho_0' = \frac{m_2 - m_1}{V_0'}$$

式中：ρ_0'——材料的堆积密度(kg/m^3)；

$\quad$ m_1——标准容器的质量(kg)；

$\quad$ m_2——标准容器和试样总质量(kg)；

$\quad$ V_0'——标准容器的容积(m^3)。

以两次试验结果的算术平均值作为堆积密度测定的结果。

15.1.4　吸水率试验

1. 试验目的

吸水率可估算材料的其他性质，如耐水性、抗冻性、抗风化性等。

2. 主要仪器设备

(1) 天平(感量 0.01 g)。

(2) 烘箱。

(3) 容器等。

3. 试样制备

将试件置于烘箱中，以(105±5)℃的温度烘干至恒重，取出放入干燥器中冷却至室温待用。

4. 试验步骤

(1) 用天平称量试样的质量 m_1(g)(精确至 0.01 g)，再将试样放入容器底部箅板上，使试件底面与盆底不致紧贴，使水能够自由进入。

(2) 加水至试件高度的 1/4 处；以后每隔 2 h 分别加水至高度的 1/2 和 3/4 处；6 h 后将水加至高出试件顶面 20 mm 以上，并再放置 48 h 让其自由吸水。这样逐次加水能使试件孔隙中的空气逐渐逸出。

(3) 取出试件，用湿纱布擦去表面水分，立即称其质量 m_2(g)。

5. 试验结果计算

按下列公式计算石料吸水率(精确至 0.01%)：

$$W_x = \frac{m_2 - m_1}{m_1} \times 100$$

式中：W_x——石料吸水率(%)；

$\quad$ m_1——烘干至恒重时试件的质量(g)；

$\quad$ m_2——吸水至恒重时试件的质量(g)。

组织均匀的试件，取三个试件试验结果的平均值作为测定值；组织不均匀的，则取 5 个试件试验结果的平均值作为测定值。

15.2　水　泥　试　验

15.2.1　水泥试验采用标准

《水泥细度检验方法(80/μm 筛析法)》(GB 1345—1991)、《水泥标准稠度用水量、凝结时间、安定性检验方法》(GB 1346—2001)和《水泥胶砂强度检验方法(ISO 法)》(GB 17671—1999)。

15.2.2　水泥试验的一般规定

（1）取样方法：以同期到达的同一生产厂家、同品种、同强度等级的水泥为一批（一般不超过 200 t）。取样应有代表性，可连续取，亦可从 20 个以上不同部位取等量样品，总量不少于 12 kg。

（2）试样应充分拌匀，通过 0.9 mm 的方孔筛，记录筛余百分率及筛余物情况。将样品分成两份，一份密封保存 3 个月，一份用于试验。

（3）试验用水必须是洁净的淡水，如有争议时应以蒸馏水为准。

（4）试验室温度应为 18～22℃，相对湿度应不小于 50%。养护箱温度为(20±1)℃，相对湿度应不小于 90%，养护池水温为(20±1)℃。

（5）水泥试样、标准砂、拌合水及仪器用具的温度应与实验室温度一致。

15.2.3　水泥细度测定

1. 试验目的

水泥细度是水泥的一个重要的技术指标，水泥的许多性质都与细度有关，并且细度影响水泥的产量与能耗。

2. 主要仪器设备

（1）试验筛（筛孔为 0.080 mm）。

（2）负压筛析仪，见图 15.4。

（3）水筛架和喷头。

（4）天平（称量 100 g，感量 0.05 g）。

3. 试验步骤

1) 负压筛法

（1）筛析试验前，应把负压筛放在筛座上，盖上筛盖，接通电源，检查控制系统，调节负压至 4000～6000 Pa 范围内，喷气嘴上口平面应与筛网之间保持 2～8 mm 的距离。

（2）称取试样 25 g，置于洁净的负压筛中。盖上筛盖，

图 15.4　负压筛析仪

放在筛座上，开动筛析仪连续筛析 2 min，筛析期间如有试样附着筛盖上，可轻轻地敲击，使试样落下。

（3）筛毕，用天平称量筛余物（精确至 0.05 g）。

（4）当工作负压小于 4000 Pa 时，应清理吸尘器内水泥，使负压恢复正常。

2) 水筛法

（1）筛析试验前，应检查水中无泥、砂，调整好水压及水筛架的位置，使其能正常运转。喷头底面和筛网之间的距离为 35～75 mm。

（2）称取试样 50 g，置于洁净的水筛中，立即用洁净的水冲洗至大部分细粉通过后，

放在水筛架上，用水压为(0.05±0.02)MPa 的喷头连续冲洗 3 min。

（3）筛毕，将筛子取下，用少量水把筛余物冲至蒸发皿中，等水泥颗粒全部沉淀后小心将水倾出，烘干并用天平称量筛余物(精确至 0.05 g)。

4. 试验结果计算

水泥细度按试样筛余百分数按下式计算(精确至 0.1%)：

$$F = \frac{R_s}{W} \times 100\%$$

式中：F ——水泥试样的筛余百分数(%)；

R_s ——水泥筛余物的质量(g)；

W ——水泥试样的质量(g)。

15.2.4　水泥标准稠度用水量试验

1. 试验目的

水泥的凝结时间和体积安定性都与用水量有很大关系。为消除试验条件带来的差异，测定凝结时间和体积安定性时，必须采用具有标准稠度的净浆。本试验的目的就是测定水泥净浆达到标准稠度时的用水量，为测定水泥的凝结时间和体积安定性做好准备。

2. 主要仪器设备

（1）标准法维卡仪，见图 15.5(或代用法维卡仪，见图 15.6)。

（2）水泥净浆搅拌机，见图 15.7。

（3）天平(最大称量不小于 1 kg，分度值不大于 1 g)。

（4）量筒(最小刻度为 0.1 mL，精度为 1%)。

图 15.5　标准法维卡仪　　　图 15.6　代用法维卡仪　　　图 15.7　水泥净浆搅拌机

3. 试验方法及步骤

1）标准法

（1）试验前仪器检查。仪器金属棒应能自由滑动，搅拌机运转正常等。

（2）调零点。将标准稠度试杆装在金属棒下，调整至试杆接触玻璃板时指针对准零点。

（3）水泥净浆制备。用湿布将搅拌锅和搅拌叶片擦一遍，将拌合用水倒入搅拌锅内，然后在 5～10 s 内小心将称量好的 500 g 水泥试样加入水中(按经验找水)，过程中要防止水和水泥溅出；拌合时，先将锅放到搅拌机锅座上，升至搅拌位置，启动搅拌机，慢速搅拌

120 s，停拌 15 s，同时将叶片和锅壁上的水泥浆刮入锅中，接着快速搅拌 120 s 后停机。

(4) 标准稠度用水量的测定。拌合结束后，立即将拌制好的水泥净浆迅速装入已置于玻璃板上的试模中，用小刀插捣、振动数次，刮去多余净浆；抹平后迅速放到维卡仪上，并将其中心定在试杆下，降低试杆直至与水泥净浆表面接触，拧紧螺丝 1～2 s 后突然放松，让试杆自由沉入净浆中。在试杆停止沉入或释放试杆 30 s 时记录试杆与底板的距离，升起试杆后，将试杆擦净，整个过程在 1.5 min 内完成。

以试杆沉入净浆并距底板(6±1)mm 的水泥净浆为标准稠度净浆。其拌合用水量为该水泥的标准稠度用水量(P)，按水泥质量的百分比计。

2) 代用法

(1) 仪器设备检查。稠度仪金属滑杆能自由滑动，搅拌机能正常运转等。

(2) 调零点。将试锥降至锥模顶面位置时，指针应对准标尺零点。

(3) 水泥净浆制备同标准法。

(4) 标准稠度的测定。代用法测定水泥的标准稠度用水量分为固定水量法和调整水量法两种，可选用任一种测定，如有争议时以调整水量法为准。

① 固定水量法。拌合用水量为 142.5 mL。拌合结束后，立即将拌合好的净浆装入锥模，用小刀插捣，振动数次，刮去多余净浆；抹平后放到试锥下面的固定位置上，调整金属棒使锥尖接触净浆并固定松紧螺丝 1～2 s，然后突然放松，让试锥垂直自由地沉入水泥净浆中。在试锥停止下沉或释放试锥 30 s 时记录试锥下沉深度(S)。整个操作应在搅拌后 1.5 min 内完成。

② 调整水量法。拌合用水量按经验找水。拌合结束后，立即将拌合好的净浆装入锥模，用小刀插捣、振动数次，刮去多余净浆；抹平后放到试锥下面的固定位置上，调整金属棒使锥尖接触净浆并固定松紧螺丝 1～2 s，然后突然放松，让试锥垂直自由地沉入水泥净浆中。当试锥下沉深度为(28±2)mm 时的净浆为标准稠度净浆，其拌合用水量即为标准稠度用水量(P)，按水泥质量的百分比计。

4. 试验结果计算

1) 标准法

以试杆沉入净浆并距底板(6±1)mm 的水泥净浆为标准稠度净浆。其拌合用水量为该水泥的标准稠度用水量(P)，以水泥质量的百分比计，按下式计算：

$$P = \frac{拌合用水量}{水泥用量} \times 100\%$$

2) 代用法

(1) 用固定水量方法测定时，根据测得的试锥下沉深度 S(mm)，可从仪器上对应标尺读出标准稠度用水量(P)或按下面的经验公式计算其标准稠度用水量(P)(%)：

$$P = 33.4 - 0.185S$$

当试锥下沉深度小于 13 mm 时，应改用调整水量方法测定。

(2) 用调整水量方法测定时，以试锥下沉深度为(28±2)mm 时的净浆为标准稠度净浆，其拌合用水量为该水泥的标准稠度用水量(P)，以水泥质量百分数计，计算公式同标准法。

如下沉深度超出范围，须另称试样，调整水量，重新试验，直至达到(28±2)mm 为止。

15.2.5 水泥凝结时间的测定试验

1. 试验目的

测定水泥达到初凝和终凝所需的时间。由于凝结时间的长短对施工方法和工程进度有很大影响，故需进行凝结试验的测定，以检验水泥是否满足国家标准的要求。

2. 主要仪器设备

（1）标准法维卡仪，见图 15.8。

（2）水泥净浆搅拌机。

（3）试针和试模。

3. 试验步骤

（1）试验前准备。将圆模（内侧稍涂上一层机油）放在玻璃板上，调整凝结时间测定仪的试针，使之接触玻璃板时指针应对准标准尺零点。

（2）试样的制备。用标准稠度用水量拌制好标准稠度水泥净浆后，立即一次装入圆模振动数次后刮

图 15.8 标准法维卡仪

平，然后放入湿汽养护箱内，记录开始加水的时刻作为凝结时间的起始时刻。

（3）初凝时间的测定。试件在湿气养护箱内养护至加水后 30 min 时进行第一次测定。测定时，从养护箱中取出圆模放到试针下，降低试针并使之与净浆面接触，拧紧螺丝 1~2 s 后突然放松，试针垂直自由沉入水泥净浆，观察试针停止下沉或释放 30 s 时指针的读数。临近初凝时，每隔 5 min 测定一次，当试针沉至距底板（4±1）mm 时即为水泥达到初凝状态。从开始给水泥加水至初凝状态的时间即为水泥的初凝时间，用"min"表示。

（4）终凝时间的测定。为了准确观测试针沉入的状态，在终凝试针上安装一个环形附件，在完成初凝时间的测定后，立即将试模连同浆体以平移的方式从玻璃板上取下，翻转 180°，直径大端向上，小端向下，放在玻璃板上，再放入湿气养护箱中养护。临近终凝时间每隔 15 min 测一次，当试针沉入净浆 0.5 mm 时，即环形附件开始不能在净浆表面留下痕迹时，即为水泥达到终凝状态。由开始给水泥加水至终凝状态的时间为该水泥的终凝时间，用"min"表示。

（5）测定时应注意：最初测定的操作时应轻轻扶持金属棒，使其徐徐下降，每次测量时不能让试针落入原孔，防止撞弯试针，但结果以自由下沉为准；在整个测试过程中试针沉入净浆的位置距圆模内壁至少大于 10 mm；每次测定完毕需将试针擦净并将圆模放入养护箱内，测定过程中要防止圆模振动；测得结果应以两次都合格为准。

4. 试验结果的确定与评定

（1）自加水起至试针沉入净浆中距底板（4±1）mm 时，所需的时间为初凝时间；至试针沉入净浆中不超过 0.5 mm（环形附件开始不能在净浆表面留下痕迹）时所需的时间为终凝时间；都用分钟（min）来表示。

（2）达到初凝或终凝状态时应立即重复测一次，当两次结论相同时才能定为达到初凝或终凝状态。

评定方法：将测定的初凝时间、终凝时间与国家规范中的凝结时间相比较，可判断其

合格与否。

15.2.6　水泥安定性的测定试验

1．试验目的

检验水泥硬化后体积变化的均匀性，以决定水泥的品质。测定方法有雷氏法和试饼法，有争议时以雷氏法为准。

2．主要仪器设备

(1) 雷氏夹，见图 15.9。

(2) 沸煮箱(算板与加热器之间距离大于 50 mm)，见图 15.10。

(3) 雷氏夹膨胀值测定仪(标尺最小刻度为 0.5 mm)，见图 15.11。

(4) 水泥净浆搅拌机、玻璃板等。

图 15.9　雷氏夹图　　　　　图 15.10　沸煮箱　　　　　图 15.11　雷氏夹膨胀值测定仪

3．试验方法及步骤

1) 测定前的准备工作

试饼法：每个试样需准备两块约 100 mm×100 mm 的玻璃板；雷氏法：每个试样需成型两个试件，每个雷氏夹需配备质量约为 75～85 g 的玻璃板两块。凡与水泥净浆接触的玻璃板和雷氏夹表面都要涂上一薄层机油。

2) 水泥标准稠度净浆的制备

以标准稠度用水量拌制水泥净浆。

3) 试样的制备

(1) 试饼的成型方法。将制好的标准稠度净浆取出一部分分成两等份，使之成球形，放在预先准备好的玻璃板上，轻轻振动玻璃板，并用湿布擦过的小刀由边缘向中间抹动，做成直径为 70～80 mm、中心厚约 10 mm、边缘渐薄、表面光滑的试饼，然后将试饼放入湿汽养护箱内养护(24±2)h。

(2) 雷氏夹试件的制备。将预先准备好的雷氏夹放在已稍擦油的玻璃板上，并立即将已制好的标准稠度净浆装满试模，装模时一只手轻轻扶持试模，另一只手用宽约 10 mm 的小刀插捣数次，然后抹平，盖上稍涂油的玻璃板，接着立即将试模移至湿汽养护箱内养护(24±2)h。

4）沸煮

调整沸煮箱内的水位，使之保证在整个沸煮过程中都能浸没试件，并在煮沸的中途不需添补试验用水，同时又保证能在(30±5)min 内升至沸腾。脱去玻璃板取下试件，先测量雷氏夹指针尖端间的距离(A)，精确到 0.5 mm；接着将试件放入沸煮箱水中的试件架上，指针朝上，试件之间互不交叉，然后在(30±5)min 内加热至沸，并恒沸(180±5)min。沸煮结束，即放掉箱中的热水，打开箱盖，待箱体冷却至室温，取出试件进行判别。

4. 试验结果判别

1）试饼法

目测试饼未发现裂缝，用钢直尺检查也没有弯曲时，则水泥的安定性合格，反之为不合格。若两个判别结果有矛盾时，该水泥的安定性为不合格。

2）雷氏夹法

测量试件指针尖端间的距离(C)，记录至小数点后 1 位，当 2 个试件煮后增加距离($C-A$)的平均值不大于 5.0 mm 时，即认为该水泥安定性合格，否则为不合格。当 2 个试件的($C-A$)值相差超过 4.0 mm 时，应用同一样品立即重做一次试验。再如此，则认为该水泥安定性不合格。

15.2.7　水泥胶砂强度检验(ISO 法)

1. 试验目的

检验水泥各龄期强度，从而确定水泥的强度等级；或已知强度等级，检验强度是否满足规范要求。

2. 主要仪器设备

(1) 胶砂搅拌机。

(2) 试模(40 mm×40 mm×160 mm)，见图 15.12。

(3) 胶砂振实台，见图 15.13。

(4) 抗折强度试验机(200～300 kN 为宜)，见图 15.14。

(5) 抗压试验机，见图 15.15。

(6) 抗压夹具(受压面积为 40 mm×40 mm)。

(7) 刮平尺、养护室等。

图 15.12　试模

图 15.13　水泥胶砂振实台

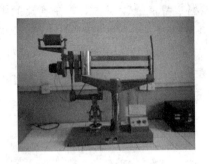

图 15.14　抗折强度试验机

图 15.15　抗压试验机

3. 试验步骤

1）试验前准备

成型前将试模擦净，四周的模板与底板接触面上应涂黄油，紧密装配，防止漏浆，内壁均匀刷一薄层机油。

2）胶砂制备

试验用砂采用中国 ISO 标准砂。

（1）胶砂配合比。水泥与标准砂的质量配合比为 1∶3，水灰比为 0.5。一锅胶砂成三条试体，每锅材料需要量为：水泥(450±2)g，标准砂(1350±5) g，水(225±1)mL。

（2）砂浆搅拌。每锅胶砂用搅拌机进行机械搅拌。先把水加入锅里，再加水泥，把锅放在固定架上，上升至固定位置，立即开动机器，低速搅拌 30 s 后，在第二个 30 s 开始的同时均匀地将砂子加入；把机器转至高速再拌 30 s；停拌 90 s，在第一个 15 s 内用一胶皮刮具将叶片和锅壁上的胶砂刮入锅中间；在高速下继续搅拌 60 s。各个搅拌阶段的时间误差应在±1 s 以内，总搅拌时间为 4 min。

3）试体成型

试件是 40 mm×40 mm×160 mm 的棱柱体。胶砂制备后应立即进行成型。将空试模和模套固定在振实台上，用勺子将胶砂分两层装入试模。装第一层时，每个槽里约放 300 g胶砂，用大播料器垂直架在模套顶部，沿每一个模槽来回一次将料层播平，接着振实 60次。再装第二层胶砂，用小播料器播平，再振实 60 次。移走模套，从振实台上取下试模，用一金属直尺以近似 90°的角度架在试模模顶的一端，然后沿试模长度方向以横向锯割动作慢慢向另一端移动，一次将超过试模部分的胶砂刮去，并用同一直尺以近乎水平的情况下将试体表面抹平。在试模上做标记或加字条标明试件编号。

4）试体的养护

（1）脱模前的处理及养护。将试模放入雾室或湿箱的水平架子上养护，湿空气应能与试模周边接触。另外，养护时不应将试模放在其他试模上。一直养护到规定的脱模时间时取出脱模。脱模前用防水墨汁或颜料对试体进行编号和做其他标记。两个龄期以上的试体，在编号时应将同一试模中的三个试体分在两个以上龄期内。

（2）脱模。脱模应非常小心，可用塑料锤或橡皮榔头或专门的脱模器。对于 24 h 龄期的，应在破型试验前 20 min 内脱模；对于 24 h 以上龄期的，应在 20～24 h 之间脱模。对硬化比较慢的水泥允许延期脱模，但在实验报告中应予以说明。

（3）水中养护。将做好标记的试体水平或垂直放在(20±1)℃水中养护，水平放置时刮平面应朝上，养护期间试体之间间隔或试体上表面的水深不得小于 5 mm，且不允许全部更换养护水。

5）强度试验

（1）试体的龄期。试体龄期是从水泥加水开始搅拌时算起的。各龄期的试体必须在表 15-1 规定的时间内进行强度试验。试体从水中取出后，在强度试验前应用湿布覆盖。

表 15-1　各龄期强度试验时间规定

龄　　期	时　　间
24 h	24 h±15 min
48 h	48 h±30 min
72 h	72 h±45 min
7 d	7 d±2 h
＞28 d	28 d±8 h

（2）抗折强度试验。

① 每龄期取出 3 个试体先做抗折强度试验。测定前须擦去试体表面的附着水分和砂粒，清除夹具上圆柱表面黏着的杂物，试体放入抗折夹具内，应使侧面与圆柱接触。

② 采用杠杆式抗折试验机试验时，试体放入前，应先将游动砝码移至零刻度线，调整平衡砣使杠杆成平衡状态。试体放入后调整夹具，使杠杆在试体折断时尽可能地接近平衡位置。

③ 抗折强度测定时的加荷速度为(50±10)N/s。

（3）抗压强度试验。

① 抗折强度试验后的断块应立即进行抗压试验。抗压试验须用抗压夹具进行，试体受压面为 40 mm×40 mm。试验前应清除试体受压面与压板间的砂粒或杂物。试验时以试体的侧面作为受压面，并使夹具对准压力机压板中心。

② 压力机加荷速度为(2400±200)N/s。

4．试验结果

（1）抗折试验结果。

抗折强度按下式计算，精确到 0.1 MPa：

$$R_1 = \frac{1.5F_1 L}{b^3}$$

式中：R_1——水泥抗折强度(MPa)；

F_1——折断时施加于棱柱体中部的荷载(N)；

L——支撑圆柱之间的距离(100 mm)；

b——棱柱体正方形截面的边长(40 mm)。

（2）抗压试验结果。

抗压强度按下式计算，精确至 0.1 MPa：

$$R_c = \frac{F_c}{A}$$

式中：R_c——水泥抗压强度（MPa）；

$\qquad F_c$——破坏时的最大荷载（N）；

$\qquad A$——受压部分面积 mm^2（40 mm×40 mm＝1600 mm^2）。

5. 试验结果的评定

抗折强度以一组 3 个棱柱体抗折结果的平均值作为试验结果。当 3 个强度值中有一个超出平均值±10％时，应剔除后再取平均值作为抗折强度试验结果。

抗压强度以一组 3 个棱柱体上得到的 6 个抗压强度测定值的算术平均值为试验结果。如 6 个测定值中有一个超出 6 个平均值的±10％，就应剔出这个结果，而以剩下 5 个的平均数为结果；如果 5 个测定值中再有超过它们平均数±10％，则该组结果作废。

15.3　普通混凝土用砂、石试验

15.3.1　砂的筛分析试验

1. 试验目的

通过试验测定砂的颗粒级配，计算砂的细度模数，评定砂的粗细程度。

2. 主要仪器设备

（1）摇筛机，见图 15.16。

（2）标准筛（孔径为 150 μm、300 μm、600 μm、1.18 mm、2.36 mm、4.75 mm、9.50 mm 的方孔筛）。

（3）烘箱。

（4）天平（称量 1 kg，感量 1 g）。

（5）浅盘、毛刷等。

3. 试样制备

用四分法缩取约 1100 g 试样，置于（105±5）℃的烘箱中烘至恒重，冷却至室温后先筛除大于 9.50 mm 的颗粒（并记录其含量），再分为大致相等的两份备用。

图 15.16　摇筛机

4. 试验步骤

（1）准确称取试样 500 g，精确到 1 g。

（2）将标准筛按孔径由大到小的顺序叠放，加底盘后，将称好的试样倒入最上层的 4.75 mm 筛内，加盖后置于摇筛机上，筛分（也可用手摇）10 min。

（3）将套筛自摇筛机上取下，按筛孔大小顺序再逐个用手筛，筛至每分钟通过量小于试样总量 0.1％为止。通过的颗粒并入下一号筛中，并和下一号筛中的试样一起过筛，按这样的顺序进行，直至各号筛全部筛完为止。

（4）称取各号筛上的筛余量，试样在各号筛上的筛余量不得超过 200 g，否则应将筛余试样分成两份，再进行筛分，并以两次筛余量之和作为该号的筛余量。

5．试验结果计算与评定

（1）计算分计筛余百分率：各号筛上的筛余量与试样总量相比，精确至 0.1%。

（2）计算累计筛余百分率：每号筛上的筛余百分率加上该号筛以上各筛余百分率之和，精确至 0.1%。筛分后，当各号筛的筛余量与筛底的量之和同原试样质量之差超过 1% 时，须重新试验。

（3）砂的细度模数按下式计算，精确至 0.1：

$$M_x = \frac{(A_2 + A_3 + A_4 + A_5 + A_6) - 5A_1}{100 - A_1}$$

式中：M_x——细度模数；

$A_1, A_2, \cdots, A_6$——4.75 mm、2.36 mm、1.18 mm、0.60 mm、0.30 mm、0.15 mm 筛的累计筛余百分率。

根据细度模数大小来确定砂的粗细程度。

当 $M_x = 3.7 \sim 3.1$ 时为粗砂，$M_x = 3.0 \sim 2.3$ 时为中砂，$M_x = 2.2 \sim 1.6$ 时为细砂。

（4）累计筛余百分率取两次试验结果的算术平均值，精确至 1%。细度模数取两次试验结果的算术平均值，精确至 0.1；如两次试验的细度模数之差超过 0.20，须重新试验。

15.3.2　砂的表观密度测定试验（标准方法）

1．试验目的

测定砂的表观密度，用于为计算砂的空隙率和混凝土配合比设计提供参考依据。

2．主要仪器设备

（1）容量瓶（500 mL）。

（2）天平（称量 1 kg，感量 1 g）。

（3）烘箱。

（4）干燥器、漏斗、温度计等。

3．试验制备

试验前将 660 g 试样，放在烘箱中于（105±5）℃下烘干至恒量，待冷至室温后，分成大致相等的两份备用。

4．试验步骤

（1）称取上述试样 300 g（精确至 1 g），通过漏斗装入容量瓶，注入冷开水至接近 500 mL 的刻度处，摇转容量瓶，使砂样充分搅动，排除气泡，塞紧瓶盖，静置 24 h，然后打开瓶塞用滴管小心加水至容量瓶颈刻 500 mL 刻度线处，塞紧瓶塞，擦干瓶外水分，称其质量，精确至 1 g。

（2）将瓶内水和试样全部倒出，洗净容量瓶，再向瓶内注水至瓶颈 500 mL 刻度线处，擦干瓶外水分，称其质量（精确至 1 g）。试验时试验室温度应在 20~25℃。

5．试验结果计算与评定

（1）砂的表观密度按下式计算，精确至 10 kg/m³：

$$\rho_0 = \left(\frac{G_0}{G_0 + G_2 - G_1}\right) \times \rho_水$$

式中：ρ_0——砂的表观密度(kg/m³)；

$\quad\rho_水$——水的密度(1000 kg/m³)；

$\quad G_0$——烘干试样的质量(g)；

$\quad G_1$——试样、水及容量瓶的总质量(g)；

$\quad G_2$——水及容量瓶的总质量(g)。

（2）表观密度以两次试验结果的算术平均值作为测定值，精确至 10 kg/m³；当两次试验结果之差大于 20 kg/m³时，须重新试验。

15.3.3　砂的堆积密度测定试验

1. 试验目的

测定砂的堆积密度，用于为混凝土配合比设计和估计运输工具的数量或存放堆场的面积等提供依据。

2. 主要仪器设备

（1）烘箱。

（2）容量筒。

（3）天平(称量 5 kg，感量 5 g)。

（4）标准漏斗。

（5）直尺、浅盘、毛刷等。

3. 试样制备

按规定取样，筛除大于 4.75 mm 的颗粒，用搪瓷盘装取试样不少于 3 L，置于温度为(105±5)℃的烘箱中烘干至恒量，待冷却至室温后，分成大致相等的两份备用。

4. 试验步骤

（1）松散堆积密度的测定。取一份试样，用漏斗或料勺慢慢装入容量筒直至装满并超过筒口后，用钢尺或直尺沿筒口中心线向两个相反方向刮平(试验过程应防止触动容量瓶)，称出试样与容量筒的总质量，精确至 1 g。

（2）紧密堆积密度的测定。取试样一份分两层装入容量筒。装完第一层后，在筒底垫一根直径为 10 mm 的圆钢，按住容量筒，左右交替击地面 25 次，然后再装入第二层，装满后用同样的方法进行颠实(但所垫放圆钢的方向与第一层的方向垂直)。二层填装并颠实后，加料至试样超过筒口，然后用钢尺或直尺沿中心线向两个相反的方向刮平，称出试样与容量筒的总质量，精确至 0.1 g。

（3）称出容量筒的质量，精确至 1 g。

5. 试验结果计算与评定

砂的松散或紧密堆积密度按下式计算，精确至 10 kg/m³：

$$\rho_1 = \frac{G_1 - G_2}{V}$$

式中：ρ_1——砂的松散或紧密堆积密度(kg/m³)；

$\quad G_1$——试样与容量筒总质量(g)；

G_2——容量筒的质量(g);

V——容量筒的容积(L)。

堆积密度取两次试验结果的算术平均值,精确至 10 kg/m³。

15.3.4　石子的筛分析试验

1. 试验目的

测定碎石或卵石的颗粒级配及粒级规格,为混凝土配合比设计提供依据。

2. 主要仪器设备

(1) 方孔筛(孔径为 150 μm、300 μm、600 μm、1.18 mm、2.36 mm、4.75 mm、9.50 mm 的方孔筛)。

(2) 摇筛机。

(3) 烘箱。

(4) 台秤(称量 20 kg,感量 20 g)。

(5) 天平(称量 5 kg,感量 5 g)。

(6) 浅盘、烘箱等。

3. 试样制备

按规定取样,用四分法缩取不少于表 15-2 的试样数量,经烘干或风干后备用。

表 15-2　粗集料筛分试验取样规定

最大粒径/mm	9.5	16.0	19.0	26.5	31.5	37.5	63.0	75.0
最少试样质量/kg	1.9	3.2	3.8	5.0	6.3	7.5	12.6	16.0

4. 试验步骤

(1) 按表 15-2 称取规定质量的试样一份,精确到 1 g。

(2) 将筛按孔径由大到小顺序叠置,然后将试样倒入上层筛中,置于摇筛机上固定,摇筛 10 min。

(3) 按孔径由大到小顺序取下各筛,分别于洁净的盘上手筛,直至每分钟通过量不超过试样总量的 0.1％为止,通过的颗粒并入下一号筛中并和下一号筛中的试样一起过筛。当试样粒径大于 19.0 mm 时,筛分时允许用手拨动试样颗粒,使其通过筛孔。

(4) 称取各筛上的筛余量,精确到 1 g。在筛上的所有分计筛余量和筛底剩余的总和与筛分前测定的试样总量相比,其相差不得超过 1％,否则重新试验。

5. 试验结果计算与评定

(1) 分计筛余百分率:各筛上的筛余量占试样总量的百分率(精确至 0.1％)。

(2) 累计筛余百分率:该号筛上分计筛余百分率与大于该号筛的各号筛上的分计筛余百分率之总和(精确至 1％)。

(3) 根据各号筛的累计筛余百分率,评定该试样的颗粒级配。粗集料各号筛上的累计筛余百分率应满足国家规范规定的粗集料颗粒级配的范围要求。

15.3.5 石子的表观密度测定试验(广口瓶法)

1. 试验目的

测定石子的表观密度,作为评定石子质量和混凝土配合比设计的依据。

2. 主要仪器设备

(1) 广口瓶,见图 15.17(1000 mL,磨口,带玻璃片)。

图 15.17 广口瓶

(2) 台称(称量 10 kg,感量 10 g)。

(3) 天平(称量 1 kg,感量 1 g)。

(4) 方孔筛、烘箱、浅盘、温度计、毛巾等。

3. 试样制备

按规定取样,用四分法缩分至不少于表 15-3 规定的数量,经烘干或风干后筛除小于 4.75 mm 的颗粒,洗刷干净后,分为大致相等的两份备用。

表 15-3 粗集料表观密度试验所需试样数量

最大粒径/mm	<26.5	31.5	37.5	63.0	75.0
最少试样质量/kg	2.0	3.0	4.0	6.0	6.0

4. 试验步骤

(1) 取一份浸水饱和后试样装入广口瓶(倾斜放置)中,注入饮用清水,用玻璃片覆盖瓶口并左右摇晃广口瓶以排除气泡。

(2) 向广口瓶中添加饮用水至水面凸出瓶口边缘,然后用玻璃片迅速滑行,滑行中应紧贴瓶口水面。擦干瓶外水分,称取试样、水、广口瓶及玻璃片的总质量,精确至 1 g。

(3) 将广口瓶中试样倒入浅盘,然后在(105±5)℃的烘箱中烘干至恒重,取出冷却至室温后称其质量,精确至 1 g。

(4) 将广口瓶洗净,重新注入饮用水,并用玻璃片紧贴瓶口水面,擦干瓶外水分,称取水、广口瓶及玻璃片总质量,精确至 1 g。

5. 试验结果计算与评定

石子的表观密度按下式计算,精确至 10 kg/m³:

$$\rho_0 = \left(\frac{G_0}{G_0 + G_2 - G_1}\right) \times \rho_水$$

式中:ρ_0——石子的表观密度(kg/m³);

$\rho_水$——水的密度(1000 kg/m³);

G_0——烘干试样的质量(g);

G_1——吊篮及试样在水中的质量(g);

G_2——吊篮在水中的质量(g)。

表观密度取两次试验结果的算术平均值,精确至 10 kg/m³;如两次试验结果之差大于 20 kg/m³,须重新试验。

15.3.6　石子的堆积密度测定试验

1. 试验目的

测定石子的堆积密度，计算空隙率，可以借此评定石子的质量。石子的堆积密度也是混凝土配合比设计的必要数据之一。在运输时，可以根据石子的堆积密度换算石子的运输重量和体积。

2. 主要仪器设备

(1) 台秤(称量 50 kg，感量 50 g)。

(2) 容量筒。

(3) 垫棒(直径 16 mm，长 600 mm 的圆钢)。

(4) 直尺、小铲、烘箱等。

3. 试样制备

石子取缩分试样烘干或风干后，拌匀并将试样分成大致相等的两份备用。

4. 试验步骤

(1) 松散堆积密度。取试样一份，用小铲从容量筒口中心上方 50 mm 处，让试样自由落下，当容量筒上部试样呈锥状并向容量筒四周溢满时，即停止加料。除去凸出容量筒表面的颗粒，以合适的颗粒填入凹陷处，使凹凸部分的体积大致相等。称出试样和容量筒的总质量 G_1。

(2) 紧密堆积密度。取试样一份，分三次装入容量桶中，每装完一层后，在桶底放一根垫棒，将桶按住，左右交替颠击地面 25 次。将三层试样装填完毕后，再加试样直至超过桶口，用钢尺或直尺沿桶口边缘刮去高出桶口的颗粒，并用适合的颗粒填平凹处，使表面凸起部分与凹陷部分的体积大致相等。称出试样和容量筒的总质量 G_1，精确至 1 g。

(3) 称出容量筒的质量 G_2，精确至 1 g。

5. 试验结果计算与评定

石子的松散或紧密堆积密度按下式计算，精确至 10 kg/m³：

$$\rho_1 = \frac{G_1 - G_2}{V}$$

式中：ρ_1——石子的松散或紧密堆积密度(kg/m³)；

G_1——试样与容量筒总质量(g)；

G_2——容量筒的质量(g)；

V——容量筒的容积(L)。

堆积密度取两次试验结果的算术平均值，精确至 10 kg/m³。

15.3.7　石子的压碎指标测定试验

1. 试验目的

石子的压碎指标值用于衡量石子在逐渐增加的荷载下抵抗压碎的能力。工程施工单位可采用压碎指标值进行质量控制。

2. 主要仪器设备

(1) 压力试验机(量程 300 kN)。

(2) 压碎值测定仪,见图 15.18。

(3) 方孔筛(孔径分别为 2.36 mm、9.50 mm 和 19.0 mm)。

(4) 天平(称量 1 kg,感量 1 g)。

(5) 台秤。

(6) 垫棒(∅10 mm,长 500 mm)等。

图 15.18 压碎值测定仪

3. 试样制备

将石料试样风干,筛除大于 19.0 mm 及小于 9.50 mm 的颗粒,并去除针片状颗粒,称取三份试样,每份 3000 g(G_1)精确至 1 g。

4. 试验步骤

(1) 将试样分两层装入圆模,每装完一层试样后,在底盘下垫 ∅10 mm 垫棒,将筒按住,左右交替颠击地面各 25 次,平整模内试样表面,盖上压头。

(2) 将压碎值测定仪放在压力机上,按 1 kN/s 速度均匀地施加荷载至 200 kN,稳定 5 s 后卸载。

(3) 取出试样,用 2.36 mm 的筛筛除被压碎的细粒,称出筛余质量(G_2),精确至 1 g。

5. 结果计算与评定

压碎指标值按下式计算,精确至 0.1%:

$$Q_e = \frac{G_1 - G_2}{G_1} \times 100\%$$

式中:Q_e——压碎指标值(%);

G_1——试样的质量(g);

G_2——压碎试验后筛余的试样质量(g)。

压碎指标值取三次试验结果的算术平均值,精确至 1%。各类石子压碎指标值应符合表 15−4 的规定。

表 15−4 石子压碎指标分类表

项目		压碎指标(%)		
		Ⅰ类	Ⅱ类	Ⅲ类
碎石	<	10	20	30
卵石	<	12	16	16

15.4 普通混凝土拌合物性能试验

15.4.1 普通混凝土拌合物实验室拌合方法

1. 试验目的

掌握混凝土拌合物的拌制方法,为测试和调整混凝土的性能、进行混凝土配合比设计打下基础。

2. 主要仪器设备

(1) 混凝土搅拌机，见图 15.19(容量 30～100 L，转速 18～22 r/min)。

(2) 磅秤(称量 100 kg，感量 50 g)。

(3) 天平(称量 5 kg，感量 1 g)。

(4) 量筒、拌板、拌铲、容器等。

3. 拌合方法

图 15.19　混凝土搅拌机

按所选混凝土配合比称取各种材料，以全干状态为准，拌合时温度为(20±5)℃。

1) 人工拌合法

(1) 干拌。将拌板与拌铲用湿布润湿后，将砂平倒在拌板上，然后加入水泥，用拌铲自拌板一端翻拌至另一端，如此反复，直至拌匀；加入石子，继续翻拌至均匀为止。

(2) 湿拌。将混合均匀的干拌合物堆成圆锥形，在中间作一凹槽，将已称量好的水倒入约一半在凹槽中，翻拌数次，并徐徐加入剩下的水，继续翻拌，直至均匀。

(3) 拌合时间控制。

测试过程力求动作敏捷，拌合时间从加水时算起，应符合标准规定：

拌合物体积为 30 L 以下时 4～5 min，拌合物体积为 30～50 L 时 5～9 min，拌合物体积为 51～75 L 时 9～12 min。

(4) 拌好后，应立即作和易性试验或试件成型，从开始加水时算起，全部操作须在 30 min 内完成。

2) 机械拌合法

(1) 预拌。拌前先对混凝土搅拌机挂浆，即用按配合比要求的水泥、砂、水及少量石子，在搅拌机中搅拌(涮膛)，然后倒出多余砂浆。其目的是防止正式拌合时水泥浆挂失影响到混凝土的配合比。

(2) 拌合。将称好的石子、砂、水泥按顺序倒入搅拌机内，干拌均匀，再将需用的水徐徐倒入搅拌机内一起拌合，全部加料时间不得超过 2 min，水全部加入后，再拌合 2 min。

(3) 将拌合物从搅拌机中卸出，倾倒在拌板上，再经人工拌合 2～3 次。

(4) 拌好后，应即做和易性测定或试件成型，从开始加水时算起，全部操作必须在 30 min 内完成。

15.4.2　普通混凝土拌合物和易性试验

1. 试验目的

新拌混凝土的和易性是保证混凝土便于施工、质量均匀、成型密实的性能，是保证混凝土施工和质量的前提。

2. 主要仪器设备

(1) 坍落度筒，见图 15.20。

(2) 台秤(称量 50 kg，感量 50 g)。

(3) 天平(称量 5 kg 感量 1 g)。

(4) 捣棒(直径 16 mm，长 600 mm)。

(5) 直尺、小铲、漏斗等。

3. 试验步骤

(1) 将润湿后的坍落度筒放在不吸水的刚性水平底板上，然后用脚踩住两边的脚踏板，使坍落度筒在装料时保持位置固定。

图 15.20　坍落度筒

(2) 将已拌匀的混凝土试样用小铲分层装入筒内，数量控制在经插捣后层厚为筒高的 1/3 左右。每层用捣棒插捣 25 次，插捣应沿螺旋方向由外向中心进行，各次插捣点在截面上均匀分布。插捣筒边混凝土时，捣棒可以稍稍倾斜；插捣底层时，捣棒应贯穿整个深度；插捣第二层和顶层时，捣棒应插透本层至下一层的表面以下。

插捣顶层前，应将混凝土灌满高出坍落度筒，如果插捣使拌合物沉落到低于筒口，应随时添加使之高于坍落度筒顶，插捣完毕，用捣棒将筒顶搓平，刮去多余的混凝土。

清理筒周围的散落物，小心地垂直提起坍落度筒，特别注意平稳，不让混凝土试体受到碰撞或震动，筒体的提离过程应在 5~10 s 内完成。从开始装料到提起坍落度筒的操作不得间断，并应在 150 s 内完成。

(3) 流动性测定：将筒放在拌合物试体一侧(注意整个操作基面要保持同一水平面)，立即测量筒顶与坍落后拌合物试体最高点之间的高度差，以 mm 表示，即为该混凝土拌合物的坍落度值。

(4) 保水性目测：坍落度筒提起后，如有较多稀浆从底部析出，试体则因失浆使集料外露，表示该混凝土拌合物保水性能不好。若无此现象，或仅只少量稀浆自底部析出，而锥体部分混凝土试体含浆饱满，则表示保水性良好，并作记录。

(5) 黏聚性目测：用捣棒在已坍落的混凝土锥体一侧轻轻敲打，锥体渐渐下沉表示黏聚性良好；反之，锥体突然倒坍，部分崩裂或发生石子离析，表示黏聚性不好，并作记录。

(6) 和易性调整：按计算备料的同时，另外还需备好两份为调整坍落度所需的材料量，该数量应是计算试拌材料用量的 5% 或 10%。

若测得的坍落度小于施工要求的坍落度值，可在保持水灰比 w/c 不变的同时，增加 5% 或 10%(或更多，按经验确定)的水泥、水的用量。若测得的坍落度大于施工要求的坍落度值，可在保持砂率 β_s 不变的同时，增加 5% 或 10%(或更多，按经验确定)的砂、石用量。若黏聚性或保水性不好，则需适当调整砂率，并尽快拌合均匀，重新测定，直到和易性符合要求为止。

当坍落度筒提起后，若发现拌合物崩坍或一边剪切破坏，应立即重新拌合并重新试验，第二次试验又出现上述现象，则表示该混凝土拌合物和易性不好，应予以记录备查。

(7) 当混凝土拌合物的坍落度大于 220 mm 时，用钢尺测量混凝土扩展后最终的最大直径和最小直径。

4. 试验结果评定

(1) 混凝土拌合物坍落度和坍落扩展度值以毫米为单位，测量精确至 1 mm，结果表达修约至 5 mm。

（2）混凝土拌合物和易性评定，应按试验测定值和试验目测情况综合评定。其中坍落度至少要测定两次，并以两次测定值之差不大于 20 mm 的测定值为依据，求算术平均值作为本次试验的测定结果。在混凝土拌合物扩展后最终的最大直径和最小直径之差小于 50 mm 的条件下（否则此次试验无效），用其算术平均值作为坍落扩展度值测定结果。

（3）记录下调整前后拌合物的坍落度、保水性、黏聚性以及各材料实际用量，并以和易性符合要求后的各材料用量为依据，对混凝土配合比进行调整，求基准配合比。

15.4.3　普通混凝土拌合物的表观密度试验

1. 试验目的

测定混凝土拌合物表观密度，用以计算每立方米混凝土中的材料用量和含量。

2. 主要仪器设备

（1）容量筒。

（2）台秤（称量 100 kg 感量 50 g）。

（3）振动台。

（4）捣棒等。

3. 试验步骤

（1）用湿布把容量筒内外擦干净，称出量筒的质量，精确至 50 g。

（2）混凝土的装料及捣实方法应根据拌合物的稠度而定。一般来说。坍落度不大于 70 mm 的混凝土，用振动台振实为宜；大于 70 mm 的用捣棒捣实为宜。

（3）用刮刀将筒口多余的混凝土拌合物刮去，表面如有凹陷应予填平。将容量筒外壁擦净，称出混凝土与容量筒总重，精确至 50 g。

4. 试验结果计算

混凝土拌合物的表观密度按下式计算，精确至 10 kg/m³：

$$\gamma_h = \frac{m_2 - m_1}{V} \times 1000$$

式中：γ_h——混凝土的表观密度（kg/m³）；

　　　m_1——容量筒的质量（kg）；

　　　m_2——容量筒和试样总质量（kg）；

　　　V——容量筒的容积（L）。

15.5　普通混凝土力学性能与非破损试验

15.5.1　混凝土立方体抗压强度试验

1. 试验目的

学会混凝土抗压强度试件的制作及测定方法，用以检验混凝土强度，确定、校核混凝土配合比，并为控制混凝土施工质量提供依据。

2. 主要仪器设备

（1）压力试验机（万能试验机），见图 15.21。

（2）试模，见图 15.22。

（3）振动台，见图 15.23。

（4）养护室。

（5）捣棒、金属直尺等。

图 15.21　压力试验机

图 15.22　试模

图 15.23　振动台

3. 试件制作

（1）在制作试件前，首先要检查试模，拧紧螺栓，并清刷干净，同时在其内壁涂上一薄层脱模剂。

（2）试件的成型方法应根据混凝土拌合物的稠度来确定。

① 坍落度大于 70 mm 的混凝土拌合物采用人工捣实成型。

其方法是将混凝土拌合物分两层装入试模，每层装料厚度大致相同，插捣时用垂直的捣棒按螺旋方向由边缘向中心进行，插捣底层时捣棒应达到试模底面，插捣上层时，捣棒应贯穿到下层深度 20～30 mm，并用抹刀沿试模内侧插入数次，以防止麻面。捣实后，刮除多余混凝土，并用抹刀抹平。

② 坍落度小于 70 mm 的混凝土拌合物采用振动台成型。

其方法是将拌好的混凝土拌合物一次装入试模，装料时应用抹刀沿试模内壁略加插捣并使混凝土拌合物稍有富余，然后将试模放到振动台上，用固定装置予以固定，开动振动台并计时，当拌合物表面呈现水泥浆时，停止振动并记录振动时间，用抹刀沿试模边缘刮去多余拌合物，并抹平。

4. 试件养护

（1）标准养护的试件成型后应覆盖表面，防止水分蒸发，并在（20±5）℃的室内静置 1～2 个昼夜（但不得超过 2 天），然后编号拆模。

（2）拆模后的试件应立即放入标准养护室（温度为（20±3）℃，相对湿度为 90% 以上）养护，在标准养护室中试件应放在架上，彼此相隔 10～20 mm，并应避免用水直接冲淋试件。

（3）当无标准养护室时，混凝土试件可在温度为（20±3）℃的不流动水中养护。水的

pH 值不应小于 7。

（4）与构件同条件养护的试件成型后，应覆盖表面，试件的拆模时间可与实际构件的拆模时间相同，拆模后试件仍需保持同条件养护。

5. 试验步骤

（1）试件从养护室取出，随即擦干并量出其尺寸（精确至 1 mm），并以此计算试件的受压面积 $A(\mathrm{mm}^2)$，如实测尺寸与公称尺寸之差不超过 1 mm，可按公称尺寸进行计算。

（2）将试件安放在压力试验机的下压板上，试件的承压面应与成型时的顶面垂直。试件的轴心应与压力机下压板中心对准，开动试验机，当上压板与试件接近时，调整球座，使接触均衡。

（3）加压时，应连续而均匀的加荷，加荷速度为：

当混凝土强度等级低于 C30 时，加荷速度取 0.3～0.5 MPa/s。

当混凝土强度等级等于或大于 C30 时，加荷速度取 0.5～0.8 MPa/s。

当试件接近破坏而开始迅速变形时，应停止调整试验机油门，直至试件破坏，然后记录破坏荷载 $P(\mathrm{N})$。

（4）试件受压完毕，应清除上下压板上黏附的杂物，继续进行下一次试验。

6. 试验结果计算与处理

（1）混凝土立方体试件抗压强度按下式计算，精确至 0.1 MPa：

$$f_{\mathrm{cu}} = \frac{P}{A}$$

式中：f_{cu}——混凝土立方体试件的抗压强度值（MPa）；

　　　P——试件破坏荷载（N）；

　　　A——试件承压面积（mm²）。

（2）以三个试件抗压强度的算术平均值作为该组试件的抗压强度值，精确至 0.1 MPa。三个测值中的最大值或最小值中如有一个与中间值的差值超过中间值的 ±15% 时，则取中间值作为该组试件的抗压强度值；如有两个测值与中间值的差均超过中间值的 ±15%，则该组试件的试验结果无效。

（3）混凝土抗压强度是以 150 mm×150 mm×150 mm 的立方体试件作为抗压强度的标准试件，其他尺寸试件的测定强度均应换算成 150 mm 立方体试件的标准抗压强度值，换算系数见表 15-5。

表 15-5　混凝土立方体试件尺寸系数换算

试件尺寸/mm	200×200×200	150×150×150	100×100×100
换算系数	1.05	1.00	0.95

15.5.2　混凝土劈裂抗拉强度试验

1. 试验目的

测定混凝土劈裂抗拉强度值，为评定混凝土抗裂能力提供依据。

2. 主要仪器设备

（1）压力试验机（量程 200～300 kN）。

（2）垫条（采用直径为 150 mm 的钢制弧型垫条，其长度不短于试件的边长）。

（3）垫层（加放于试件与垫条之间，为木质三合板，宽 15～20 mm，厚 3～4 mm，长度不短于试件的边长。垫层不得重复使用）。

3. 试验步骤

（1）按制作抗压强度试件的方法成型试件，每组 3 块。

（2）从养护室取出试件后，应及时进行试验。将表面擦干净，在试件成型面与底面中部划线定出劈面的位置，劈裂面应与试件的成型面垂直。

（3）测量劈裂面的边长（精确至 1 mm），计算出劈裂面积 $A(\text{mm}^2)$，如实测尺寸与公称尺寸之差不超过 1 mm，可按公称尺寸进行计算。

（4）将试件放在试验机下压板的中心位置，降低上压板，分别在上、下压板与试件之间加垫条与垫层，使垫条的接触母线与试件上的荷载作用线准确对正，如图 15.24 所示。

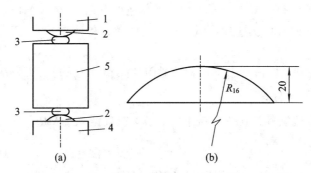

1—上压板；2—垫条；3—垫层；4—下压板；5—试件

图 15.24 混凝土劈裂抗拉强度实验装置

（5）开动试验机，使试件与压板接触均衡后，连续均匀地加荷，加荷速度为：混凝土强度等级低于 C30 时，取 0.02～0.05 MPa/s；强度等级高于或等于 C30 时，取 0.05～0.08 MPa/s。加荷至破坏，记录破坏荷载 $P(\text{N})$。

4. 结果计算

（1）按下式计算混凝土的劈裂抗拉强度：

$$f_\text{t} = \frac{2P}{\pi A} = 0.637 \frac{P}{A} \quad (\text{MPa})$$

（2）以 3 个试件测值的算术平均值作为该组试件的劈裂抗拉强度值（精确到 0.1 MPa）。其异常数据的取舍与混凝土抗压强度试验同。

（3）采用 150 mm×150 mm×150 mm 的立方体试件作为标准试件，如采用 100 mm×100 mm×100 mm 立方试件时，试验所得的劈裂抗拉强度值，应乘以尺寸换算系数 0.85。

15.6 建筑砂浆试验

15.6.1 建筑砂浆的拌合

1. 试验目的

学会建筑砂浆拌合物的拌制方法，为测试和调整建筑砂浆的性能、进行砂浆配合比设计打下基础。

2. 主要仪器设备

（1）砂浆搅拌机。

（2）磅秤（称量 50 kg，感量 50 g）。

（3）天平（称量 10 kg，感量 5 g）。

（4）拌板、拌铲、抹刀、量筒等。

3. 拌合方法

按所选建筑砂浆配合比备料，称量要准确。

1）人工拌合法

（1）将拌合铁板与拌铲等用湿布润湿后，将称量好的砂子平摊在拌合板上，再加入水泥，用拌铲干拌拌匀。

（2）将拌匀的混合料堆成堆，在堆上做一凹槽，将称好的石灰膏或黏土膏倒入凹槽中，再倒入适量的水将石灰膏或黏土膏稀释（如为水泥砂浆，将称好的水的一半倒入凹槽里），然后与水泥及砂一起充分拌合，逐渐加水，直至拌合均匀。

（3）拌合时间从加水起约 5 min，和易性满足要求即可。

2）机械拌合法

（1）拌前先对砂浆搅拌机挂浆，即用按配合比要求的水泥、砂、水，在搅拌机中搅拌（涮膛），然后倒出多余砂浆。其目的是防止正式拌合时水泥浆挂失影响到砂浆的配合比。

（2）先称出各种材料用量，将砂、水泥倒入搅拌机内。

（3）开动搅拌机，将水徐徐加入（如是混合砂浆，应将石灰膏或黏土膏用水稀释成浆状），搅拌时间从加水起约为 3 min。

（4）将砂浆从搅拌机倒在铁板上，再用铁铲翻拌两次，使之均匀，拌好的砂浆应立即进行有关试验。

15.6.2　建筑砂浆的稠度试验

1. 试验目的

通过稠度试验，可以测得达到设计稠度时的加水量，或在施工期间控制稠度，以保证施工质量。

2. 主要仪器设备

（1）砂浆稠度仪，见图 15.25。

（2）钢制捣棒。

（3）台秤、量筒、秒表等。

3. 试验步骤

（1）盛浆容器和试锥表面用湿布擦干净检查试锥滑杆能否自由滑动。

（2）将拌好的砂浆一次装入容器，装至距筒口约 10 mm左右，用捣棒自容器中心向边缘插捣 25 次，然后轻轻地将容

图 15.25　砂浆稠度仪

器摇动或敲击 5~6 下，使砂浆表面平整；然后置于稠度测定仪的底座上。

（3）拧松试锥滑杆的制动螺丝，向下移动滑杆，当试锥尖端与砂浆表面刚接触时，拧紧制动螺丝，使齿条侧杆下端刚接触滑杆上端，并将指针对准零点上。

（4）拧开制动螺丝，使圆锥体自由沉入砂浆中，同时计时间，待 10 s 立刻固定螺丝，使齿条测杆下端接触滑杆上端，从刻度盘上读出下沉深度（精确到 1 mm）即为砂浆的稠度值（沉入度）。

（5）圆锥形容器内的砂浆，只允许测定一次稠度，重复测定时，应重新取样测定。

4. 试验结果评定

（1）取两次试验结果的算术平均值作为砂浆稠度的测定结果（精确至 1 mm）。

（2）若两次试验值之差大于 20 mm，则应重新配料测定。

15.6.3　建筑砂浆的分层度试验

1. 试验目的

测定砂浆在运输、停放、使用过程中的保水能力及砂浆内部各组分之间的相对稳定性，以评定其和易性。

2. 主要仪器设备

（1）分层度测定仪，见图 15.26。

（2）稠度测定仪。

（3）振实台。

（4）秒表等。

3. 试验步骤

（1）首先用砂浆稠度试验方法测定稠度（沉入度）。

（2）将拌好的砂浆一次装满分层度筒内，用木锤在分层度仪周围距离大致相等的 4 个不同地方轻轻敲击 1~2 下，如砂浆沉落到低于筒口，则应随时添加，然后刮去多余的砂浆并用抹刀抹平。

图 15.26　砂浆分层度测定仪

（3）静置 30 min 后，去掉上节 200 mm 砂浆，将剩余的 100 mm 砂浆倒出放在拌合锅内重新搅拌 2 min，再按稠度试验方法测其稠度。前后测得的稠度之差即为该砂浆的分层度值（mm）。

4. 试验结果评定

（1）取两次试验结果的算术平均值作为砂浆分层度值。

（2）两次分层度试验值之差大于 20 mm，则应重新试验。

（3）砂浆的分层度宜在 10~30 mm 之间，如大于 30 mm 易产生分层、离析和泌水等现象，如小于 10 mm 则砂浆过干，不宜铺设且容易产生干缩裂缝。

15.6.4　建筑砂浆的立方体抗压强度试验

1. 试验目的

测定建筑砂浆立方体的抗压强度，用以确定砂浆的强度等级并可判断是否达到设计要求。

2. 主要仪器设备

（1）压力试验机。

（2）试模（70.7 mm×70.7 mm×70.7 mm）。

（3）捣棒、垫板、抹刀、刷子等。

3. 试件制备

（1）采用立方体试件，每组 3 个。

（2）制作砌筑砂浆试件时，在试模内壁事先涂刷脱膜剂或薄层机油。

（3）将拌好的砂浆一次注满试模内，用捣棒均匀由外向里按螺旋方向插捣 25 次，为了防止低稠度砂浆插捣后，可能留下孔洞，允许用油灰刀沿模壁插数次，使砂浆高出试模顶面 6～8 mm。

（4）当砂浆表面开始出现麻斑状态时（约 15～30 min）将高出部分的砂浆沿试模顶面削去抹平。

4. 试件养护

（1）试件制作后应在室温为（20±5）℃温度环境下停置（24±2）h，当气温较低时，可适当延长时间，但不应超过两昼夜，然后对试件进行编号并拆模。试件拆模后，应在标准养护室中继续养护至 28 d，然后进行试压。

（2）标准养护条件。

① 水泥混合砂浆应为温度（20±3）℃，相对湿度 60%～80%；

② 水泥砂浆和微沫砂浆应为温度（20±3）℃，相对湿度 90% 以上；

③ 养护期间，试件彼此间隔不少于 10 mm。

5. 立方体抗压强度试验

（1）试件从养护地点取出后应尽快进行试验，以免试件内部的温度和湿度发生显著变化。试验前先将试件擦拭干净，并以试块的侧面作为呈压面，测量其尺寸，并检查其外观。试件尺寸测量精确至 1 mm，并据此计算试件的承压面积。若实测尺寸与公称尺寸之差不超过 1 mm，可按公称尺寸进行计算。

（2）将试件安放在试验机的下压板上（或下垫板上），试件的承压面应与成型时的顶面垂直，试件中心应与试验机下压板中心对准。

（3）开动压力试验机，当上压板与试件（或上垫板）接近时，调整球座，使接触面均衡承压。试验时应连续而均匀地加荷，加荷速度应为 0.5～1.5 kN/s（砂浆强度不大于 5 MPa 时，取下限为宜；砂浆强度大于 5 MPa 时，取上限为宜），当试件接近破坏而开始迅速变形时，停止调整试验油门，直至试件破坏，然后记录破坏荷载（P）。

6. 试验结果计算与处理

砂浆立方体抗压强度应按下式计算，精确至 0.1 MPa：

$$f_{m,cu} = \frac{P}{A}$$

式中：$f_{m,cu}$——砂浆立方体试件的抗压强度值（MPa）；

$\quad$ P——试件破坏荷载（N）；

$\quad$ A——试件承压面积（mm^2）。

取 3 个试件测值的算术平均值作为该组试件的立方体强度代表值（精确至 0.1 MPa）。如果 3 个测值中的最大值或最小值中有一个与中间值的差异超过中间值的 15%，则把最大值和最小值一并舍去，取中间值作为该组试件的抗压强度代表值；如果最大值和最小值与中间值的差异均超过 15%，则该组试验结果无效。

15.7　普通烧结砖试验

1. 试验目的

通过测定普通烧结砖的抗压强度，确定砖强度等级，熟悉普通烧结砖的有关性能和技术要求。

2. 主要仪器设备

（1）压力试验机。

（2）锯砖机或切砖器。

（3）直尺、镘刀等。

3. 试件制备

（1）取烧结普通砖试样数量为 10 块。

（2）在试样制备平台上，将已断开的半截砖（长度不得小于 100 mm）放入室温的净水中浸 10～20 min 后取出，并使断口以相反方向叠放，两者中间抹以厚度不超过 5 mm 的水泥净浆（用强度等级为 32.5 或 42.5 级的普通硅酸盐水泥调制）黏结，上下两面用厚度不超过 3 mm 的同种水泥浆抹平。制成的试件上下两面须相互平行，并垂直于侧面。

4. 试件养护

将制成的抹面试件置于室温不低于 10℃的不通风的室内养护 3 d，然后再进行试验。

5. 试验步骤

（1）测量。测量每个试件连接面或受压面的长、宽尺寸各 2 个，分别取其平均值（精确至 1 mm）。

（2）测试。将试件平放在压力试验机加压板的中央，垂直于受压面加荷，加载应均匀平稳，不得发生冲击或振动。加荷速度以（5±1.0）kN/s 为宜，直至试件破坏为止，记录试件最大破坏荷载 P。

6. 试验结果计算与处理

（1）每块试件的抗压强度 f_i 按下式计算，精确至 0.1 MPa：

$$f_i = \frac{P}{lb}$$

式中：f_i——第 i 块试件的抗压强度（MPa）；

P——最大破坏荷载（N）；

l——受压面（连接面）的长度（mm）；

b——受压面（连接面）的宽度（mm）。

（2）试验结果以试样抗压强度的算术平均值和标准值表示，分别按下式计算，精确至 0.1 MPa：

$$\overline{f} = \frac{1}{10} \sum_{i=1}^{10} f_i$$

$$f_K = \overline{f} - 1.8S$$

$$S = \sqrt{\frac{1}{9} \sum_{i=1}^{10} (f_i - \overline{f})^2}$$

$$\delta = \frac{S}{\overline{f}}$$

式中：$\overline{f}$——10 块砖样的抗压强度算术平均值（MPa）；

f_K——强度标准值（MPa）；

S——10 块砖样的抗压强度标准差（MPa）；

δ——砖强度的变异系数。

（3）变异系数 $\delta \leqslant 0.21$ 时，按抗压强度平均值 $\overline{f}$ 和强度标准值 f_K 指标评定砖的强度等级；$\delta > 0.21$ 时，按抗压强度平均值 $\overline{f}$ 和单块最小抗压强度值 f_{min} 指标评定砖的强度等级。具体可对照表 15 – 6 进行评定。

表 15 – 6　烧结普通砖的强度等级（GB 5101—2003）　　　　　MPa

强度等级	抗压强度平均值 $\overline{f}$　$\geqslant$	$\delta \leqslant 0.21$	$\delta > 0.21$
		强度标准值 f_K　$\geqslant$	单块最小抗压强度值 f_{min}
MU30	30.0	22.0	25.0
MU25	25.0	18.0	22.0
MU20	20.0	14.0	16.0
MU15	15.0	10.0	12.0
MU10	10.0	6.5	7.5

15.8　钢　筋　试　验

15.8.1　钢筋的拉伸性能试验

1. 试验目的

测定低碳钢的屈服强度、抗拉强度、伸长率等技术指标，作为评定钢筋强度等级的主要技术依据，以便在设计和施工中合理地选择和使用建筑钢材。

2. 主要仪器设备

（1）电子万能试验机，见图 15.27。

（2）引伸仪。

（3）游标卡尺（精度 0.1 mm）。

（4）钢筋打点机（见图 15.28）或划线机等。

图 15.27　万能试验机　　　　　　图 15.28　钢筋打点机

3. 试件制备

（1）抗拉试验用钢筋试件（见图 15.29）一般不经过车削加工，用钢筋打点机或划线机在试件上画出两个或一系列等分小冲点或细划线标出原始标距 l_0（标记不应影响试样断裂）。

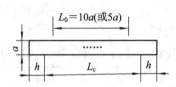

图 15.29　钢筋拉伸试件

（2）试件原始尺寸的测定：

① 测量标距长度 l_0，精确到 0.1 mm。

② 圆形试件横断面直径应在标距的两端及中间处两个相互垂直的方向上各测一次，取其算术平均值，选用三处测得的横截面积中最小值，横截面积按下式计算：

$$A_0 = \frac{1}{4}\pi \cdot d_0^2$$

式中：A_0——试件的横截面积（mm^2）；

d_0——圆形试件原始横断面直径（mm）。

4. 试验步骤

（1）试验机准备：按试验机—计算机—打印机的顺序开机，开机后须预热十分钟才可使用。按照《软件使用手册》，运行配套软件，并在软件操作系统的"控制面板"上选取"拉伸试验"。

（2）安装夹具：根据试件尺寸情况准备好夹具，并安装在夹具座上。若夹具已安装好，对夹具进行检查。

（3）夹持试件：若在上空间试验，则先将试件夹持在上夹头上，力清零消除试件自重后再夹持试件的另一端；若在下空间试验，则先将试件夹持在下夹头上，力清零消除试件自重后再夹持试件的另一端。

（4）装夹引伸仪：夹持好试件后，在试件中部安装引伸仪，并检查引伸计是否已正确连接到计算机主机的端口上；

（5）清零：在实验操作界面上把负荷、峰值、变形、位移、时间等各项分别清零。

（6）开始实验：按运行命令按钮，试验将按照软件设定的方案进行。

（7）记录数据：试件拉断后，立即按"停止"按钮，然后点取"保存数据"按钮，保存试验数据。取下试件，将断裂试件的两端对齐、靠紧，用游标卡尺测出试件断裂后的标距长度 l_1 及断口处的最小直径 d_1（一般从相互垂直方向测量两次后取平均值）。

（8）数据处理。单击菜单栏中的"试验分析"，并在相应的对话中选择需要计算的项目。然后单击"自动计算"。需要打印时单击"试验报告"按钮，把需要输出的选项移到右侧的空白框内，在曲线类型栏中选择应力-应变曲线，单击"确定"按钮后打印试验报告。

5. 试验结果处理

（1）屈服强度按下式计算：

$$\sigma_s = \frac{P_s}{A_0}$$

式中：σ_s——屈服强度（MPa）；

P_s——屈服时的荷载（N）；

A_0——试件原横截面面积（mm^2）。

（2）抗拉强度按下式计算

$$\sigma_b = \frac{P_b}{A_0}$$

式中：σ_b——抗拉强度（MPa）；

P_b——最大荷载（N）。

（3）伸长率按下式计算（精确至 1%）：

$$\delta_{10}(\delta_5) = \frac{l_1 - l_0}{l_0} \times 100\%$$

式中：$\delta_{10}(\delta_5)$——分别表示 $l_0 = 10d_0$ 和 $l_0 = 5d_0$ 时的伸长率；

l_0——原始标距长度 $10d_0$（或 $5d_0$）（mm）；

l_1——试件拉断后直接量出或按移位法确定的标距部分长度（mm）（测量精确至 0.1 mm）。

（4）当试验结果有一项不合格时，应另取双倍数量的试样重做试验，如仍有不合格项目，则该批钢材判为拉伸性能不合格。

15.8.2　钢筋的弯曲（冷弯）性能试验

1. 试验目的

检定钢筋承受规定弯曲程度的弯曲变形性能，并显示其缺陷，以评定钢筋的冷弯性能。

2. 主要仪器设备

电子万能试验机。

3. 试件制备

(1) 试件的弯曲外表面不得有划痕。

(2) 试样加工时，应去除剪切或火焰切割等形成的影响区域。

(3) 当钢筋直径小于 35 mm 时，不需加工，直接试验；若试验机能量允许时，直径不大于 50 mm 的试件亦可用全截面的试件进行试验。

(4) 当钢筋直径大于 35 mm 时，应加工成直径 25 mm 的试件。加工时应保留一侧原表面，弯曲试验时，原表面应位于弯曲的外侧。

(5) 弯曲试件长度 l 根据试件直径 d 和弯曲试验装置而定，通常按下式确定试件长度：

$$l = 5d + 150$$

4. 试验步骤

(1) 半导向弯曲。试样一端固定，绕弯心直径进行弯曲。试样弯曲到规定的弯曲角度或出现裂纹、裂缝或断裂为止。

(2) 导向弯曲。试样放置于两个支点上，将一定直径的弯心在试样两个支点中间施加压力，使试样弯曲到规定的角度或出现裂纹、裂缝、裂断为止。

5. 试验结果处理

按以下五种试验结果评定方法进行，若无裂纹、裂缝或裂断，则评定试件合格：

(1) 完好。试件弯曲处的外表面金属基本上无肉眼可见因弯曲变形产生的缺陷时，称为完好。

(2) 微裂纹。试件弯曲外表面金属出现细小裂纹，其长度不大于 2 mm，宽度不大于 0.2 mm 时，称为微裂纹。

(3) 裂纹。试件弯曲外表面金属出现裂纹，其长度大于 2 mm，而小于或等于 5 mm，宽度大于 0.2 mm，而小于或等于 0.5 mm 时，称为裂纹。

(4) 裂缝。试件弯曲外表面金属出现明显开裂，其长度大于 5 mm，宽度大于 0.5 mm 时，称为裂缝。

(5) 裂断。试件弯曲外表面出现沿宽度贯穿的开裂，其深度超过试件厚度的 1/3 时，称为裂断。

注：在微裂纹、裂纹、裂缝中规定的长度和宽度，只要有一项达到其规定范围，即应按该级评定。

15.9　石油沥青试验

15.9.1　针入度试验

1. 试验目的

通过测定石油沥青针入度，以评定石油沥青的黏滞性并依针入度值确定沥青的标号。

2. 主要仪器设备

(1) 针入度仪（见图 15.30，它所指示的穿入深度精确到 0.1 mm，针连杆质量为 (47.5±0.05)g，针和针连杆的总质量为 (50±0.05)g，(50±0.05)g 和 (100±0.05)g 的砝码各一个，一般标准针、针连杆与附加砝码的总质量为(100±0.1)g。

（2）标准针。

（3）恒温水槽（见图 15.31。容量不小于 10 L，能保持温度在试验温度的±0.1℃范围内）。

（4）试样皿（金属或玻璃的圆形平底皿）。

（5）溶剂：三氯乙烯等。

（6）平底玻璃皿、温度计、秒表、石棉网、砂浴或电炉等。

图 15.30　针入度仪

图 15.31　恒温水槽

3. 试样制备

（1）将预先除去水分的试样在砂浴或密闭电炉上小心加热，并不断搅拌，防止局部过热。加热温度不得超过试样估计软化点 100℃，加热时间不超过 30 min。加热和搅拌过程中避免试样中进入气泡。

（2）将试样倒入预先选好的试样皿内，试样深度应大于预计穿入深度 10 mm。

（3）将试样皿在 15～30℃的空气中冷却 1～1.5 h（小试样皿）或 1.5～2 h（大试样皿），在冷却中应遮盖试样皿，以防落入灰尘。然后将试样皿移入保持试验温度(25±0.1)℃的恒温水槽中，试样表面以上水层深度不少于 10 mm 以上，恒温 1～1.5 h（小试样皿）或 1.5～2 h（大试样皿）。

4. 试验步骤

（1）调节针入度仪的水平，检查针连杆和导轨，确保上面没有水和其他物质。先用合适的溶剂将针擦干净，再用干净的布擦干，然后将针插入针连杆中固定，按试验条件放好砝码。

（2）将已恒温到试验温度的试样皿和平底玻璃皿取出，放置在针入度仪的平台上慢慢放下针连杆，使针尖刚刚接触到试样的表面，拉下活杆，使其与针连杆顶端相接触，调节针入度仪上的表盘读数为零。

（3）手紧压按钮，同时启动秒表，使标准针自由下落穿入沥青试样，到 5 s 时间停压按钮，使标准针停止移动。

（4）拉下活杆，再使其与针连杆顶端相接触，此时表盘指针的读数即为试样的针入度，用 1/10 mm 表示。

（5）同一试样至少重复测定 3 次，每一试验点的距离和试验点与试样皿边缘的距离都不得小于 10 mm。当针入度超过 200 时，至少用 3 根针，每次试验用的针留在试样中，直到 3 根针扎完时再将针从试样中取出。针入度小于 200 时，可将针取下用合适的溶剂擦净后继续使用。

5．试验结果处理

取三次试验结果的平均值作为该沥青的针入度（结果取整数）。三次试验所测针入度的最大值与最小值之差不应大于表 15-7 中的数值。如差值超过表中数值，则试验须重做。

表 15-7　针入度测定最大允许差值

针入度	0～49	50～149	150～249	250～350
最大允许差值	2	4	6	10

15.9.2　延度试验

1．试验目的

通过测定石油沥青的延度值，用以评定石油沥青塑性的好坏。

2．主要仪器设备

（1）延度仪，见图 15.32。

（2）"8"字试模，见图 15.33。

（3）恒温水槽。

（4）温度计（刻度范围为 0～50℃，分度值为 0.1℃和 0.5℃各一支）。

（5）金属筛网（筛孔为 0.3～0.5 mm）。

（6）隔离剂（以质量计，由两份甘油和一份滑石粉调制而成）等。

图 15.32　延度仪

图 15.33　"8"字试模

3．试样制备

（1）将隔离剂拌合均匀，涂于磨光的金属板及侧模的内表面（注意切勿涂于端模内侧面），并将模具组装在金属底板上。

（2）石油沥青试样的制备方法与针入度相同的，当试样呈细流状时，自试模的一端至另一端往返注入模中，并使试件略高出试模。

（3）试件在室温中冷却 30～40 min，然后置于(25±0.1)℃恒温水槽中，保持 30 min 后取出，用热刀将高出试模的沥青刮去，使沥青面与模面齐平。沥青的刮法应自中间向两端刮，且表面应刮得十分光滑。

（4）恒温。将试模连同金属板一起放入(25±5)℃的水槽中保持 1～1.5 h。

4. 试验步骤

（1）检查延度仪拉伸速度是否满足要求，然后移动滑板使其指针对准标尺的零点。将延度仪水槽注水，并保持水温达试验温度(25±0.5)℃。

（2）将试件移至延度仪水槽中，将试模两端的孔分别套在滑板及槽端的金属柱上，水面距试件表面应不小于 25 mm，然后去掉侧模。

（3）开动延度仪(此时仪器不得有振动)，观察沥青的拉伸情况。在测定时，如发现沥青细丝浮于水面或沉入槽底时，则表明槽内水的密度与石油沥青的密度相差过大，应在水中加入乙醇或食盐调整水的密度至与试样的密度相近后，再重新试验。

（4）试件拉断时指针所指标尺上的读数，即为试件的延度，以 cm 表示。在正常情况下，试件应拉伸成锥尖状或极细丝，在断裂时实际横断面为零。如不能得到上述结果，应在报告中说明。

5. 试验结果处理

取 3 个平行测定值的平均值作为测定结果。若 3 次测定值不在其平均值的 5% 以内，但其中两个较高值在平均值的 5% 以内，则可弃掉最低值，取两个较高值的平均值作为测定结果。否则重新测定。

15.9.3　软化点试验

1. 试验目的

通过测定石油沥青的软化点，可以评定其温度稳定性并作为评定石油沥青标号的依据之一。

2. 主要仪器设备

（1）沥青环与球软化点仪，见图 15.34。

（2）烧杯。

（3）钢球(两个直径为 9.5 mm 的钢球，每个质量为(3.50±0.05)g)。

（4）试样环(两只黄铜肩环或锥环)。

（5）钢球定位环。

（6）试验架。

（7）电炉或其他加热器、金属板或玻璃板、金属筛网、隔离剂等。

图 15.34　球软化点仪

3. 试件制备

(1) 将试样环置于涂有隔离剂的金属板或玻璃板上,将沥青试样(准备方法同针入度试验)注入试样环内至略高于环面为止,如估计软化点高于 120℃以上时,应将试样环及金属板预热至 80～100℃。

(2) 将试样在室温冷却 30 min 后,用热刀刮去高出环面的试样,务使之与环面齐平。

(3) 估计软化点低于 80℃的试样,将盛有试样的试样环及金属板置于盛满水的保温槽内,水温保持(5±0.5)℃,恒温 15 min;估计软化点高于 80℃的试样,将盛有试样的试样环及金属板置于盛满甘油的保温槽内,甘油保持(32±1)℃,恒温 15 min。或将盛有试样的试样环水平地安放在试验架中层板的圆孔上,然后放在烧杯中,恒温 15 min,水温保持(5±0.5)℃(估计软化点不高于 80℃)或甘油保持(32±1)℃(估计软化点高于 80℃)。

(4) 烧杯内注入新煮沸并冷却至 5℃的蒸馏水(估计软化点不高于 80℃的试样),或注入预先加热至 32℃的甘油(估计软化点高于 80℃的试样),使水面或甘油液面略低于连接杆上的深度标记。

4. 试验步骤

(1) 从水中或甘油保温槽中,取出盛有试样的黄铜环放置在环架中层板的圆孔中,并套上钢球定位器,然后把整个环架放入烧杯中,调整水面或甘油面至连接杆上的深度标记,环架上任何部分不得有气泡。再将温度计由上层板中心孔垂直插入,使水银球底部与试样环下部齐平。

(2) 将烧杯移放至有石棉网的电炉或三脚架煤气灯上,然后将钢球放在试样上(必须使各环的平面在全部加热时间内处于水平状态)立即加热,使烧杯内水或甘油温度上升速度在 3 min 后保持(5±0.5)℃/min,在整个测定过程中如温度的上升速度超过此范围时,则试验应重做。

(3) 试样受热软化,包裹沥青试样的钢球在重力作用下,下降至与下层底板表面接触时的温度即为试样的软化点。

5. 试验结果处理

取平行测定两个结果的算术平均值作为测定结果。平行测定的两个结果的偏差不得大于下列规定:

软化点低于 80℃时,允许差值为 1℃;软化点高于或等于 80℃时,允许差值为 2℃。否则试验重做。

参 考 文 献

[1] 邓钫印. 建筑材料实用手册. 北京：中国建筑工业出版社，2007.

[2] 西安建筑科技大学等七院校. 房屋建筑学[M]. 北京：中国建筑工业出版社，2006.

[3] 屈钧利. 建筑材料. 西安：西安电子科技大学出版社，2012.

[4] 尚建丽. 土木工程材料. 北京：中国建筑工业出版社，2010.

[5] 邢振贤. 土木工程材料. 北京：中国建筑工业出版社，2011.

[6] 霍达. 土木工程概论. 北京：科学出版社，2007.

[7] 范文昭. 建筑材料. 北京：中国建筑工业出版社，2009.

[8] 高琼英. 建筑材料. 3 版. 武汉：武汉理工大学出版社，2009.

[9] 张俊才，等. 土木工程材料. 徐州：中国矿业大学出版社，2009.

[10] 谭平，等. 建筑材料. 北京：北京理工大学出版社，2009.

[11] 苑芳友. 建筑材料与检测技术. 北京：北京理工大学出版社，2010.

[12] 符芳. 建筑材料. 2 版. 南京：东南大学出版社，2001.

[13] 赵述智，等. 实用建筑材料实验手册. 北京：中国建筑工业出版社，2002.

[14] 刘东. 建筑材料. 北京：中国计量出版社，2010.

[15] 卢经扬，余素萍. 建筑材料. 北京：清华大学出版社，2011.

[16] 建筑材料标准汇编 水泥. 4 版（上）. 北京：中国标准出版社，2008.

[17] 陈茂明. 建筑企业材料管理. 大连：大连理工大学出版社，2010.

[18] 刘富玲. 建筑材料与检测. 郑州：郑州大学出版社，2006.

[19] 王瑞燕. 建筑材料. 重庆：重庆大学出版社，2009.

[20] 杨金辉. 建筑材料. 西安：西安交通大学出版社，2011.

[21] 陈海彬，等. 土木工程材料. 北京：清华大学出版社，2014.

[22] 廖树帜，张邦维. 实用建筑材料手册. 长沙：湖南科学技术出版社，2012.

[23] 余丽武. 建筑材料. 南京：东南大学出版社，2013.

[24] 张国辉，许杨. 建筑装饰材料工学. 北京：中国建材工业出版社，2010.

[25] 张万臣. 建筑材料与装饰材料. 北京：中国建材工业出版社，2010.

[26] 张粉芹，赵志曼. 建筑与装饰材料. 重庆：重庆大学出版社，2007.

[27] 孙咏梅，纪明香. 建筑与装饰材料习题及实训手册. 天津：天津大学出版社，2008.